普通高等教育艺术设计类专业“十二五”规划教材

室内设计CAD与制图基础（第2版）

黄寅 王佳木 李克/编著

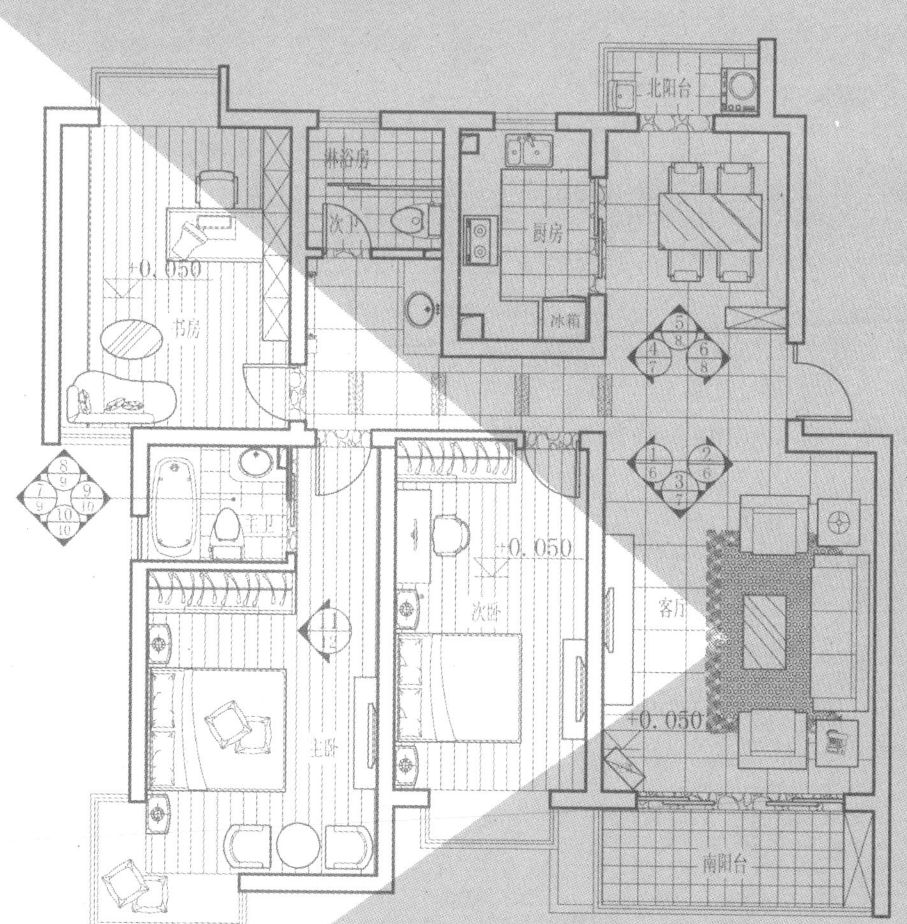

中国水利水电出版社
www.waterpub.com.cn

内容提要

本书属于“普通高等教育艺术设计类专业‘十二五’规划教材”，针对现代室内设计制图要求，将室内设计CAD的知识、技能与制图基本知识充分结合，将传统教学内容予以精选，省略了复杂的分析过程、求证练习，简化了阴影透视、轴测图内容，大量采用案例、实例，从而使学生在实践中了解CAD制图全过程。

全书共分为6章，分别是：CAD软件基础、制图基础、建筑施工图、透视图与轴测图、室内设计制图规范、室内设计制图。

本书既可作为高职高专、应用型本科院校建筑、室内、环境艺术设计专业教材使用，也可作为专业技术人员的参考用书。

图书在版编目（CIP）数据

室内设计CAD与制图基础 / 黄寅，王佳木，李克编著
-- 2版. -- 北京 : 中国水利水电出版社，2012.8
普通高等教育艺术设计类专业“十二五”规划教材
ISBN 978-7-5170-0095-2

Ⅰ. ①室… Ⅱ. ①黄… ②王… ③李… Ⅲ. ①室内装饰设计－计算机辅助设计－AutoCAD软件－高等学校－教材 Ⅳ. ①TU238-39

中国版本图书馆CIP数据核字(2012)第198445号

书　　名	普通高等教育艺术设计类专业“十二五”规划教材 **室内设计CAD与制图基础**（第2版）
作　　者	黄寅　王佳木　李克　编著
出版发行	中国水利水电出版社 （北京市海淀区玉渊潭南路1号D座　100038） 网址：www.waterpub.com.cn E-mail：sales@waterpub.com.cn 电话：(010) 68367658（发行部）
经　　售	北京科水图书销售中心（零售） 电话：(010) 88383994、63202643、68545874 全国各地新华书店和相关出版物销售网点
排　　版	中国水利水电出版社微机排版中心
印　　刷	北京市北中印刷厂
规　　格	210mm×285mm　16开本　12.25印张　379千字
版　　次	2009年9月第1版　2009年9月第1次印刷 2012年8月第2版　2013年2月第2次印刷
印　　数	3001—6000册
定　　价	**25.00**元

前言

随着计算机辅助设计的迅猛发展，现代的建筑类、室内设计、环境艺术设计等专业已基本淘汰了手工制图和手绘正式效果图的方式，而代之以功能强大的软件来完成。这就要求上述专业的学生在掌握制图基本原理并能识图、读图的基础上，要充分掌握软件知识和技能，能够熟练应用软件制图。有鉴于此，本书将室内设计中 CAD 的知识与功能和制图基本知识充分结合起来，从而满足两方面的教学要求。

本书适用于高职高专、应用型本科院校相关专业师生，综合起来，具有以下四个特点：

第一，本书针对建筑室内设计中 CAD 的应用予以详细讲解，将 CAD 软件知识、技能与制图基本知识充分结合，大量采用案例式、任务式教学，使学生在实践中了解 CAD 制图的全过程。

第二，本书将传统教学内容予以精选，以够用、实用为标准，力求少而精。书中省略了复杂的作图与空间分析，降低了立体表面交线的难度。考虑到现代效果图大都通过三维软件完成，因此简化了透视图、轴测图的内容，并删除了建筑阴影绘制的相关内容。

第三，书中省略了复杂的求解、求证练习。例如第 2、3、4、6 章的练习，都以常见的建筑、室内、家具空间为例，使学生能够把图纸和实物联系起来理解，并通过软件表达。

第四，本书以 CAD 2012 软件为基础予以讲解，但对于 CAD 2012 以前的版本，其操作原理相似，可以兼用。

本书由王佳木负责第 1 章的编写，黄寅负责第 2、3、4、6 章的编写，李克负责第 5 章的编写。黄寅、李克负责全书统稿。

本书为修订再版教材，在内容上有所创新，但限于编写者的水平，书中难免存在缺点、错误和不妥之处，恳请使用本书的师生和读者给予批评指正。

编　者

2012 年 7 月

于南京

目　　录

第1章

CAD 软件基础

AutoCAD 是一个绘图精确、操作简便、兼容性强的软件，深受广大设计师的青睐。AutoCAD2012 是 CAD 软件的最新版本，广泛应用于建筑设计、工程制图、机械制造等领域，是国内外最受欢迎的计算机辅助设计软件。AutoCAD2012 软件整合了制图和可视化，加快了任务的执行，既能满足个人用户的需求和偏好，又能更快地执行常见的 CAD 任务，更容易找到那些不常见的命令。新版本也能通过让用户在不需要软件编程的情况下自动操作制图从而进一步简化了制图任务，极大地提高了效率。本章重点介绍 AutoCAD2012 二维绘图部分的相关内容。通过本章的学习，可以使读者掌握 CAD 基本绘图命令、修改命令和基础的参数设置，能绘制、编辑常见的平面图形，为后面的制图学习打下软件基础。

1.1 AutoCAD2012 入门

1.1.1 操作界面

AutoCAD2012 提供了“草图与注释”、“三维基础”、“三维建模”和“AutoCAD 经典”4 种工作空间模式。在“草图与注释”工作界面中，其界面主要由菜单浏览器、功能区、快速访问工具栏、文本窗口与命令行、状态栏等元素组成，可以方便地绘制二维图形；在“三维建模”工作界面中，可以更加方便地在三维空间中绘制图形；对于习惯用 AutoCAD 传统界面的用户来说，可以使用“AutoCAD 经典”工作界面。AutoCAD2012 各个工作界面中都包含“菜单浏览器”按钮、标题栏、快速访问工具栏、工具栏、绘图区、命令行、状态栏和选项板等元素。如图 1-1 所示为 AutoCAD2012 的“草图与注释”工作界面。

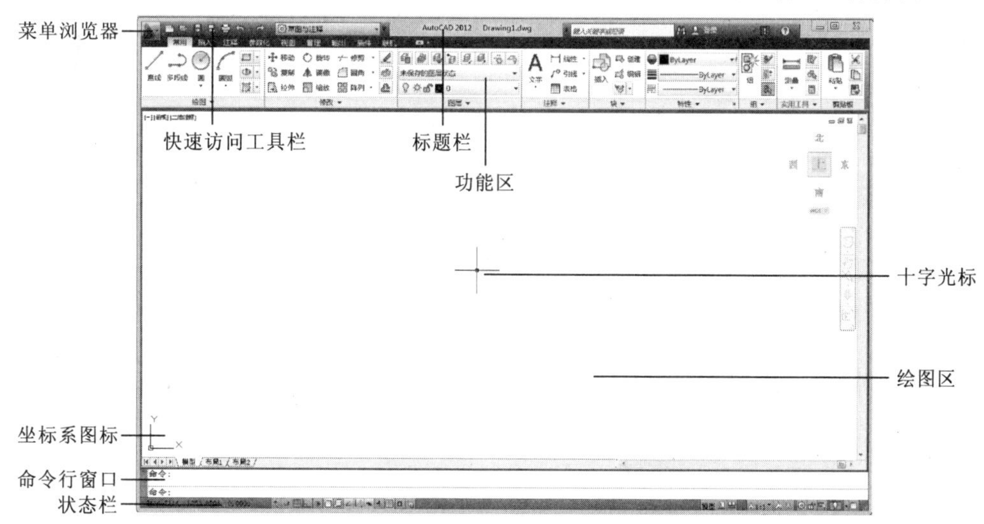

图 1-1 AutoCAD2012 中文版的操作界面

1.1.1.1 菜单浏览器、快速访问工具栏

1. 菜单浏览器

“菜单浏览器”按钮位于界面左上角，单击该按钮，将弹出 AutoCAD 菜单，如图 1-2 所示。该菜单中包含了 AutoCAD 的部分命令，用户单击命令后即可执行相应的操作。单击“菜单浏览器”按钮，在 AutoCAD 菜单的“搜索”文本框中输入关键字，即可以显示与关键字相关的命令。

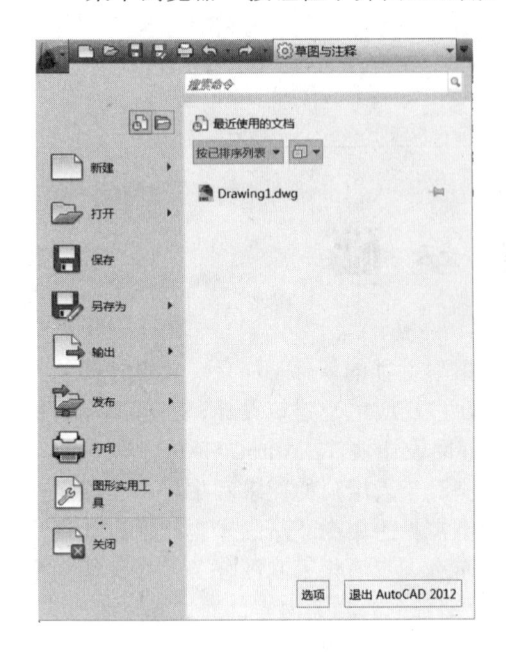

图 1-2 AutoCAD2012 菜单浏览器

2. 快速访问工具栏

AutoCAD2012 的快速访问工具栏上包含最常用的快捷按钮，以方便用户使用。如图 1-3 所示，分别为“新建”按钮、“打开”按钮、“保存”按钮、“另存为”按钮、“打印”按钮、“放弃”按钮、“重做”按钮、“工作空间”按钮。

如果想在快速访问工具栏上添加或删除其他按钮，可以在快速访问工具栏上右击，在弹出的快捷菜单中选择“自定义快速访问工具栏”命令，再在弹出的“自定义用户界面”对话框中进行设置即可。

图 1-3 AutoCAD2012 快速访问工具栏

1.1.1.2 标题栏、菜单栏、功能区与工具栏

1. 标题栏

应用程序窗口的最上端是标题栏。用于显示系统当前正在运行的程序（AutoCAD2012）和当前图形文件的名称。在用户第一次启动 AutoCAD2012 时，标题栏中将显示启动时创建并打开的图形文件 Drawing1.dwg。单击标题栏右端的按钮，可以最小化、最大化或关闭应用程序窗口，如图 1-4 所示。

图 1-4 AutoCAD2012 标题栏

2. 菜单栏

标题栏的下方是菜单栏。AutoCAD2012 的菜单栏中包含 11 个菜单，即“文件”、“编辑”、“视图”、“插入”、“格式”、“工具”、“绘图”、“标注”、“修改”、“参数”、“窗口”和“帮助”，如图 1-5 所示。

文件(F) 编辑(E) 视图(V) 插入(I) 格式(O) 工具(T) 绘图(D) 标注(N) 修改(M) 参数(P) 窗口(W) 帮助(H)

图 1-5 AutoCAD2012 菜单栏

菜单栏是 AutoCAD 命令的集合，其中包含了 AutoCAD 中的所有命令。AutoCAD2012 的菜单栏采用下拉式操作，下拉菜单中的命令有以下 3 种：

（1）直接执行的菜单命令。此类命令将直接进行相应的操作。如图 1-6 所示。

（2）右方有黑色小三角的菜单命令。将光标停留在此类命令上片刻或单击此类命令，会在右方出现子菜单。如图 1-7 所示。

（3）弹出对话框的菜单命令。此类命令右边带有省略号。如图 1-8 所示。

3. 功能区

在 AutoCAD 中，功能区提供了一个与当前工作空间操作相关的命令按钮区域，无需显示多个工具栏，使得应用程序窗口简洁有序，如图 1-9 所示。利用功能区中的这些面板上的按钮可以完成绘图过程中的大部分工作，工作效率能提高很多。

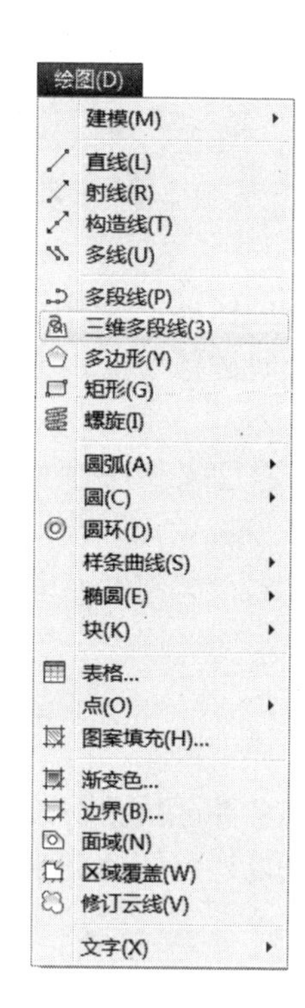

图 1-6　直接执行的菜单命令

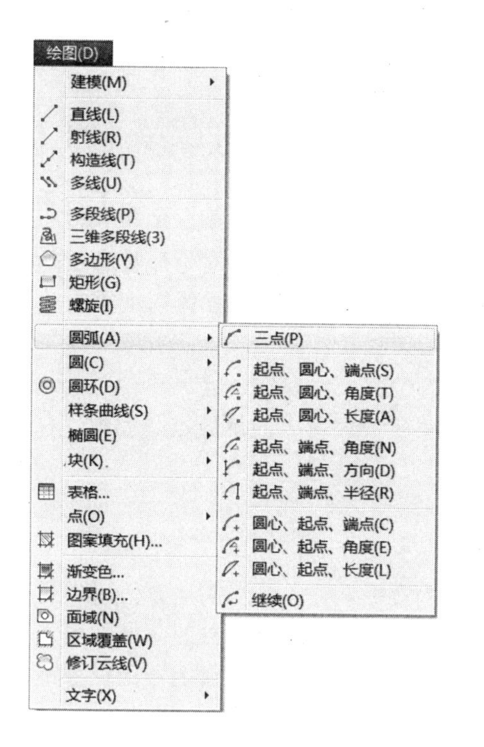

图 1-7　有小三角的菜单命令

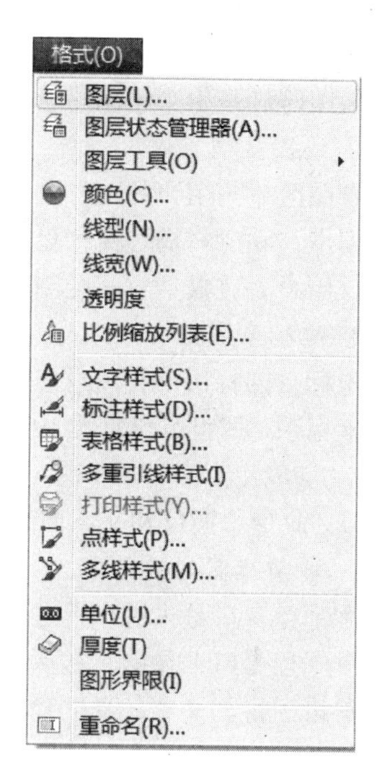

图 1-8　弹出对话框的菜单命令

在 AutoCAD 的功能区单击标签，在相应选项卡中将显示命令按钮，如图 1-10 所示。有的按钮带有一个三角符号，表示该工具带有附加工具，如图 1-11 所示。有时候为了画图方便，可以将功能区隐藏起来，单击标签栏右边的 ▭▾ 按钮，可以设置不同的最小化选项。

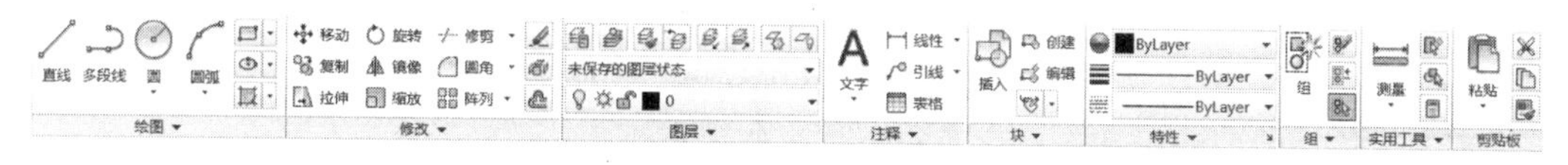

图 1-9　AutoCAD 功能区

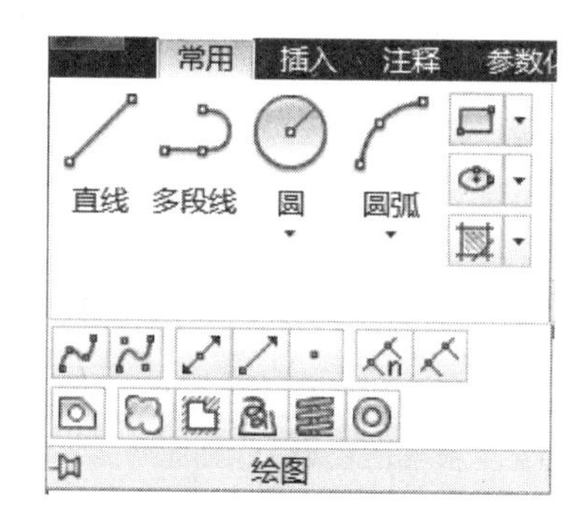

图 1-10　功能区选项卡

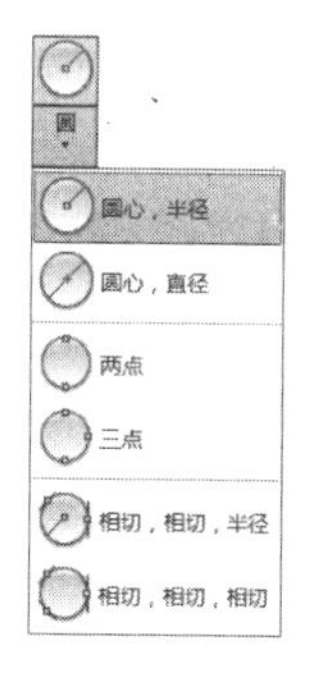

图 1-11　带三角的工具按钮

4. 工具栏

工具栏是一组图标型工具的集合。移动光标到某个图标并稍停片刻，就会显示出该图标相应的工具名称或提示。单击图标即执行相应命令。绘图时可以把固定工具栏拖出，使它成为浮动工具栏。工具栏在绘图区“浮动”（图 1-12），这时用户可以关闭该工具栏。用鼠标可以拖动浮动工具栏到绘图区边界，使它变为固定工具栏，右方的控制面板。

图 1-12　浮动工具栏

将光标放在任一工具栏的非标题区，单击右键，会打开单独的工具栏菜单。如图 1-13 所示。

1.1.1.3 绘图区

绘图区域是用来绘制图形的“图纸”，坐标系图标用于显示当前的视角方向，如图 1-14 所示。

1. 绘图区域

绘图区域是用户的工作窗口，相当于“图纸”，是绘制、编辑和显示图形对象的区域。绘图区域分为“模型”和“布局”两种模式，单击“模型”或“布局”标签可在两种模式之间进行切换。通常情况下，用户先在模型空间绘制图形，然后转至布局空间安排图纸输出布局。

2. 坐标系图标

坐标系图标用于显示当前坐标系的设置，如坐标原点、X、Y、Z 轴正向等。AutoCAD 有一个默认的坐标系，即世界坐标系 WCS。如果重新设置坐标系原点或调整坐标系的其他设置，则世界坐标系 WCS 就变成用户坐标系 UCS。

1.1.1.4 命令行窗口和文本窗口

1. 命令行窗口

命令行窗口是供用户通过键盘输入命令参数等信息的地方，用户通过菜单和功能区执行的命令也会在命令行窗口中显示。默认状态下，命令行窗口位于绘图区域的下方，用户可以通过拖动命令行窗口的左边框将其移到任意位置，还可上下拖动命令行窗口上方的拆分条，调整命令行窗口的尺寸。

2. 文本窗口

文本窗口是记录 AutoCAD 历史命令的窗口，它是一个独立的窗口，如图 1-15 所示。默认状态下，文本窗口是不显示的，我们可以通过下列方法显示文本窗口。

（1）选择功能区的“视图”选项卡，单击“窗口”面板中的“用户界面”扩展按钮，勾选“文本窗口”复选框。

（2）在命令行窗口中输入 Textscr，按回车键。

（3）按 F2 快捷键。

图 1-13 工具栏菜单

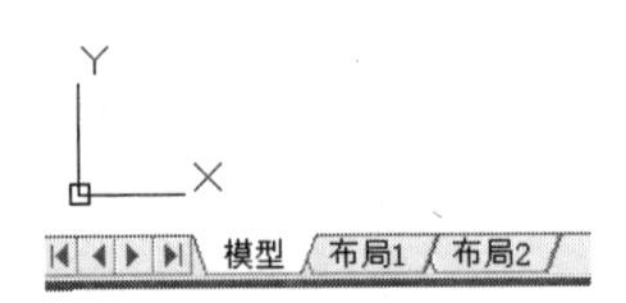

图 1-14 坐标系

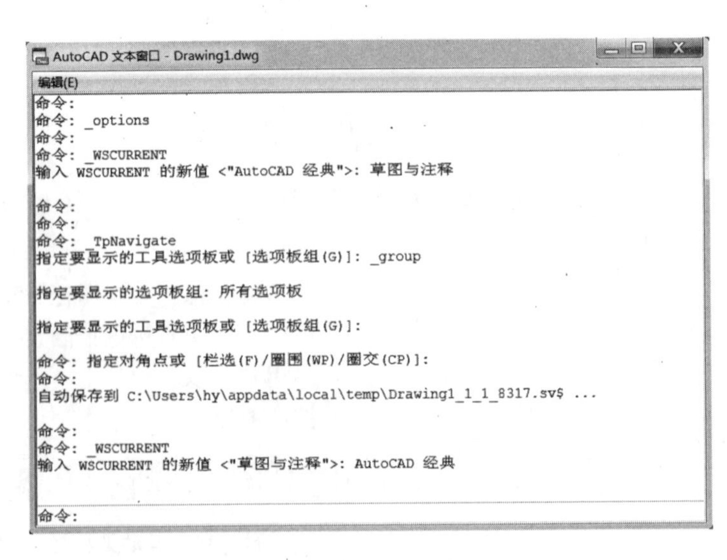

图 1-15 AutoCAD 文本窗口

1.1.1.5 状态栏

状态栏如图 1-16 所示，其左边显示的是当前十字光标的坐标，其后是推断约束、捕捉模式、栅格显示、正交模式、极轴追踪、对象捕捉、三维对象捕捉、对象捕捉追踪、允许/禁止动态 UCS、动态输入、显示/隐藏线宽和显示/隐藏透明度等绘图辅助功能的控制按钮。

1.1.1.6 工具选项板窗口

工具选项板窗口以选项卡的形式为用户提供了组织、共享和放置块、填充图案及其他工具的有效方法，如图 1-17 所示。用户可以通过下列方法打开或关闭工具选项板窗口。

（1）单击功能区的“视图”标签，在“选项板”面板中单击“工具选项板”按钮，可以打开或关闭工具选项板窗口。

（2）在菜单栏中执行“工具→选项板→工具选项板”命令。

（3）此外，单击“工具选项板”窗口右上角的“特性”按钮，将显示“特性菜单”，如图 1-18 所示。从中可以对工具选项板执行移动、改变大小、关闭、设置是否允许固定、自动隐藏、设置透明、重命名等方面的操作。

图 1-16 状态栏

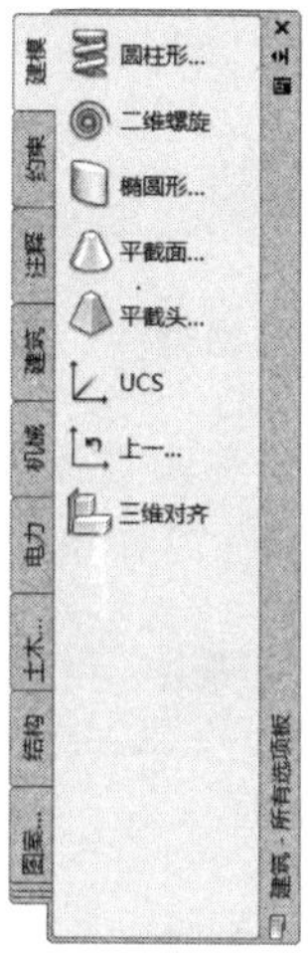

图 1-17 工具选项板

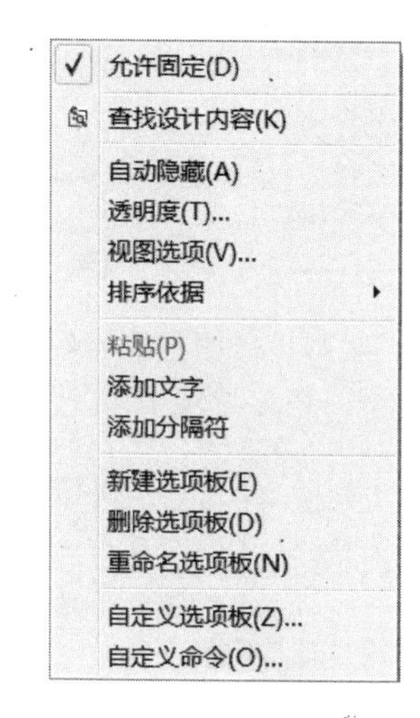

图 1-18 特性菜单

1.1.1.7 滚动条

AutoCAD2012 绘图区的下方和右方还有水平滚动条和垂直滚动条。在滚动条中单击鼠标或拖动滚动滑块，用户可以在绘图区中按水平或垂直两个方向浏览图形。

1.1.2 AutoCAD 系统配置与绘图环境设置

1.1.2.1 AutoCAD 系统配置

AutoCAD 允许用户通过系统配置来创造个性化的绘图环境，以提高工作效率。安装 AutoCAD 后，系统将自动完成默认的初始系统配置。用户在绘图过程中，可以通过下列方法进行系统配置。

【执行方式】

- 菜单：“工具” → “选项”
- 命令行：Options↙
- 在绘图区域单击鼠标右键，在弹出的菜单中选择“选项”命令
- 在状态栏中右击捕捉模式、栅格显示、正交模式、极轴追踪、对象捕捉或对象追踪按钮之一，从打开的快捷菜单中选择“设置”命令，打开“草图设置”对话框，单击“选项”按钮。执行以上任一操作后，系统将打开如图 1-19 所示的“选项”对话框，用户可在该对话框中进行设置，定制需要的系统配置。

（1）“文件”选项卡。单击“文件”标签，打开“文件”选项卡。在该选项卡中，用户可以设置 AutoCAD 支持文件、菜单文件、文本编辑器程序和打印机支持文件等文件的路径。

（2）“显示”选项卡。单击“显示”标签，切换至“显示”选项卡，如图 1-20 所示。在该选项卡中，用户可以设置窗口元素、布局元素、显示精度、显示性能、十字光标大小、淡入度控制等显示性能。特别是点击颜色按钮可以进入到“图形窗口颜色”对话框，对于 CAD 的老用户，可以将背景改为黑色。

（3）“打开和保存”选项卡。单击“打开和保存”标签，切换至“打开和保存”选项卡，如图 1-21 所示。在该选项卡中，用户可以进行文件保存、文件打开、文件安全措施、应用程序菜单、外部参照，ObjectARX 应用程序等方面的设置。

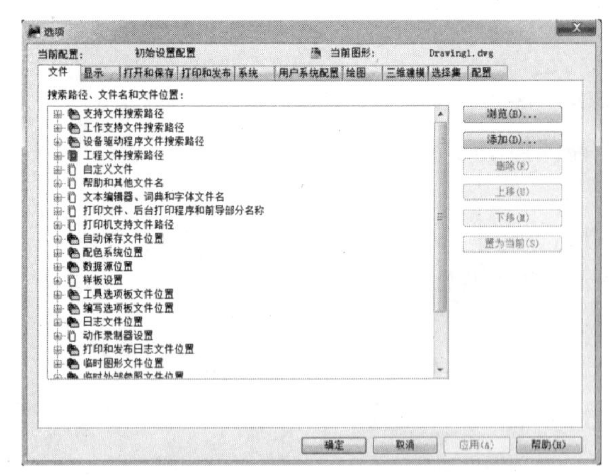

图 1-19 “选项”对话框

图 1-20 “显示”选项卡

（4）“打印和发布”选项卡。单击“打印和发布”标签，切换至“打印和发布”选项卡，如图 1-22 所示。在该选项卡中，用户可以设置打印机和打印样式参数，包括出图设备的配置和选项。

图 1-21 “打开和保存”选项卡

图 1-22 “打印和发布”选项卡

（5）“系统”选项卡。单击“系统”标签，切换至“系统”选项卡，如图 1-23 所示。在该选项卡中，用户可以设置控制三维图形显示系统的系统特性、当前定点设备、布局重生成、数据库连接、常规等选项以及设置 LiveEnabler 选项和 AutodeskExchange 以获取网络帮助。

（6）“用户系统配置”选项卡。单击“用户系统配置”标签，切换至“用户系统配置”选项卡，如图 1-24 所示。在该选项卡中，用户可在“Windows 标准操作”选项组中控制在当前图形文件中是否采用 Windows 标准的键盘快捷键；在“插入比例”选项组中设置当前图形文件中绘制的实体的长度单位；在“超链接”选项组中控制是否显示超链接的光标及快捷菜单。单击“线宽设置”按钮可以打开“线宽设置”对话框，用户可以在该对话框中设置线宽。

（7）“绘图”选项卡。单击“绘图”标签，切换至“绘图”选项卡，如图 1-25 所示。在该选项卡中，用户可以在“自动捕捉设置”和“AutoTrack 设置”选项组中设置自动捕捉和自动追踪的相关内容，还可以设置自动捕捉标记大小和靶框大小。

（8）“三维建模”选项卡。单击“三维建模”标签，切换至“三维建模”选项卡，如图 1-26 所示。在该选项卡中，用户可以对三维建模的相关内容进行设置。

（9）“选择集”选项卡。单击“选择集”标签，切换至“选择集”选项卡，如图 1-27 所示。在该选项卡中，用户可设置拾取框大小、选择集模式、夹点尺寸和夹点的相关内容。

（10）“配置”选项卡。如果用户针对不同的需求在“选项”对话框中进行了设置，则可通过“配置”选项卡将其保存为不同的设置文件，如图 1-28 所示，以后要进行相同的设置时，只要调用该配置文件就可以了。

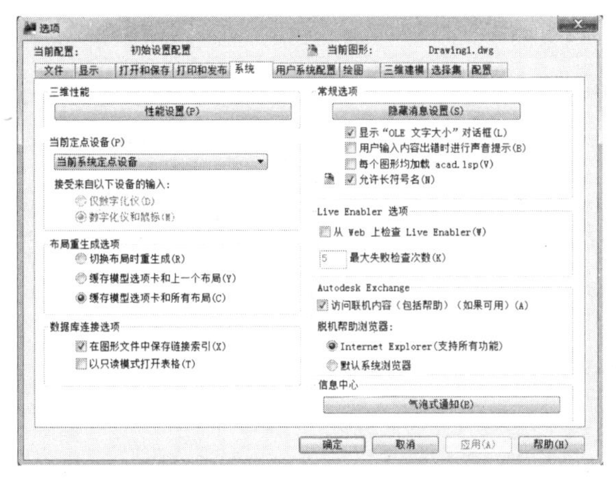

图 1-23 “系统”选项卡

图 1-24 “用户系统配置”选项卡

图 1-25 “绘图”选项卡

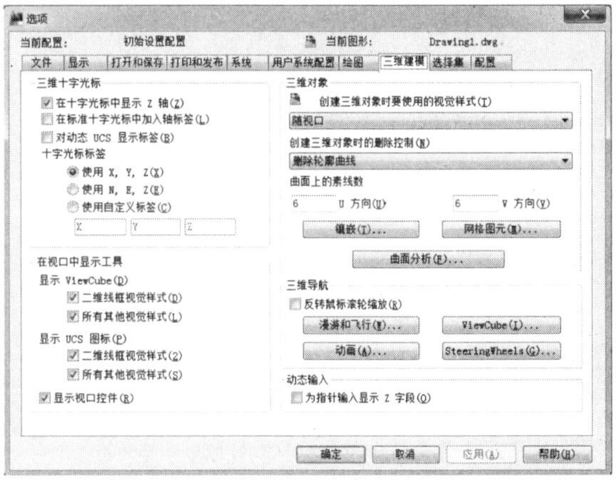

图 1-26 “三维建模”选项卡

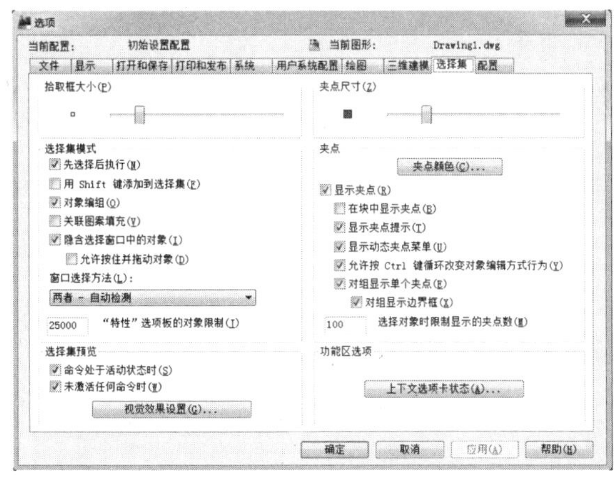

图 1-27 “选择集”选项卡

图 1-28 “配置”选项卡

1.1.2.2 绘图环境设置

为了保证绘图的精确性，通常在绘制图形前需要对绘图环境进行一些设置，例如图形的单位、边界及工作空间等。

（1）绘图单位设置。

【执行方式】

➢ 命令行：（或 UNITS）↙

➢ 菜单："格式" → "单位"

➢ 执行上述命令后，系统弹出"图形单位"对话框，如图 1-29 所示。该对话框用于定义单位和角度（图 1-30）的格式。

图 1-29 "图形单位"对话框

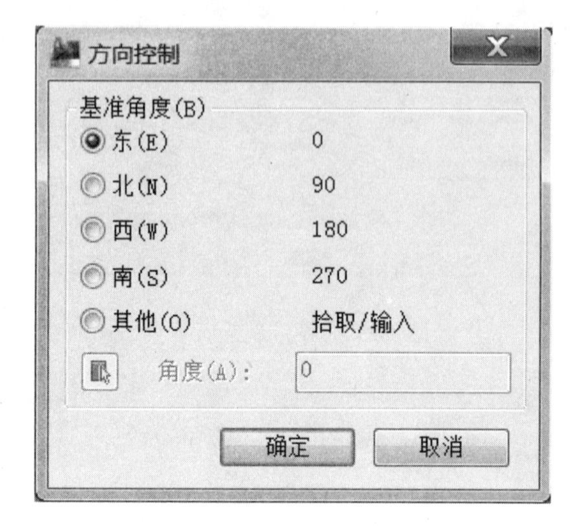

图 1-30 "方向控制"对话框

（2）图形边界设置。

【执行方式】

➢ 命令行：LIMITS↙

➢ 菜单："格式" → "图形界限"

执行上述命令后，命令行出现：

指定左下角点或[开（ON）/关（OFF）] <0.0000，0.0000>：（输入图形边界左下角的坐标后回车）

指定右上角点<12.0000，9.0000>：（输入图形边界右上角的坐标后回车）

其中，"开（ON）"选项使绘图边界有效。系统将把在绘图边界以外拾取的点视为无效；"关（OFF）"选项使绘图边界无效。用户可以在绘图边界以外拾取点或实体。

1.1.3 AutoCAD 的文件管理

AutoCAD 文件管理的一些基本操作，包括新建文件、打开文件、保存文件、另存文件、退出等。

1.1.3.1 新建文件

【执行方式】

➢ 命令行：NEW（或 QNEW）↙

➢ 菜单："文件" → "新建"

➢ 菜单浏览器："新建"

➢ 快速访问工具栏：

➢ 工具栏：

执行上述命令后，系统弹出"选择样板"对话框，如图 1-31 所示。

在每种样板文件中，系统根据绘图任务的要求进行统一的图形设置，如绘图单位类型和精度要求、绘图界限、捕捉、网格与正交设置、图层、图框和标题栏、尺寸及文本格式、线型和线宽等。

在绘制室内工程图的时候，我们一般仅使用默认的"acadiso.dwt"即可。

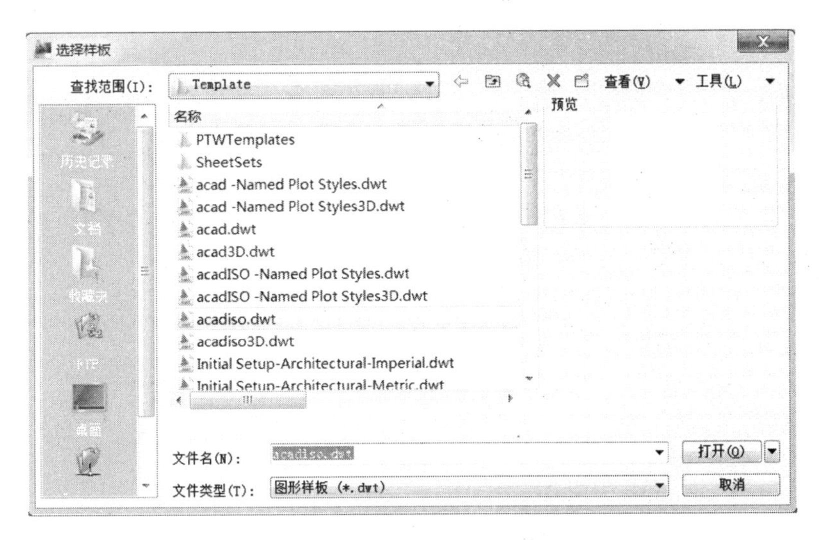

图 1-31 “选择样板”对话框

1.1.3.2 打开文件

【执行方式】

➢ 命令行：OPEN↙

➢ 菜单：“文件” → “打开”

➢ 菜单浏览器：“打开”

➢ 快速访问工具栏：

➢ 工具栏：

执行上述命令后，系统弹出“选择文件”对话框，在“文件类型”下拉列表框中可以选择.dwg 文件、.dws 文件、.dxf 文件和.dwt 文件，如图 1-32 所示。

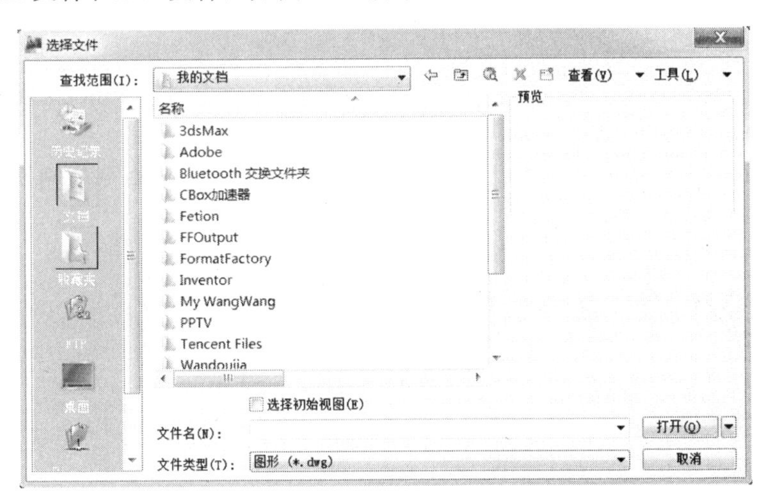

图 1-32 “选择文件”对话框

☞技巧：AutoCAD 支持多文档环境，可同时打开多个图形文件。使用“窗口”菜单中的命令可以控制多个图形文件的显示方式，例如，以层叠、水平平铺或垂直平铺等形式在窗口中排列。

1.1.3.3 保存文件

【执行方式】

➢ 命令行：QSAVE（或 SAVE）↙

➢ 菜单：“文件” → “保存”

➢ 菜单浏览器：“保存”

➢ 快速访问工具栏：

➢ 工具栏：

执行上述命令后，若文件已命名，则自动保存；若未命名（即为默认名 Drawing1.dwg），则系统弹出“图形另存为”对话框，用户可以命名并选择适合的路径后保存。

☞技巧：AutoCAD2012 可以自动保存文件，避免突发情况而造成的文件丢失。可以在命令行输入“SAVETIME↙”设置多长时间自动保存一次图形；输入“SAVEFILE↙”存储自动保存文件名；输入“SAVEFILEPATH↙”设置所有自动保存文件的路径。

1.3.3.4 另存文件

若想用另存名保存，并把当前图形更名则另存文件。

【执行方式】

➢ 命令行：SAVEAS↙

➢ 菜单：“文件”→“另存为”

➢ 菜单浏览器：“另存为”

➢ 快速访问工具栏：

1.1.3.5 退出

【执行方式】

➢ 命令行：QUIT（或 EXIT）↙

➢ 菜单：“文件”→“退出”

➢ 菜单浏览器：“退出 AutoCAD2012”

➢ 按钮：AutoCAD 界面最右上角的

执行上述命令后，若用户对图形所做的修改尚未保存，则会弹出系统警告的对话框，如图 1-33 所示。单击“是”按钮，将保存文件并退出；单击“否”按钮，将不保存文件并退出。若用户对图形所做的修改已经保存，则直接退出。

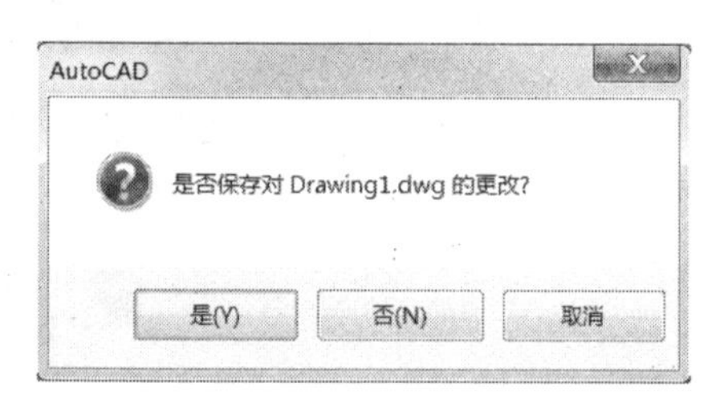

图 1-33 系统警告的对话框

1.1.4 基本输入操作

在 AutoCAD 中，有一些基本的输入操作方法，这些基本方法是进行 AutoCAD 绘图的必备基础知识，也是深入学习 AutoCAD 功能的前提。

AutoCAD 交互绘图必须输入必要的指令和参数。有多种 AutoCAD 命令的输入方式（以画直线为例），下面分别加以介绍。

1.1.4.1 命令输入

（1）在命令行输入命令名。将输入光标单击入命令行后输入“LINE↙”或直接输入“LINE↙”（输入的字符不分大小写）。

命令：LINE↙

指定第一点：（在屏幕上指定一点或输入一个点的坐标）

指定下一点或[放弃（U）]:

命令行中不带括号的提示为默认选项，若要选择其他选项，则应该首先输入该选项的标识字符（如“放弃”选项的标识字符是 U），然后再按提示输入数据。在命令选项的后面有时还带有尖括号，尖括号内的数值为默认数值。

（2）在命令行输入命令缩写字。如 L（Line）、C（Circle）、A（Arc）、Z（Zoom）、R（Redraw）、M（More）、CO（Copy）、PL（Pline）、E（Erase）等。

（3）选择“绘图”菜单中的“直线”命令，如图 1-34“配置”选项卡所示。

（4）单击工具栏中的按钮，选取该命令后，在状态栏中可以看到对应的命令名及命令说明。

（5）在功能区的“常用”选项卡中，在绘图区点击“直线”按钮，如图 1-35 所示。

（6）在命令行打开右键快捷菜单。如果在前面刚使用过要输入的命令，可以在命令行打开右键快捷菜单，在“近期使用的命令”子菜单中选择需要的命令，如图 1-36 所示。“近期使用的命令”

子菜单中存储有最近使用的 6 个命令，如果经常重复使用某个 6 次操作以内的命令，这种方法就比较快捷。

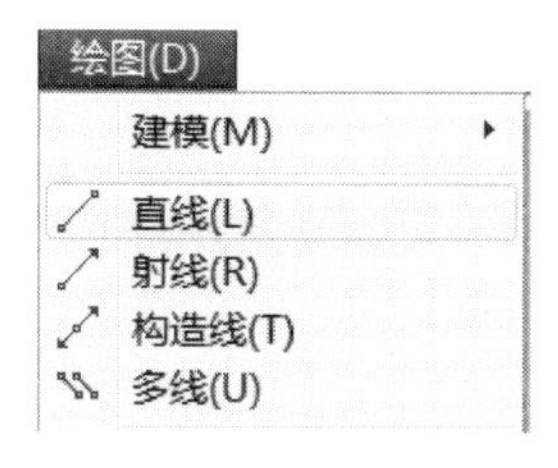

图 1-34 “绘图”菜单

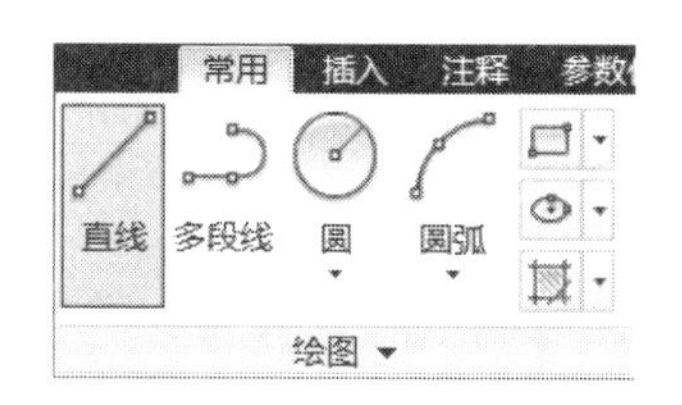

图 1-35 “绘图”菜单

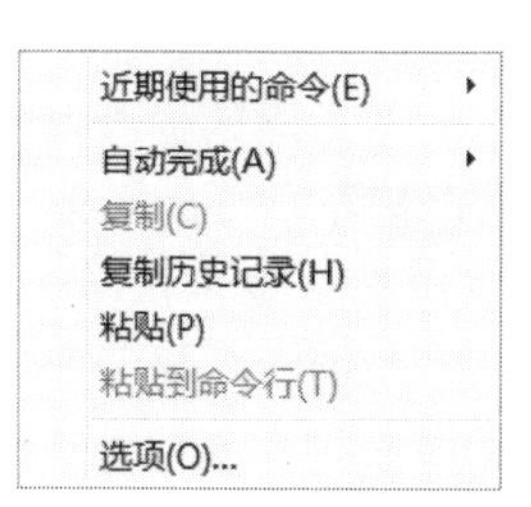

图 1-36 命令行右键快捷菜单

（7）在绘图区打开右键快捷菜单。若用户要重复上次使用的命令，可以在绘图区单击右键，打开快捷菜单，选择“重复”子菜单即可。

1.1.4.2 命令的重复、撤销、重做

（1）命令的重复。除了上文所述在右键菜单中选择“重复”的方式，还可以在命令行中按 Enter 键可重复上一个命令，不管上一个命令是完成了还是被取消。

（2）命令的撤销。在命令执行的任何时刻都可以取消和终止命令的执行。

【执行方式】

- 命令行：UNDO↙
- 菜单：“编辑”→“放弃”
- 快捷键：Esc
- 快速访问工具栏：，点击按钮旁的小三角，可直接选择回复的步数和命令，如图 1-37 所示。

（3）命令的重做。已被撤销的命令还可以恢复重做。要恢复撤销的是最后的一个命令。

【执行方式】

- 命令行：REDO↙
- 菜单：“编辑”→“重做”
- 快速访问工具栏：，点击按钮旁的小三角，可直接选择重做的步数和命令，如图 1-38 所示。

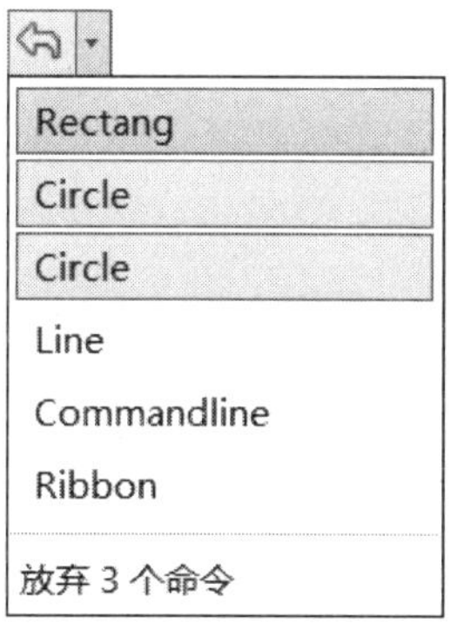

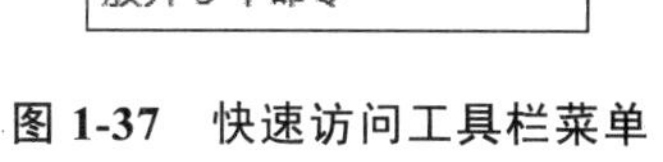

图 1-37 快速访问工具栏菜单

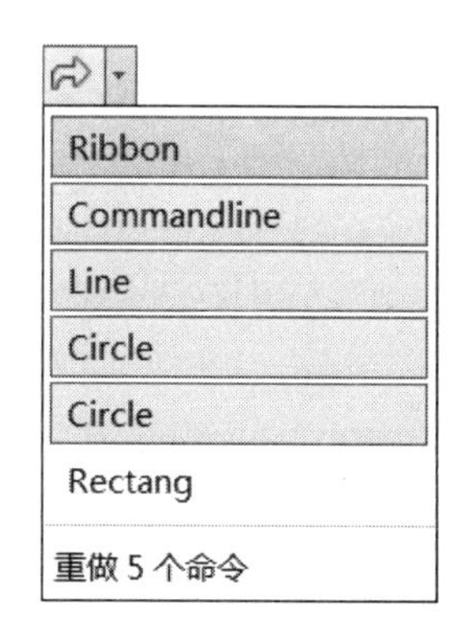

图 1-38 快速访问工具栏菜单

1.1.4.3 数据输入法

（1）静态数据输入。在 AutoCAD 中，可以用点的 X、Y 坐标值确定点的位置。例如，在命令行中输入点的坐标提示下，输入“20，30”，则表示该点的 X、Y 的坐标值分别为 20、30，此为绝对坐标输入方式。

如果输入“@20，30”，则表示该点的坐标是相对于前一点 X、Y 的坐标值分别增加 20 和 30，此为相对坐标输入方式。

若输入“20<30”，则表示为“长度<角度”其中长度是该点到坐标原点的距离，角度为该点至原

点的连线与 X 轴正方向的夹角。

若输入“@20<30”，则表示为“@长度<角度”，此为相对坐标输入方式。

（2）动态数据输入。按下状态栏的 DYN 按钮，系统打开动态输入功能，可以在屏幕上按照光标附近的提示，在后面的输入框中输入数据，效果与非动态数据输入方式类似。

1.1.5 课程练习

1. 设置绘图环境

（1）目的要求。任何一个图形文件都有一个特定的绘图环境，包括图形边界、绘图单位、角度等。设置绘图环境通常有两种方法，即设置向导与单独的命令设置方法。通过学习设置绘图环境，可以促进学生对图形总体环境的认识。

（2）操作提示。

1）执行“文件”→“新建”命令，系统打开一个新的绘图窗口，同时打开“创建新图形”对话框。

2）选择其中的“高级设置”向导选项。

3）单击“确定”按钮，系统打开“高级设置”对话框。

4）分别逐项选择：单位为“小数”，精度为“0.00”；角度为“度/分/秒”，精度为“0d00′00″”；角度测量为“其他”，数值为“135”；角度方向为“顺时针”；区域为“297×210”；然后单击“完成”按钮。

5）执行“格式”→“单位”命令，系统打开“图形单位”对话框，进行相关设置。

2. 熟悉操作界面

（1）目的要求。操作界面是用户绘制图形的平台，操作界面的各个部分都有其独特的功能，熟悉操作界面有助于用户方便快速地进行绘图。本练习要求了解操作界面各部分功能，掌握改变光标大小的方法，能够熟练地打开、移动、关闭工具栏。

（2）操作提示。

1）启动 AutoCAD2012，进入绘图界面。

2）调整操作界面大小。

3）设置绘图窗口颜色与光标大小。

4）打开、移动、关闭工具栏。

5）尝试同时利用命令行、下拉菜单和工具栏绘制一条线段。

3. 管理图形文件

（1）目的要求。图形文件管理包括文件的新建、打开、保存、加密、退出等。本练习要求学生熟练掌握 DWG 文件的保存、自动保存以及打开的方法。

（2）操作提示。

1）启动 AutoCAD2012，进入绘图界面。

2）打开一幅已经保存过的图形。

3）进行自动保存设置。

4）将图形以新的名字保存。

5）尝试在图形上绘制任意图形。

6）退出该图形文件。

7）尝试重新打开按新名字保存的原图形文件。

4. 输入数据

（1）目的要求。AutoCAD2012 人机交互的最基本内容就是数据输入。本练习要求学生灵活熟练地掌握各种数据的输入方法。

（2）操作提示。

1）在命令行输入 LINE 命令。

2）使用绝对坐标输入方式指定第一点的位置。

3）使用相对坐标输入方式指定下一点的位置。

4）用鼠标直接指定下一点的位置。

5）按下状态栏上的“正交”按钮，用鼠标拉出下一点的方向，在命令行输入一个数值。

6）回车结束绘制线段的操作。

1.2 绘制平面图形

本节将通过若干个简单的实例，使学生掌握基本的二维图形绘制方法。涉及的命令主要集中在“绘图”菜单和功能区的绘图按钮。

1.2.1 直线类绘图命令

直线类绘图命令主要包括“直线”、“射线”和“构造线”等命令，这 3 个命令是 AutoCAD 中最简单最常用的命令。

1.2.1.1 直线

【执行方式】

- 命令行：LINE↙
- 菜单：“绘图” → “直线”
- 工具栏：
- 功能区：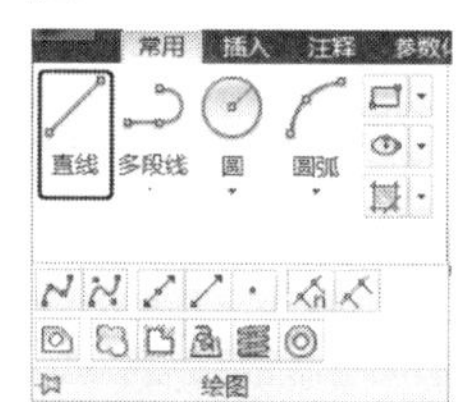

【操作格式】

命令：LINE↙

指定第一点：（输入直线段的起点，用鼠标指定或者指定点的坐标）

指定下一点或[放弃（U）]：（输入直线段的端点）

指定下一点或[放弃（U）]：（输入下一直线段的端点，输入“U”表示放弃前面的输入；单击右键选择“确认”命令，或者按 Enter 键，结束命令）

指定下一点或[闭合（C）/放弃（U）]：（“C”表示使图形闭合，按 Enter 键结束命令）

【选项说明】

（1）若用 Enter 键响应“指定第一点：”提示，系统会把上次绘制线（或弧）的终点作为本次操作的起始点。若上次操作为绘制圆弧，用 Enter 键响应后将绘制出通过圆弧终点的与该圆弧相切的直线段，该线段的长度由鼠标在屏幕上指定的一点与切点之间线段的长度确定。

（2）在“指定下一点或[放弃（U）]”提示下，用户可以指定多个端点，从而绘出多条直线段。但是，每一段直线是一个独立的对象，可以对其进行单独的编辑操作。

（3）绘制两条以上直线段后，若用 C 响应“指定下一点或[闭合（C）/放弃（U）]”提示，系统会自动连接起始点和最后一个端点，从而绘出封闭的图形。

（4）若用 U 响应提示，则擦除最近一次绘制的直线段。

（5）若设置正交方式，只能绘制水平直线段或垂直直线段。

（6）若设置动态数据输入方式（按下状态栏上 DYN 按钮），则可以动态输入坐标或长度值。（下面的命令同样可以设置动态数据输入方式，效果与非动态数据输入方式类似。除了特别需要，以后不再强调，而只按非动态数据输入方式输入相关数据。）

【例 1-1】 用直线命令绘制矩形。

命令：L↙（绘制直线命令的缩写）

指定第一点：60，50↙

指定下一点或[放弃（U）]：@280，0↙

指定下一点或[放弃（U）]：@100<90↙

指定下一点或[闭合（C）/放弃（U）]：@-280，0↙

指定下一点或[闭合（C）/放弃（U）]：C↙（绘制两条以上直线段后，若用 C，系统会自动封闭图形；若用 U，则擦除最近一次绘制的直线段）

菜单：“文件”→“保存”（以后每次新绘制一个图形都可以新建一个文件，绘制完成后保存文件）。

此例的每个点用不同的方法创建，可结合 1.1.4 节中有关数据输入法的介绍，并加以理解。结果如图 1-39 所示。

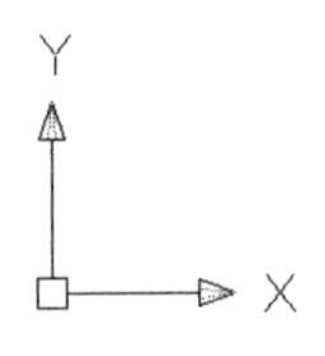

图 1-39　用直线命令绘制矩形

【例 1-2】用直线命令绘制简单的地板格图案。

命令：L↙

指定第一点：50，50↙

指定下一点或[放弃（U）]：150，50↙

指定下一点或[放弃（U）]：150，150↙

指定下一点或[闭合（C）/放弃（U）]：50，150↙

指定下一点或[闭合（C）/放弃（U）]：C↙

命令：Zoom↙

指定窗口的角点，输入比例因子（nX 或 nXP），或者[全部（A）/中心（C）/动态（D）/范围（E）/上一个（P）/比例（S）/窗口（W）/对象（O）]<实时>：a（选择 a 以显示全部作图空间，在以后绘图的任何时候为了显示全部作图空间，随时可以使用 Zoom 命令，本书中不再加以叙述。）效果如图 1-40 所示。

命令：Osnap↙

在弹出的对话框（图 1-41）中选择“中点”选项，表示使用中点捕捉方式。单击“确定”按钮。

命令：L↙

将鼠标移至某一边的中点附近，出现一个黄色三角形，并出现“中点”的提示，表示此时捕捉到了该边中点（图 1-42）。此时单击鼠标左键，确定起始点。然后移至相邻一边中点附近，出现黄色三角符号后单击左键，确定第二点，依次进行下去，形成如图 1-43 所示的图形。

图 1-40　绘制矩形

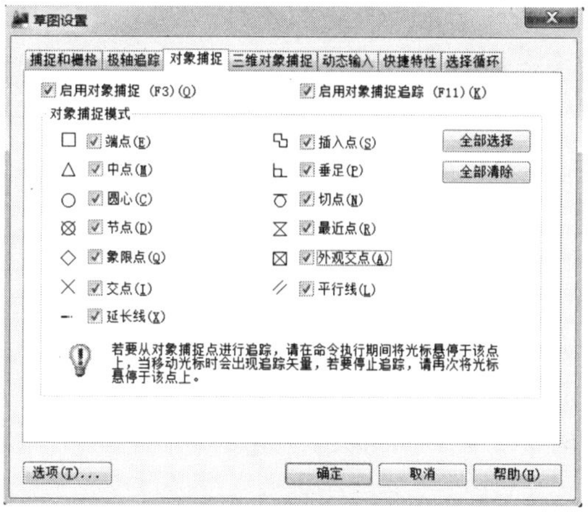

图 1-41　“草图设置”对话框

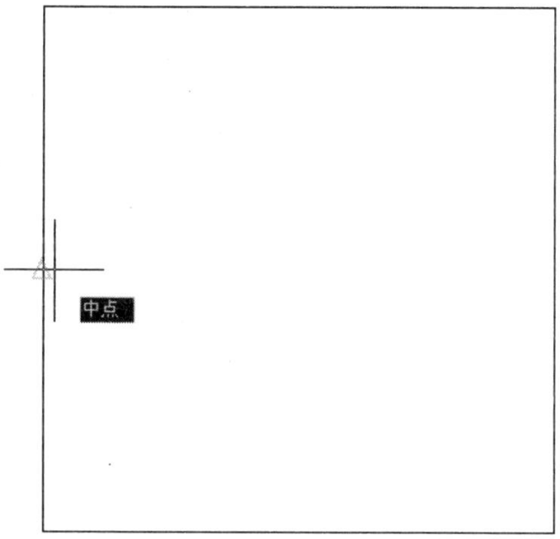

图 1-42　捕捉中点

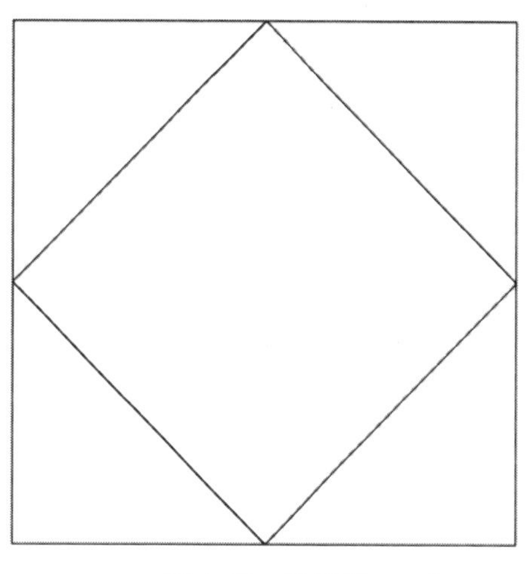

图 1-43　效果图

1.2.1.2　射线

【执行方式】

➢ 命令行：RAY↙

➢ 菜单：“绘图” → “射线”

➢ 功能区：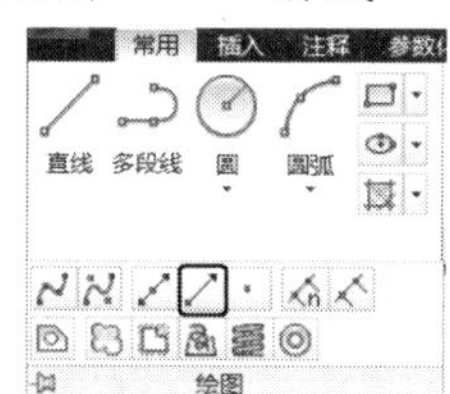

【操作格式】

命令：RAY↙

指定起点：（给出起点）

指定通过点：（给出通过点，画出射线）

指定通过点：（画出另一条射线或用 Enter 键结束命令）

1.2.1.3　构造线

这种线可以模拟手工作图中的辅助作图线。用特殊的线型显示，在绘图输出时可不作输出。常用于辅助作图。

【执行方式】

➢ 命令行：XLINE↙

➢ 菜单："绘图" → "构造线"

➢ 工具栏：

➢ 功能区：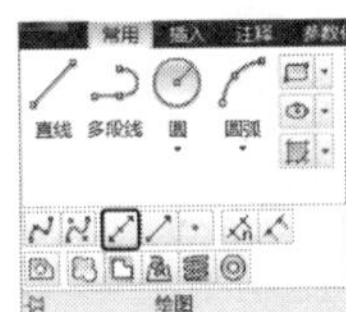

【操作格式】

命令：XLINE↙

指定点或[水平（H）/垂直（V）/角度（A）/二等分（B）/偏移（O）]：(给出定点)

指定通过点：(给出通过点 2，绘制一条双向无限长直线)

指定通过点：(继续绘制线或用 Enter 键结束命令)

1.2.2 圆类绘图命令

圆类绘图命令主要包括"圆"、"圆弧"、"圆环"和"椭圆弧"等命令，这几个命令是 AutoCAD 中最简单最常用的曲线命令。

1.2.2.1 圆

【执行方式】

➢ 命令行：CIRCLE↙

➢ 菜单："绘图" → "圆"

➢ 工具栏：

➢ 功能区：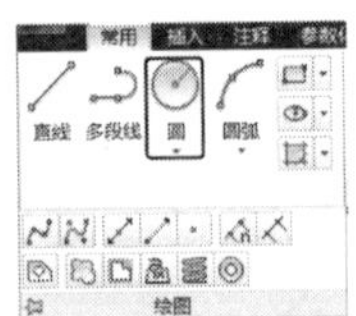

【操作格式】

命令：CIRCLE↙

指定圆的圆心或 [三点（3P）/两点（2P）/相切、相切、半径（T）]：(指定圆心)

指定圆的半径或[直径（D）]：(输入半径数值或者用鼠标指定半径长度)

【选项说明】

(1) 三点（3P）是通过指定圆周上 3 点的方法创建圆。

(2) 两点（2P）是指定直径的两端点的方法创建圆。

(3) 相切、相切、半径（T）是先指定两个相切对象，后给出半径的方法创建圆。

(4) 此外还有"圆心、直径"、"相切、相切、相切"的命令。以上命令都可在功能区，"圆"按钮下的小三角中找到，如图 1-44 所示。

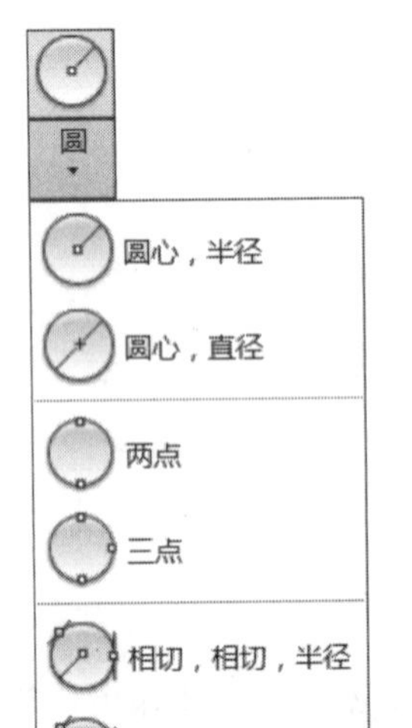

图 1-44　功能区按钮

【例 1-3】用圆命令绘制如图 1-46 所示的图形。

命令：CIRCLE↙

指定圆的圆心或 [三点（3P）/两点（2P）/相切、相切、半径（T）]：200，200↙

指定圆的半径或[直径（D）]：25↙

命令：C↙ (绘制圆命令的缩写)

指定圆的圆心或 [三点（3P）/两点（2P）/相切、相切、半径（T）]：2P↙

指定圆直径的第一个端点：280，200↙

指定圆直径的第二个端点：330，200↙

命令：C↙

指定圆的圆心或 [三点（3P）/两点（2P）/相切、相切、半径（T）]：T↙

指定对象与圆的第一个切点：（将鼠标在切点大致区域移动，当出现黄色切点标记时，单击左键确定，捕捉左边小圆的切点，如图 1-45 所示）

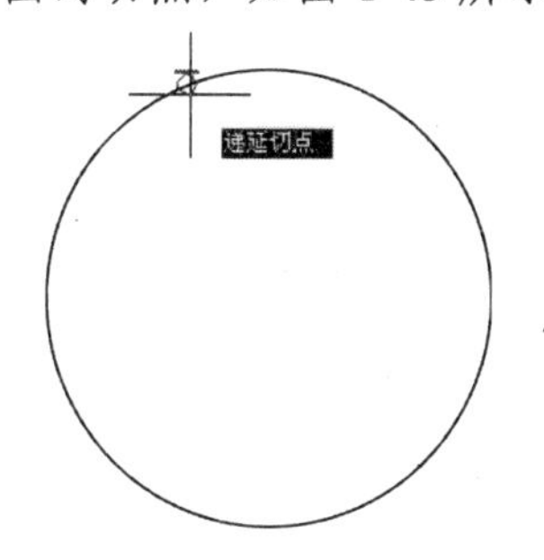

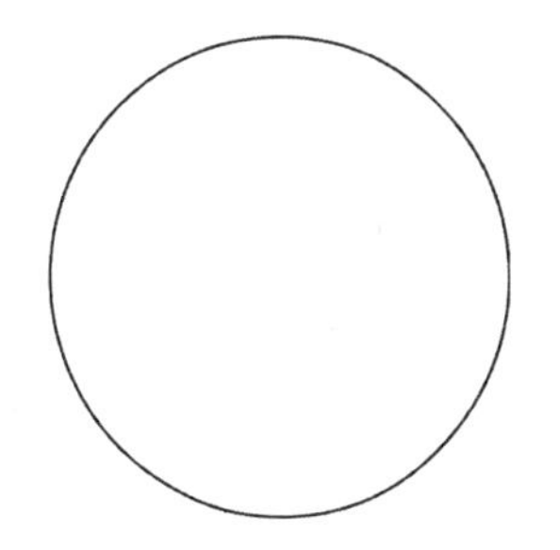

图 1-45　捕捉切点

指定对象与圆的第二个切点：（捕捉右边小圆的切点）

指定圆的半径<25.0000>：50↙

命令：C↙

指定圆的圆心或 [三点（3P）/两点（2P）/相切、相切、半径（T）]：3P↙

指定圆上的第一个点：（确保状态栏中的“对象捕捉”按钮为按下状态，“对象捕捉”设置中的“切点”前的复选框已被勾选，捕捉左边小圆上的切点，如图 1-46 所示）

指定圆上的第二个点：（捕捉右边小圆的切点）

指定圆上的第三个点：（将光标移动到大圆的下方，捕捉大圆的切点）

绘制完成，结果如图 1-47 所示。

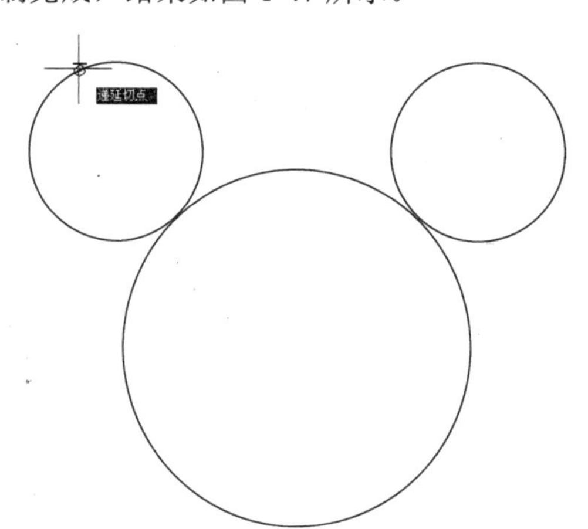

图 1-46　捕捉切点

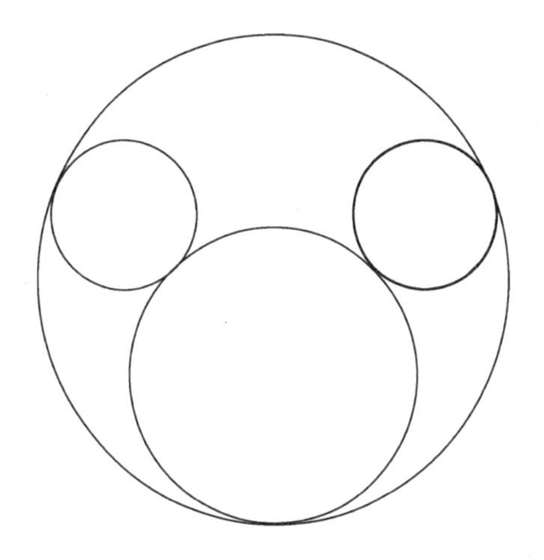

图 1-47　绘制圆的实例

1.2.2.2　圆弧

【执行方式】

➢ 命令行：ARC↙（缩写名：A）

➢ 菜单：“绘图”→“圆弧”

➢ 工具栏：

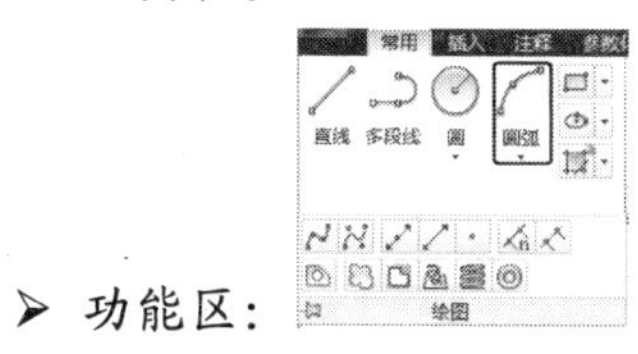

➢ 功能区：

【操作格式】

命令：ARC↙

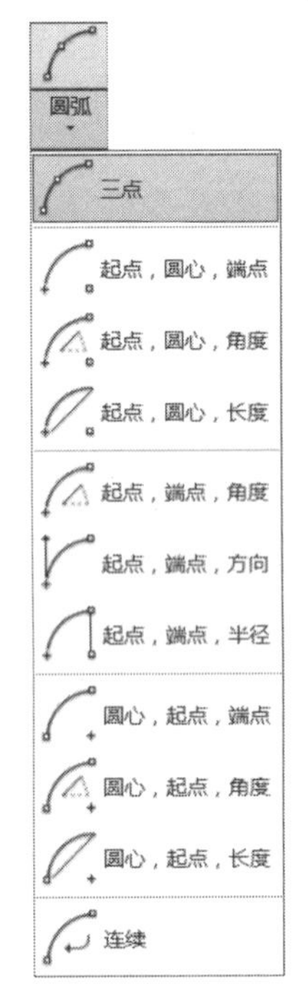

图 1-48　功能区按钮

指定圆弧的起点或[圆心（C）]:（指定起点）

指定圆弧的第二个点或[圆心（C）/端点（E）]:（指定第二点）

指定圆弧的端点:（指定端点）

此外，点击功能区“圆弧”按钮下的小三角，可以得到多种绘制圆弧的方法，如图 1-48 所示。

每一种命令的功能如下。

（1）三点：通过给定的三个点来绘制圆弧，此时应指定圆弧的起点、通过的第二个点和端点。

（2）起点、圆心、端点：通过指定圆弧的起点、圆心和端点绘制圆弧。

（3）起点、圆心、角度：通过指定圆弧的起点、圆心和角度绘制圆弧。此时，需要在“指定包含角:”提示下输入角度值。如果当前环境设置的角度方向为逆时针方向，且输入的角度值为正值，则所绘制的圆弧是从起始点绕圆心沿逆时针方向绘出；如果输入的角度值为负值，则沿顺时针方向绘制圆弧。

（4）起点、圆心、长度：通过指定圆弧的起点。圆心和长度绘制圆弧。此时，所给定的弦长不得超过起点到圆心距离的 2 倍。另外，在命令行的“指定弦长:”提示下，所输入的值如果为负值，则该值的绝对值将作为对应整圆的空缺部分圆弧的弦长。

（5）起点、端点、角度：可通过指定圆弧的起点、端点和角度绘制圆弧。

（6）起点、端点、方向：可通过指定圆弧的起点、端点和方向绘制圆弧。当命令行显示“指定圆弧的起点切向:”提示时，拖动鼠标，AutoCAD 会在当前光标与圆弧起始点之前形成一条橡皮筋线，此橡皮筋线即为圆弧在起始点处的切线。通过拖动鼠标确定圆弧在起始点处的切线方向后单击鼠标，即可得到相应的圆弧。

（7）起点、端点、半径：可通过指定圆弧的起点、端点和半径绘制圆弧。

（8）圆心、起点、端点：可通过指定圆弧的圆心、起点和端点绘制圆弧。

（9）圆心、起点、角度：可通过指定圆弧的圆，起点和角度绘制圆弧。

（10）圆心、起点、长度：可通过指定圆弧的圆，起点和长度绘制圆弧。

（11）连续：选择该命令，并在命令行的“指定圆弧的起点或【圆心（C）】:”提示下直接按回车键，系统将以最后一次绘制的线段或绘制圆弧过程中确定的最后一点作为新圆弧的起点，以最后所绘线段方向或圆弧终止点处的切线方向为新圆弧在起始点处的切线方向，然后再指定一点，就可以绘制出一个圆弧。

☞**技巧**：当一个圆弧绘制结束后，再次执行绘制圆弧的命令（可直接按 Enter 键重复上次的命令），再次按 Enter 键，系统将以上一个圆弧的结束点为起点继续绘制圆弧，新的圆弧与上一个圆弧相切。此种“继续”的方式也适用于其他绘图命令。

【例 1-4】用圆及圆弧命令绘制花瓣图形。

命令：C↙

指定圆的圆心或 [三点（3P）/两点（2P）/相切、相切、半径（T）]:（选择合适点作为圆的圆心）

指定圆的半径或[直径（D）]: 50↙

菜单：“格式” → “点样式”

弹出“点样式”对话框，选择第四个“×”形图案，如图 1-49 所示。单击“确定”按钮。

命令：DIVIDE↙

选择要定数等分的对象:（选择所画的圆）

图 1-49　“点样式”对话框

输入线段数目或[块（B）]：6（将圆等分为6份，如图1-50所示）

命令：OSNAP↙

在弹出的对话框中选择"节点"、"象限点"和"交点"捕捉方式，单击"确定"按钮。

命令：L↙

指定第一点：（使用"节点"捕捉方式捕捉圆形最左边的节点）

指定下一点或[放弃（U）]：（使用"节点"捕捉方式捕捉圆形最右边的节点）

指定下一点或[放弃（U）]：（回车结束命令）

重复使用Line命令，利用"象限点"捕捉方式绘制出另一条垂直直线。

如图1-51所示。

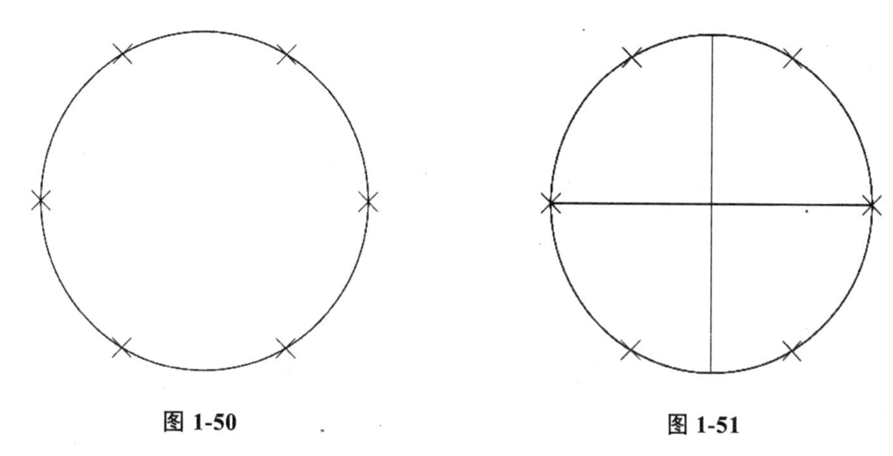

图1-50　　　　图1-51

命令：A↙（绘制圆弧命令的缩写）

指定圆弧的起点或[圆心（C）]：（将光标移至6个标记之一附近，当出现"节点"提示后，单击左键，确定圆弧第一点）

指定圆弧的第二个点或[圆心（C）/端点（E）]：（使用"交点"捕捉方式捕捉至两条垂直线的交点）

指定圆弧的端点：（使用"节点"捕捉方式确定第三点，如图1-52所示）

用同样的方法绘出其余圆弧线，如图1-53所示。

命令：ERASE↙（清除，缩写名：E）

选择对象：（选择圆和两条直径以及6个点的标志，回车表示删除）

最终效果如图1-54所示。

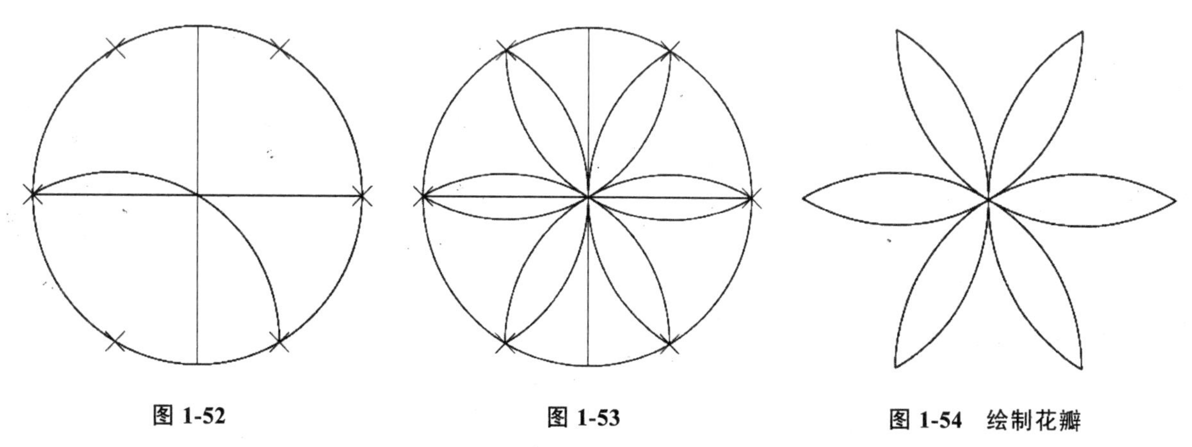

图1-52　　　　图1-53　　　　图1-54　绘制花瓣

1.2.2.3　圆环

【执行方式】

➢ 命令行：DONUT↙

➢ 菜单："绘图"→"圆环"

➢ 功能区：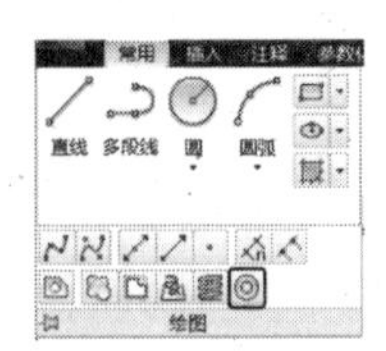

【操作格式】

命令：DONUT↙

指定圆环的内径<0.5000>:（指定圆环内径）

指定圆环的外径<1.000>:（指定圆环外径）

指定圆环的中心点或<退出>:（指定圆环的中心点）

指定圆环的中心点或<退出>: [继续指定圆环的中心点，则继续绘制相同内外径的圆环，或者按Enter键结束命令，如图1-55（a）所示]

【选项说明】

（1）若指定内径为零，则画出实心填充圆[如图1-55（b）所示]。

（2）用命令FILL可以控制圆环是否填充，具体方法是：

命令：FILL↙

输入模式[开（ON）/关（OFF）]<开>: [选择ON表示填充，选择OFF表示不填充，如图1-55（c）所示]

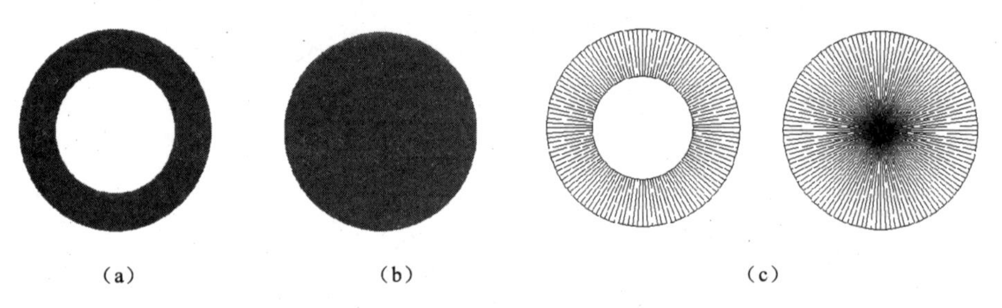

（a）　　（b）　　（c）

图1-55　绘制圆环

1.2.2.4　椭圆与椭圆弧

【执行方式】

➢ 命令行：ELLIPSE↙

➢ 菜单："绘图"→"椭圆"→"圆弧"

➢ 工具栏：或

➢ 功能区：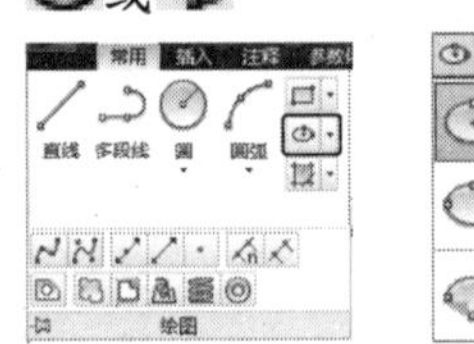

【操作格式】

命令：ELLIPSE↙

指定椭圆的轴端点或[圆弧（A）/中心点（C）]: [指定轴端点1，如图1-56（a）所示]

指定轴的另一个端点:（指定轴端点2）

指定另一条半轴长度或[旋转（R）]:

【选项说明】

（1）指定椭圆的轴端点。根据两个端点定义椭圆的第一条轴。第一条轴的角度确定了整个椭圆的角度。第一条轴既可定义椭圆的长轴也可定义短轴。

（2）中心点（C）。通过指定的中心点创建椭圆。

（3）旋转（R）。通过绕第一条轴旋转圆来创建椭圆。相当于将一个圆绕椭圆轴翻转一个角度后的投影视图。

（4）圆弧（A）。该选项用于创建一段椭圆弧。其中第一条轴的角度确定了椭圆弧的角度。第一条轴既可定义椭圆弧长轴也可定义椭圆弧短轴。选择该项，系统继续提示：

指定椭圆弧的轴端点或[中心点（C）]:（指定端点或输入 C）

指定轴的另一个端点:（指定另一端点）

指定另一条半轴长度或[旋转（R）]:（指定另一条半轴长度或输入 R）

指定起始角度或[参数（P）]:（指定起始角度或输入 P）

指定终止角度或[参数（P）/包含角度（I）]:

其中各选项含义如下：

1）角度。指定椭圆弧端点的两种方式之一，光标和椭圆中心点连线与水平线的夹角为椭圆端点位置的角度，如图 1-56（b）所示。

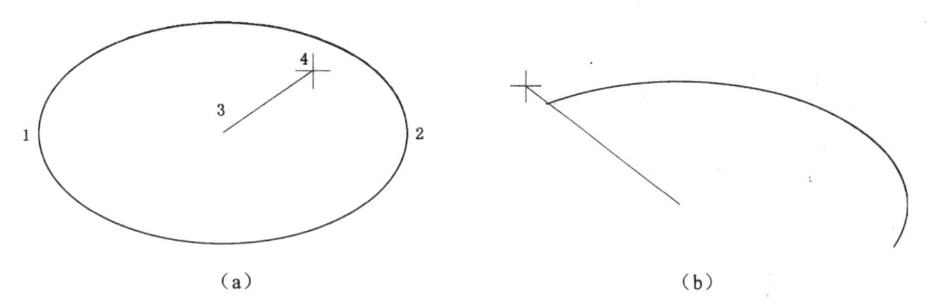

图 1-56　椭圆和椭圆弧

（a）椭圆；（b）椭圆弧

2）参数（P）。指定椭圆弧端点的另一种方式，该方式同样是指定椭圆弧端点的角度，但是通过以下方程式来创建椭圆弧。

$$p(u)=c+a\times\cos u+b\times\sin u$$

其中 c 是椭圆的中心点，a 和 b 分别是椭圆的长轴和短轴，u 为光标与椭圆中心点连线的夹角。

3）包含角度（I）。定义从起始角度开始的包含角度。

【例 1-5】绘制洗脸盆。

【操作步骤】

（1）利用“直线”命令绘制水龙头图形，结果如图 1-57 所示。

（2）利用“圆”命令绘制两个水龙头旋钮，结果如图 1-58 所示。

（3）利用“椭圆”命令绘制脸盆外沿，命令行提示与操作如下：

命令：ELLIPSE↙

指定椭圆的轴端点或[圆弧（A）/中心点（C）]:（用鼠标指定椭圆轴端点）

指定轴的另一个端点:（用鼠标指定另一个端点）

指定另一条半轴长度或[旋转（R）]:（用鼠标在屏幕上拉出另一半轴长度）

结果如图 1-59 所示。

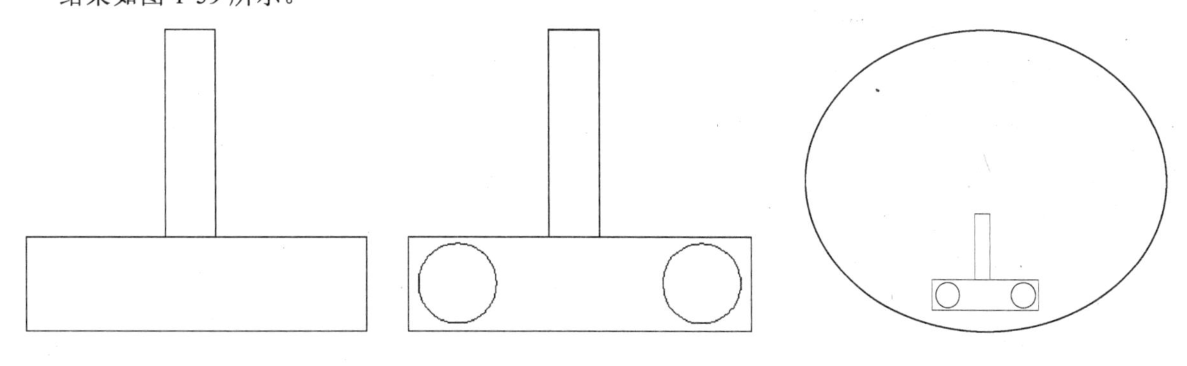

图 1-57　绘制水龙头　　**图 1-58　绘制旋钮**　　**图 1-59　绘制脸盆外沿**

（4）利用“椭圆弧”命令绘制脸盆部分内沿，命令行提示与操作如下：

命令：OSNAP↙

在弹出的对话框中选择“端点”和“圆心”捕捉方式，单击“确定”按钮。

命令：ELLIPSE↙

指定椭圆的轴端点或[圆弧（A）/中心点（C）]：a↙

指定椭圆弧的轴端点或[中心点（C）]：c↙

指定椭圆弧的中心点：（按下状态栏“对象捕捉”按钮，捕捉刚才绘制的椭圆中心点）

指定轴的端点：（适当指定一点）

指定另一条半轴长度或[旋转（R）]：（适当指定一点）

指定起始角度或[参数（P）]：（指定起始角度）

指定终止角度或[参数（P）/包含角度（I）]：（指定终止角度）

结果如图 1-60 所示。

（5）利用“圆弧”命令绘制脸盆内沿其他部分，命令行提示与操作如下：

命令：ARC↙

指定圆弧的起点或[圆心（C）]：（捕捉椭圆弧端点）

指定圆弧的第二个点或[圆心（C）/端点（E）]：（指定第二点）

指定圆弧的端点：（捕捉椭圆弧另一端点）

结果如图 1-61 所示。

（6）修剪多余部分（修剪命令将在 1.4.4 节中介绍）。

命令行：TRIM↙

当前设置：投影=UCS， 边=无

选择剪切边...

选择对象或<全部选择>：（直接按 Enter 键选择所有显示的对象）

选择要修剪的对象，或按住 Shift 键选择要延伸的对象，或[栏选（F）/窗交（C）/投影（P）/边（E）/删除（R）/放弃（U）]：（选择刚绘制的圆弧与矩形相交的部分）

回车结束命令，结果如图 1-62 所示。

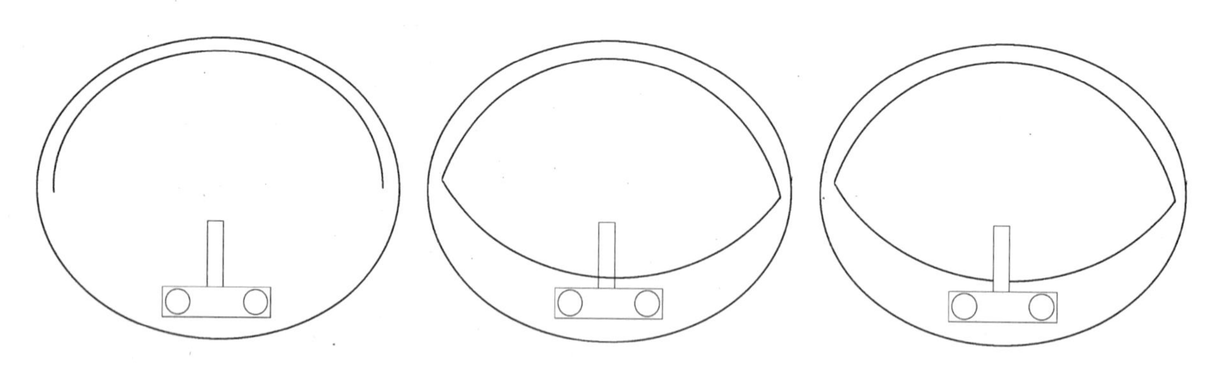

图 1-60　绘制脸盆部分内沿　　图 1-61　绘制脸盆内沿其他部分　　图 1-62　修剪多余部分

1.2.3　平面图形命令

平面图形命令包括矩形命令和正多边形命令。

1.2.3.1　矩形

【执行方式】

- 命令行：RECTANG↙（缩写名：REC）
- 菜单：“绘图”→“矩形”
- 工具栏：□

➢ 功能区：

【操作格式】

命令：RECTANG↙

指定第一个角点或[倒角（C）/标高（E）/圆角（F）/厚度（T）/宽度（W）]:（指定第一点）

指定另一个角点或[面积（A）/尺寸（D）/旋转（R）]:（指定第二点；“A”指定面积和长或宽创建矩形；“D”使用长和宽创建矩形）

【选项说明】

（1）第一个角点。通过指定两个角点确定矩形，如图 1-63（a）所示。

（2）倒角（C）。指定倒角距离，绘制带倒角的矩形[如图 1-63（b）所示]，每一个角点的逆时针和顺时针方向的倒角可以相同，也可以不同，其中第一个倒角距离是指定角点逆时针方向倒角距离，第二个倒角距离是指角点顺时针方向倒角距离。

（3）圆角（F）。指定圆角半径，绘制带圆角的矩形，如图 1-63（c）所示。

（4）宽度（W）。指定线宽，如图 1-63（d）所示。

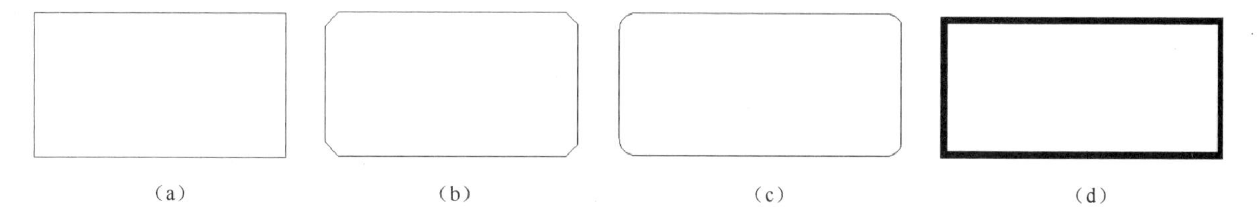

（a）　（b）　（c）　（d）

图 1-63　绘制矩形

（5）面积（A）。指定面积和长或宽创建矩形。选择该项，系统提示：

输入以当前单位计算的矩形面积<100.0000>:（输入面积值）

计算矩形标注时依据[长度（L）/宽度（W）]<长度>:（回车或输入 W）

输入矩形长度<10.0000>:（指定长度或宽度）

指定长度或宽度后，系统自动计算另一个维度后绘制出矩形。如果矩形被倒角或圆角，则长度或宽度计算中会考虑此设置。

（6）尺寸（D）。使用长和宽创建矩形。第二个指定点将矩形定位在与第一个角点相关的四个位置之一内。

（7）旋转（R）。旋转所绘制的矩形的角度。选择该选项，系统提示：

指定旋转角度或[拾取点（P）]<45>:（指定角度）

指定另一个角点或[面积（A）/尺寸（D）/旋转（R）]:（指定另一个角点或选择其他选项）

指定旋转角度后，系统按指定角度创建矩形，如图 1-64 所示。

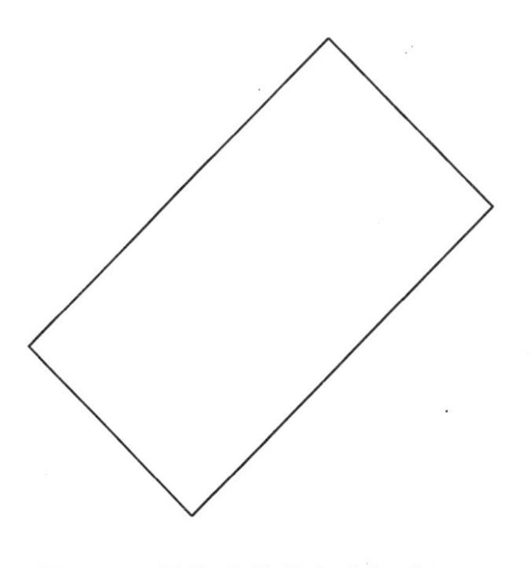

图 1-64　按指定旋转角度创建矩形

【例 1-6】绘制如图 1-65 所示的方头平键。

图 1-65　方头平键

【操作步骤】

（1）利用“矩形”命令绘制主视图外形。命令行提示与操作如下：

命令：RECTANG↙

指定第一个角点或[倒角（C）/标高（E）/圆角（F）/厚度（T）/宽度（W）]：0，30↙

指定另一个角点或[面积（A）/尺寸（D）/旋转（R）]：@100，11↙

结果如图 1-66 所示。

（2）利用“直线”命令绘制主视图两条棱线。一条棱线端点的坐标值为（0，32）和（@100，0），另一条棱线端点的坐标值为（0，39）和（@100，0）。结果如图 1-67 所示。

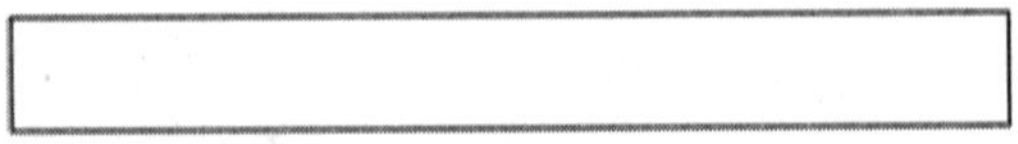

图 1-66　绘制主视图外形

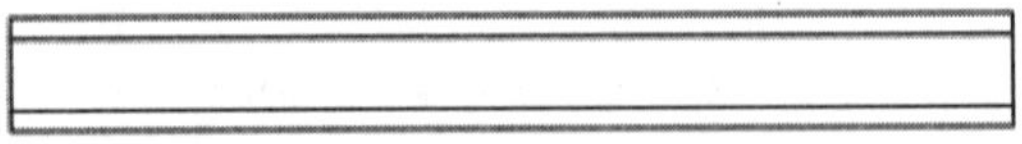

图 1-67　绘制主视图两条棱线

（3）利用“构造线”命令绘制构造线，命令行与操作如下：

命令：OSNAP↙

在弹出的对话框中选择“端点”和“交点”捕捉方式，单击“确定”按钮。

命令：XLINE↙

指定点或[水平（H）/垂直（V）/角度（A）/二等分（B）/偏移（O）]：（利用“对象捕捉”指定主视图左边竖线上一点）

指定通过点：（指定竖直下方位置上一点）

指定通过点：↙

同样方法绘制右边竖直构造线，如图 1-68 所示。

（4）利用“矩形”命令和“直线”命令绘制俯视图。命令行提示与操作如下：

命令：RECTANG↙

指定第一个角点或[倒角（C）/标高（E）/圆角（F）/厚度（T）/宽度（W）]：0，0↙

指定另一个角点或[面积（A）/尺寸（D）/旋转（R）]：@100，18↙

接着绘制两条棱线，一条棱线端点为（0，2）和（@100，0），另一条棱线端点为（0，16）和（@100，0），结果如图 1-69 所示。

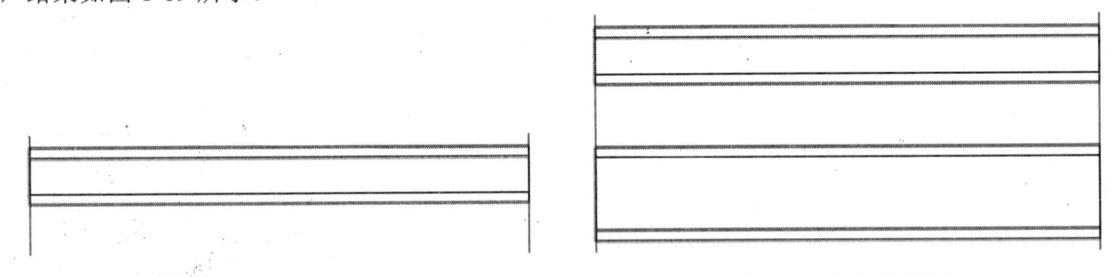

图 1-68　绘制竖直构造线

图 1-69　绘制俯视图

（5）利用“构造线”命令绘制左视图构造线。命令行提示与操作如下：

命令：XLINE↙

指定点或[水平（H）/垂直（V）/角度（A）/二等分（B）/偏移（O）]：H↙

指定通过点：（指定主视图右上端点）

指定通过点：（指定主视图右下端点）

指定通过点：（指定俯视图右上端点）

指定通过点：（指定俯视图右下端点）

指定通过点：↙

命令：↙（回车表示重复绘制构造线命令）

指定点或[水平（H）/垂直（V）/角度（A）/二等分（B）/偏移（O）]：A↙
输入构造线的角度（O）或[参照（R）]：-45↙
指定通过点：（任意指定一点）
指定通过点：↙
命令：↙
指定点或[水平（H）/垂直（V）/角度（A）/二等分（B）/偏移（O）]：V↙
指定通过点：（指定斜线与第三条水平线的交点）
指定通过点：（指定斜线与第三条水平线的交点）
结果如图 1-70 所示。

（6）设置矩形两个倒角距离为 2，绘制左视图。命令行提示与操作如下：
命令：RECTANG↙
指定第一个角点或[倒角（C）/标高（E）/圆角（F）/厚度（T）/宽度（W）]：C↙
指定矩形的第一个倒角距离<0.0000>：（指定主视图右上端点）
指定第二点：（指定主视图右上第二个端点）
指定矩形的第二个倒角距离<2.0000>：↙
指定第一个角点或[倒角（C）/标高（E）/圆角（F）/厚度（T）/宽度（W）]：（按构造线确定位置指定一个角点）
指定另一个角点或[面积（A）/尺寸（D）/旋转（R）]：（按构造线确定位置指定另一个角点）
结果如图 1-71 所示。

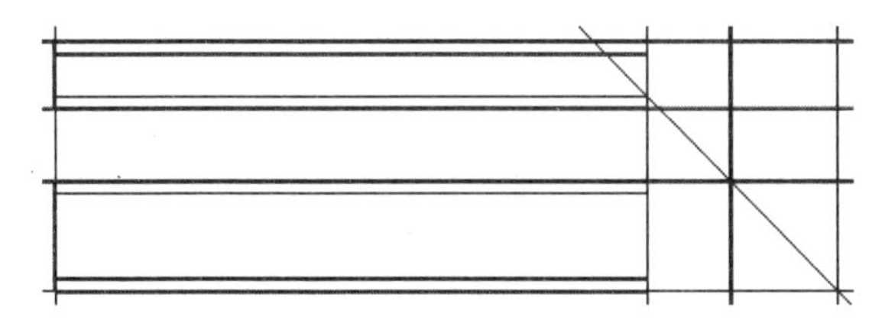
图 1-70　绘制左视图

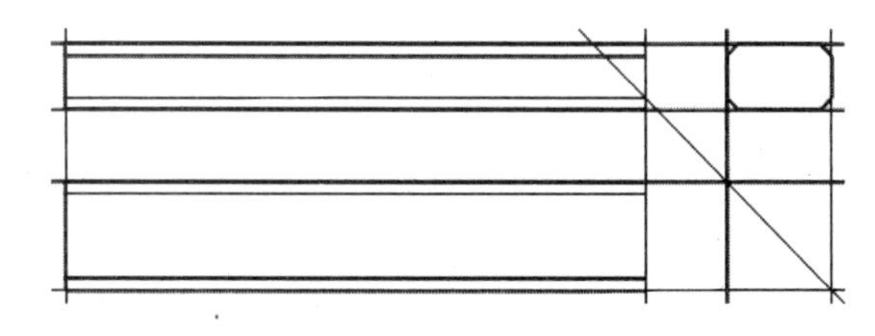
图 1-71　绘制左视图

（7）删除构造线，最终结果如图 1-65 所示。

1.2.3.2　正多边形

【执行方式】
➢ 命令行：POLYGON↙
➢ 菜单："绘图"→"正多边形"
➢ 工具栏：
➢ 功能区：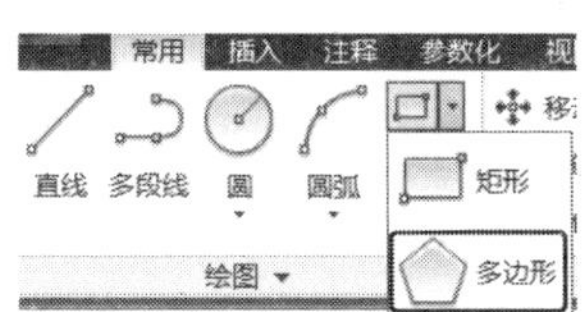

【操作格式】
命令：POLYGON↙
输入边的数目<4>：（指定多边形的边数，默认值为 4）
指定正多边形的中心点或[边（E）]：（指定中心点）
输入选项[内接于圆（I）/外切于圆（C）]<I>：[指定是内接于圆或是外切于圆，默认选项是"I"，表示内接于圆，如图 1-72（a）所示，C 表示外切于圆，如图 1-72（b）所示]
指定圆的半径：（指定外接圆或内切圆的半径）
【选项说明】

如果选择“边”选项，则只要指定多边形的一条边，系统就会按逆时针方向创建多边形，如图 1-72（c）所示。

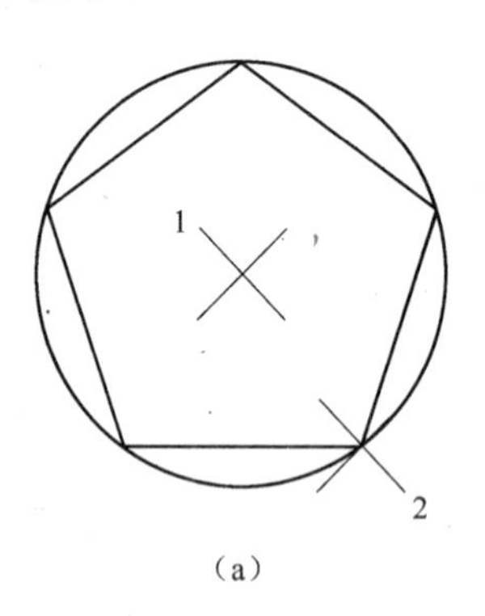

(a)

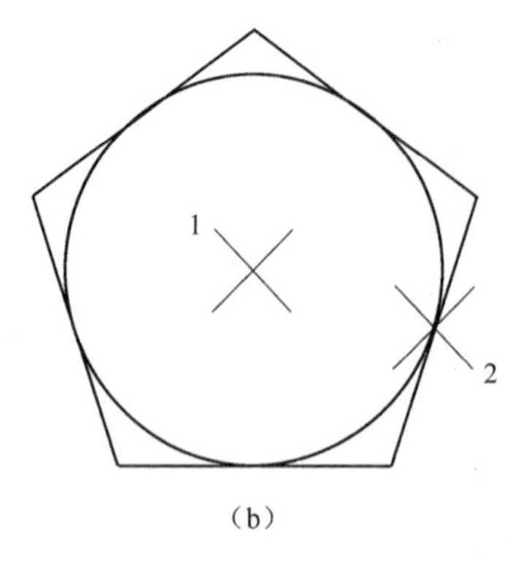

(b)

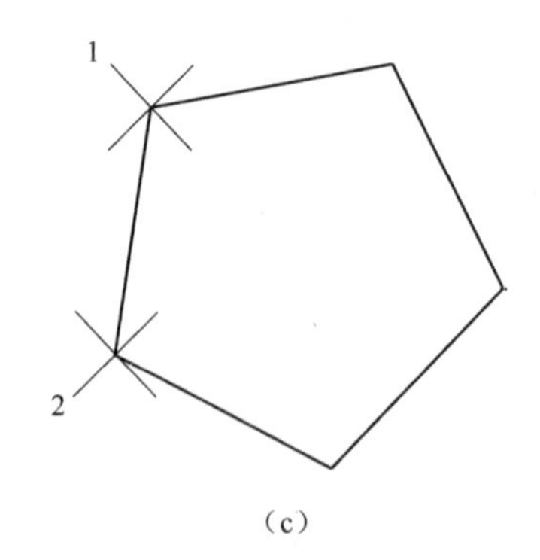

(c)

图 1-72　绘制正多边形

【**例 1-7**】绘制如图 1-73 所示的螺母。

【操作步骤】

（1）利用“圆”命令绘制一个圆。命令行提示与操作如下：

命令：CIRCLE↙

指定圆的圆心或 [三点（3P）/两点（2P）/相切、相切、半径（T）]：150，150↙

指定圆的半径或[直径（D）]：50↙

得到的结果如图 1-74 所示。

（2）利用“正多边形”命令绘制正六边形，命令行提示与操作如下：

命令：POLYGON↙

输入边的数目<4>：6↙

指定正多边形的中心点或[边（E）]：150，150↙

输入选项[内接于圆（I）/外切于圆（C）]<I>：c↙

指定圆的半径：50↙

得到的结果如图 1-75 所示。

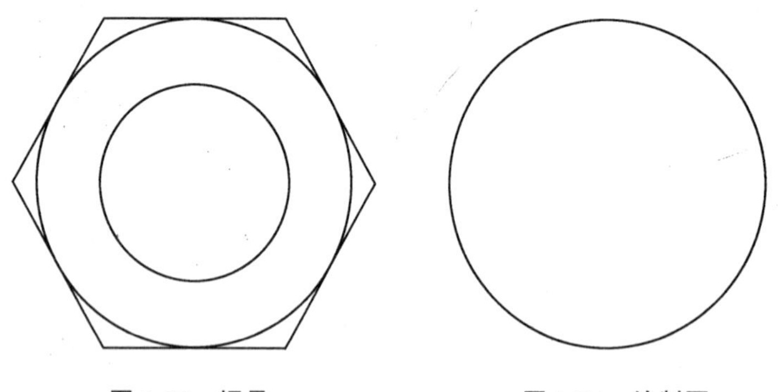

图 1-73　螺母　　**图 1-74　绘制圆**

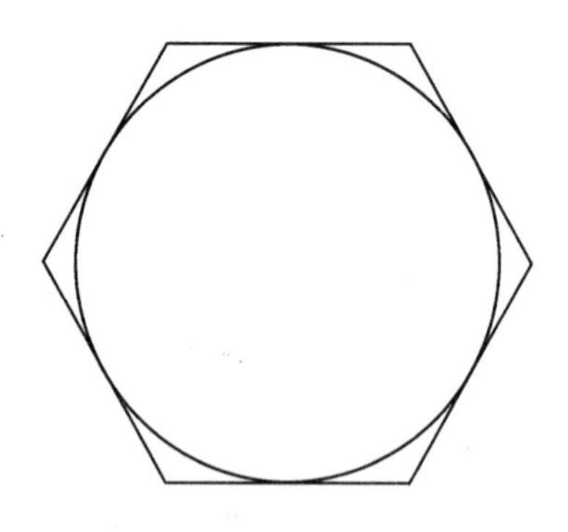

图 1-75　绘制正六边形

（3）同样以（150，150）为中心，以 30 为半径绘制另一个圆，结果如图 1-73 所示。

1.2.4　点命令

点在 AutoCAD 有多种不同的表示方式，用户可以根据需要进行设置，也可以设置等分点和测量点。

1.2.4.1　点

【执行方式】

- 命令行：POINT↙
- 菜单：“绘图” → “点” → “单点” / “多点”
- 工具栏：

➢ 功能区：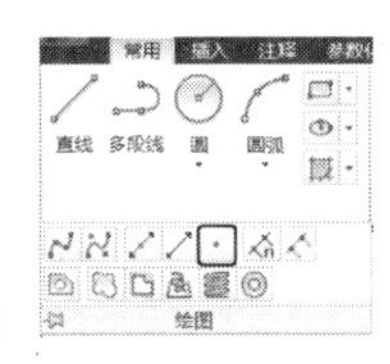

【操作格式】

命令：POINT↙

当前点模式：PDMODE=0　　PDSIZE=0.0000

指定点：（指定点所在的位置）

【选项说明】

（1）通过菜单方法操作时（如图 1-76 所示），“单点”命令表示只输入一个点，“多点”命令表示可输入多个点。

（2）可以打开状态栏中的“对象捕捉”开关设置点捕捉模式，帮助用户拾取点。

（3）点在图形中的表示样式，共有 20 种。可通过命令 DDPTYPE 或菜单命令“格式”→“点样式”，在弹出的“点样式”对话框中进行设置，如图 1-77 所示。

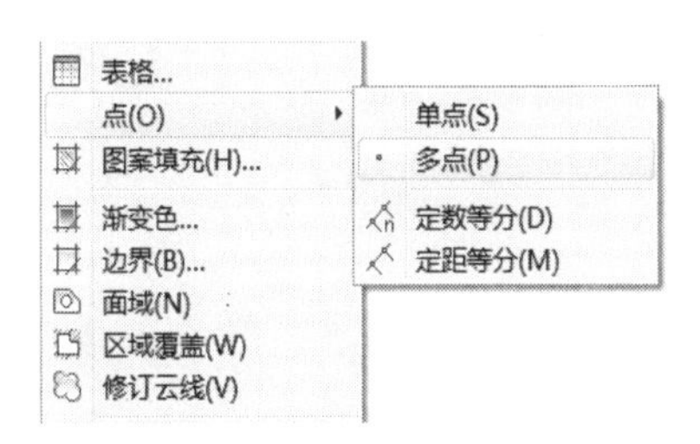

图 1-76　“点”命令的级联菜单

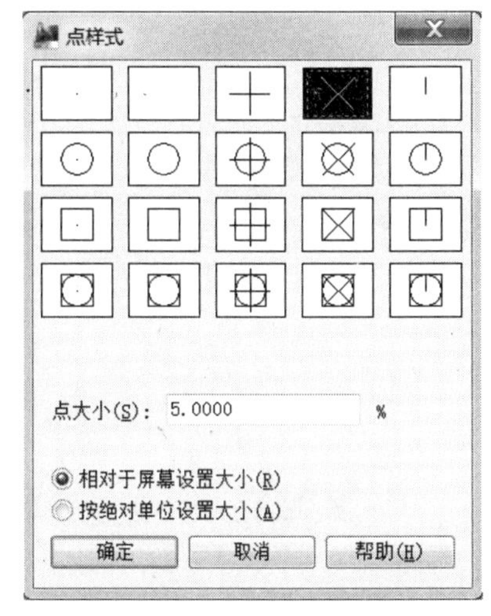

图 1-77　“点样式”对话框

1.2.4.2　等分点

【执行方式】

➢ 命令行：DIVIDE↙（缩写名：DIV）

➢ 菜单：“绘图”→“点”→“定数等分”

➢ 功能区：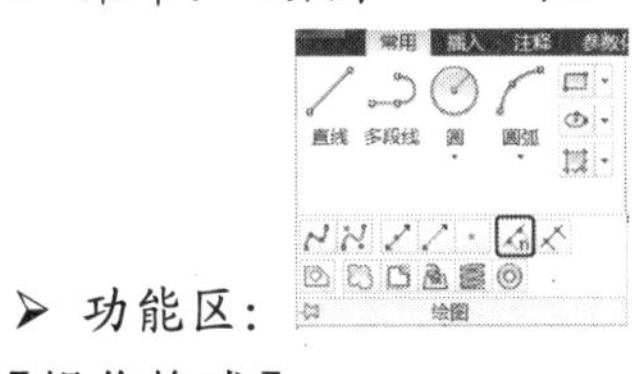

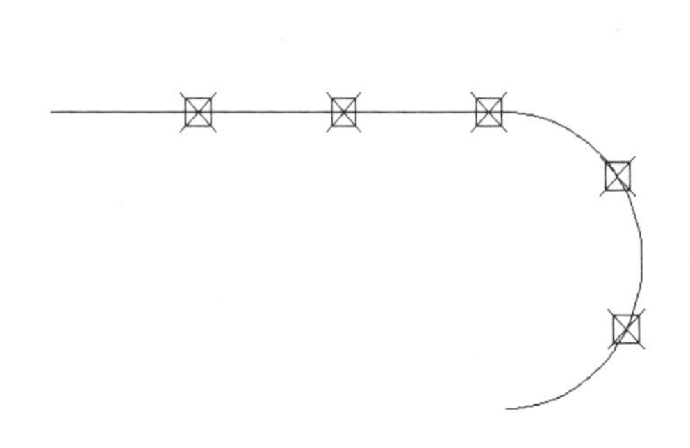

图 1-78　绘制等分点

【操作格式】

命令：DIVIDE↙

选择要定数等分的对象：（选择要等分的实体）

输入线段数目或[块（B）]：（指定实体的等分数，绘制结果如图 1-78 所示）

【选项说明】

（1）等分数范围 2～32767。

（2）在等分点处，按当前点样式设置画出等分点。

（3）在第二个提示行中选择“块（B）”选项时，表示在等分点处插入指定的块（BLOCK）（参见 1.6）。

1.2.4.3　测量点

【执行方式】

➢ 命令行：MEASURE↙（缩写名：ME）

➢ 菜单：“绘图”→“点”→“定距等分”

➢ 功能区：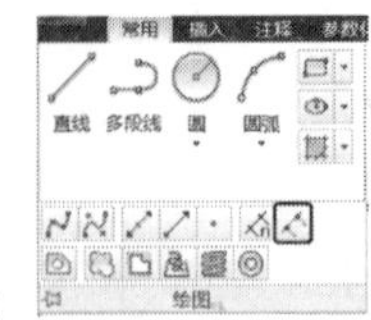

【操作格式】

命令：MEASURE↙

选择要定距等分的对象：（选择要设置测量点的实体）

输入线段长度或[块（B）]：（指定分段长度）

【选项说明】

（1）设置的起点一般是指指定线的绘制起点。

（2）在第二个提示行中选择“块（B）”选项时，表示在测量点处插入指定的块。

（3）在等分点处，按当前点样式的设置绘制出等分点。

（4）最后一个测量点的长度不一定等于指定分段长度。

【例 1-8】绘制如图 1-79 所示的棘轮。

【操作步骤】

（1）利用“圆”命令，绘制 3 个半径分别为 90、60、40 的同心圆，如图 1-80 所示。

图 1-79　绘制棘轮

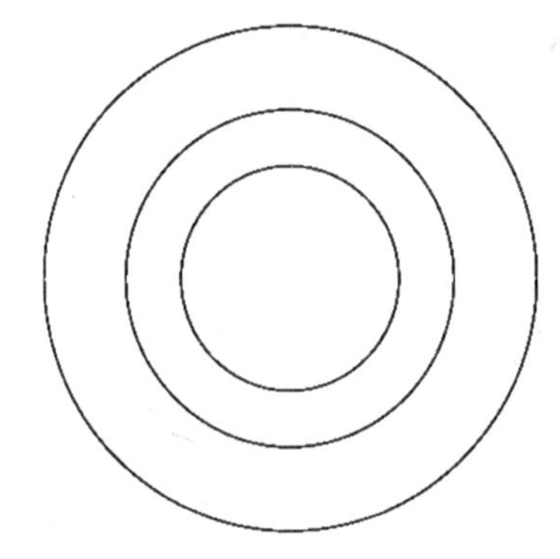

图 1-80　绘制同心圆

（2）设置点样式，选择菜单命令“格式”→“点样式”，在打开的“点样式”对话框中选择“×”样式。

（3）等分圆。命令行提示与操作如下：

命令：DIVIDE↙

选择要定数等分的对象：（选取 R90 圆）

输入线段数目或[块（B）]：12↙

用相同方法等分 R60 圆，结果如图 1-81 所示。

（4）利用“直线”命令和“节点”捕捉的方式连接 3 个等分点，如图 1-82 所示。

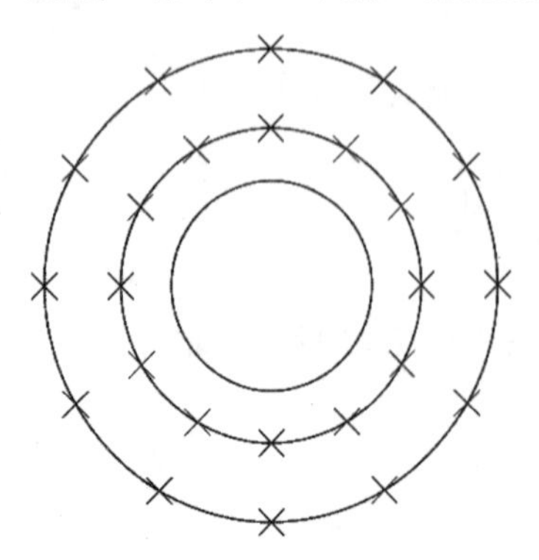

图 1-81　等分圆

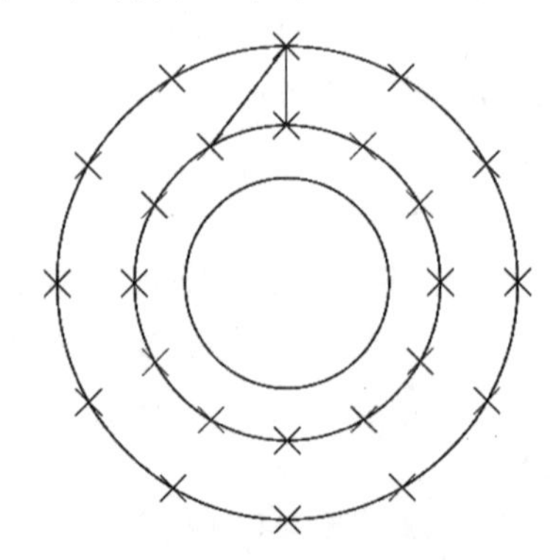

图 1-82　棘轮轮

（5）用相同方法连接其他点，用鼠标选择绘制的点和多余的圆及圆弧，按 Delete 键删除，结果如图 1-79 所示。

1.2.5 多段线

多段线是一种由线段和圆弧组合而成的，不同线宽的多线。这种线由于其组合形式多样，线宽可变化，弥补了直线或圆弧功能的不足，适合绘制各种复杂的图形轮廓。

1.2.5.1 绘制多段线

【执行方式】

- 命令行：PLINE↙（缩写名：PL）
- 菜单：“绘图”→“多段线”
- 工具栏：
- 功能区：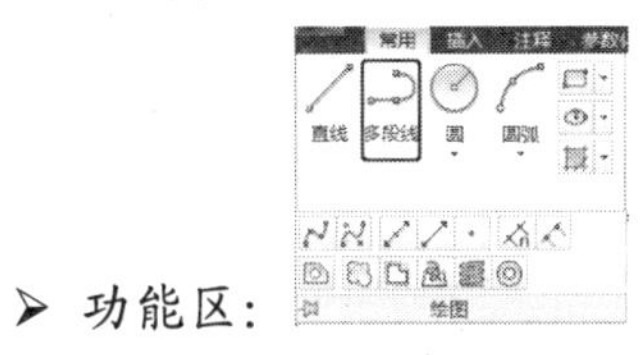

【操作格式】

命令：PLINE↙

指定起点：（指定多段线的起点）

当前线宽为 0.0000

指定下一个点或[圆弧（A）/半宽（H）/长度（L）/放弃（U）/宽度（W）]：（指定多段线的下一点）

【选项说明】

多段线主要由连续的不同线宽的线段或圆弧组成，如果在上述提示中选择“圆弧”，则命令行提示：

指定圆弧的端点或[角度（A）/圆心（CE）/闭合（CL）/方向（D）/半宽（H）/直线（L）/半径（R）/第二个点（S）/放弃（U）/宽度（W）]：

绘制圆弧的方法与“圆弧”命令相似。

1.2.5.2 编辑多段线

【执行方式】

- 命令行：PEDIT↙（缩写名：PE）
- 菜单：“修改”→“对象”→“多段线”
- 快捷菜单：选择要编辑的多段线，右击鼠标，在打开的快捷菜单中选择“编辑多段线”命令

【操作格式】

命令：PEDIT↙

指定多段线或[多条（M）]：（选择一条要编辑的多段线）

输入选项[闭合（C）/合并（J）/宽度（W）/编辑顶点（E）/拟合（F）/样条曲线（S）/非曲线化（D）/线型生成（L）/放弃（U）]：

【选项说明】

（1）合并（J）。以选中的多段线为主体，合并其他直线段、圆弧和多段线，使其成为一条多段线。能合并的条件是各段端点首尾相连。

（2）宽度（W）。修改整条多段线的线宽，使其具有同一线宽。

（3）编辑顶点（E）。选择该项后，在多段线起点处出现一个斜的十字叉“×”，它为当前顶点的标记，并在命令行出现进行后续操作的提示：

[下一个（N）/上一个（P）/打断（B）/插入（I）/移动（M）/重生成（R）/拉直（S）/切向（T）/宽度（W）/退出（X）]<N>:

这些选项允许用户进行移动、插入顶点和修改任意两点间的线宽等操作。

（4）拟合（F）。将指定的多段线生成由光滑圆弧连续的圆弧拟合曲线，该曲线经过多段线的各顶点，如图 1-83 所示。

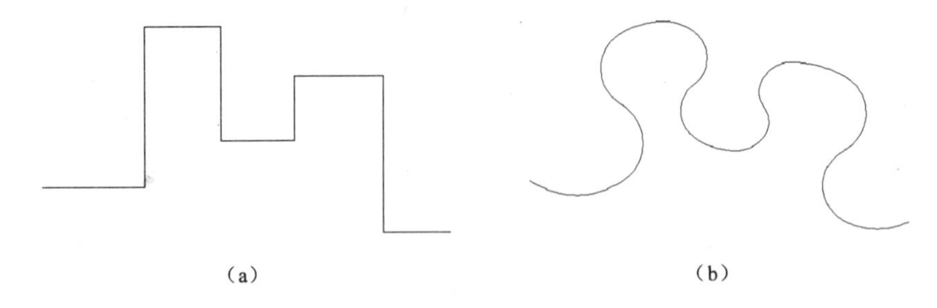

（a）　　（b）

图 1-83　生成圆弧拟合样条曲线（S）

（a）修改前；（b）修改后

（5）将指定的多段线以各顶点为控制点生成样条曲线，如图 1-84 所示。

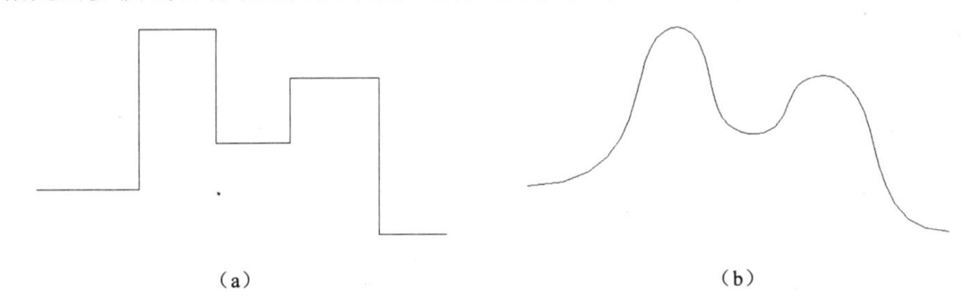

（a）　　（b）

图 1-84　生成样条曲线

（a）修改前；（b）修改后

（6）非曲线化（D）。将指定的多段线中的圆弧由直线代替。对于选用“拟合（F）”或“样条曲线（S）”选项后生成的圆弧拟合曲线或样条曲线，则删去生成曲线时新插入的顶点，恢复成由直线段组成的多段线。

（7）线型生成（L）。当多段线的线型为点划线时，控制多段线的线型生成方式开关。选择此项，系统提示：

输入多段线线型生成选项[开（ON）/关（OFF）]<关>:

选择 ON 时，将在每个顶点处允许以短划开始和结束生成线型；选择 OFF 时，将在每个顶点处以长划开始和结束生成线型。“线型生成”不能用于带变宽线段的多段线。一般保持“关”即可。

【例 1-9】绘制如图 1-85 所示的浴缸。

【操作步骤】

（1）利用“多段线”命令绘制浴缸外沿。命令行提示与操作如下：

命令：PLINE↙

指定起点：200，100↙

当前线宽为 0.0000

指定下一个点或[圆弧（A）/半宽（H）/长度（L）/放弃（U）/宽度（W）]：500，100↙

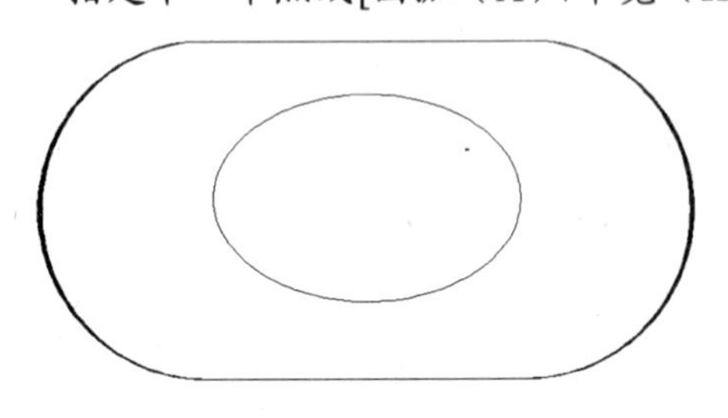

图 1-85　浴缸

指定下一点或[圆弧（A）/闭合（C）/半宽（H）/长度（L）/放弃（U）/宽度（W）]：H↙

指定起点半宽<0.0000>：↙

指定端点半宽<0.0000>：2↙

指定下一点或[圆弧（A）/闭合（C）/半宽（H）/长度（L）/放弃（U）/宽度（W）]：A↙

指定圆弧的端点或[角度（A）/圆心（CE）/闭合（CL）

/方向（D）/半宽（H）/直线（L）/半径（R）/第二个点（S）/放弃（U）/宽度（W）]：A↙

指定包含角：90↙

指定圆弧的端点或[圆心（CE）/半径（R）]：CE↙

指定圆弧的圆心：500，250↙

指定圆弧的端点或[角度（A）/圆心（CE）/闭合（CL）/方向（D）/半宽（H）/直线（L）/半径（R）/第二个点（S）/放弃（U）/宽度（W）]：W↙

指定起点宽度<4.0000>：↙

指定端点宽度<4.0000>：0↙

指定圆弧的端点或[角度（A）/圆心（CE）/闭合（CL）/方向（D）/半宽（H）/直线（L）/半径（R）/第二个点（S）/放弃（U）/宽度（W）]：D↙

指定圆弧的起点切向：（指定竖直方向的一点）

指定圆弧的端点：500，400↙

指定圆弧的端点或[角度（A）/圆心（CE）/闭合（CL）/方向（D）/半宽（H）/直线（L）/半径（R）/第二个点（S）/放弃（U）/宽度（W）]：L↙

指定下一点或[圆弧（A）/闭合（C）/半宽（H）/长度（L）/放弃（U）/宽度（W）]：200，400↙

指定下一点或[圆弧（A）/闭合（C）/半宽（H）/长度（L）/放弃（U）/宽度（W）]：H↙

指定起点半宽<0.0000>：↙

指定端点半宽<0.0000>：2↙

指定下一点或[圆弧（A）/闭合（C）/半宽（H）/长度（L）/放弃（U）/宽度（W）]：A↙

指定圆弧的端点或[角度（A）/圆心（CE）/闭合（CL）/方向（D）/半宽（H）/直线（L）/半径（R）/第二个点（S）/放弃（U）/宽度（W）]：CE↙

指定圆弧的圆心：200，250↙

指定圆弧的端点或[角度（A）/长度（L）]：A

指定包含角：90↙

指定圆弧的端点或[角度（A）/圆心（CE）/闭合（CL）/方向（D）/半宽（H）/直线（L）/半径（R）/第二个点（S）/放弃（U）/宽度（W）]：W↙

指定起点宽度<4.0000>：↙

指定端点宽度<4.0000>：0↙

指定圆弧的端点或[角度（A）/圆心（CE）/闭合（CL）/方向（D）/半宽（H）/直线（L）/半径（R）/第二个点（S）/放弃（U）/宽度（W）]：CL↙

（2）利用“椭圆”命令绘制缸底。命令行提示与操作如下：

命令：ELLIPSE↙

指定椭圆的轴端点或[圆弧（A）/中心点（C）]：（指定端点）

指定轴的另一个端点：（指定另一端点）

指定另一条半轴长度或[旋转（R）]：（指定半轴长度）

结果如图 1-85 所示。

1.2.6 样条曲线

AutoCAD 中的样条曲线使用一种名为 NURBS 的特殊样条曲线类型，NURBS 曲线在控制点之间产生一条光滑的曲线。样条曲线可用于创建形状不规则的曲线。

1.2.6.1 绘制样条曲线

【执行方式】

- 命令行：SPLINE↙
- 菜单：“绘图”→“样条曲线”
- 工具栏：

➢ 功能区：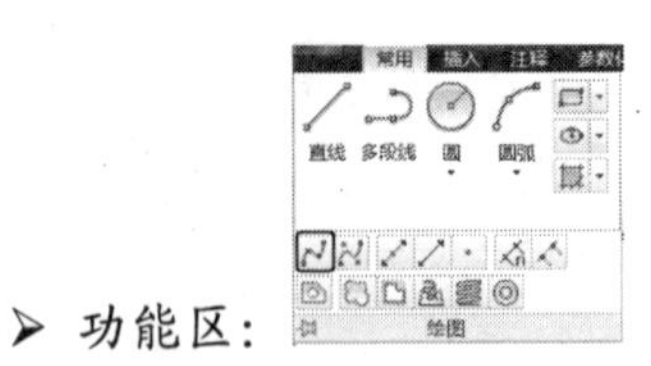

【操作格式】

命令：SPLINE↙

指定第一个点或[对象（O）]：[指定一点或选择“对象（O）”选项]

指定下一点：

指定下一点或[闭合（C）/拟合公差（F）]<起点切向>：

【选项说明】

（1）对象（O）。将二维或三维的二次或三次样条曲线拟合多段线转换为等价的样条曲线，然后（根据 DELOBJ 系统变量的设置）删除该多段线。

（2）闭合（C）。将最后一点定义为与第一点一致，并使它在连接处相切，这样可以闭合样条曲线。选择该项，系统继续提示：

指定切向：（指定点或按 Enter 键）

用户可以指定一点来定义切向矢量，或者使用“切点”和“垂足”对象捕捉模式使样条曲线与现有对象相切或垂直。

（3）拟合公差（F）。修改当前样条曲线的拟合公差，根据新公差以现有点重新定义样条曲线。公差越小，样条曲线与拟合点越接近。公差为 0，样条曲线将通过该点。输入大于 0 的公差，将使样条曲线在指定的公差范围内通过拟合点。

（4）起点切向。定义样条曲线的第一点和最后一点的切向。

如果在样条曲线的两端都指定切向，可以输入一个点或者使用“切点”和“垂足”对象捕捉模式使样条曲线与已有的对象相切或垂直。如果按 Enter 键，系统将计算默认切向。

1.2.6.2 编辑样条曲线

【执行方式】

➢ 命令行：SPLINEDIT↙

➢ 菜单：“修改”→“对象”→“样条曲线”

➢ 快捷菜单：选择要编辑的样条曲线，右击鼠标，从打开的快捷菜单上选择“编辑样条曲线”命令

【操作格式】

命令：SPLINEDIT↙

选择样条曲线：

输入选项[拟合数据（F）/闭合（C）/移动顶点（M）/精度（R）/反转（E）/放弃（U）]：（选择相应选项，可以编辑样条曲线）

1.2.7 多线

多线是一种复合线，它由连续的直线段复合组成。这种线的一个突出优点是，能够提高绘图效率，保证图线之间的统一性。

1.2.7.1 绘制多线

【执行方式】

➢ 命令行：MLINE↙

➢ 菜单：“绘图”→“多线”

【操作格式】

命令：MLINE↙

当前设置：对正=上，比例=20.00，样式=STANDARD

指定起点或[对正（J）/比例（S）/样式（ST）]：

指定下一点：

指定下一点或[放弃（U）]：

指定下一点或[闭合（C）/放弃（U）]：

【选项说明】

（1）对正（J）。该项用于给定绘制多线的基准。共有 3 种对正类型“上（T）”、“无（Z）”和“下（B）”。其中，“上（T）”表示以多线上侧的线为基准，其他依次类推。

（2）比例（S）。选择该项，要求用户设置平行线的间距。输入值为零时平行线重合，值为负时多线的排列倒置。

（3）样式（ST）。该项用于设置当前使用的多线样式。

1.2.7.2 定义多线样式

【执行方式】

➢ 命令行：MLSTYLE↙

【操作格式】

命令：MLSTYLE↙

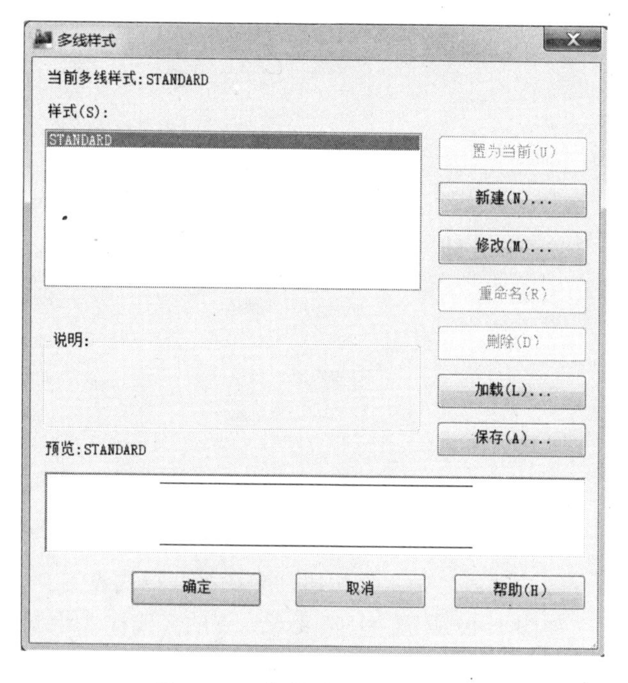

图 1-86 “多线样式”对话框

系统自动执行该命令，打开如图 1-86 所示的“多线样式”对话框。在该对话框中，用户可以对多线样式进行定义、保存和加载等操作。下面通过定义一个新的多线样式来介绍该对话框的使用方法。欲定义的多线样式由 3 条平行线组成，中心轴线为蓝色的中心线，其余两条平行线为黑色实线，相对于中心轴线上、下各偏移 0.5。步骤如下：

（1）在“多线样式”对话框中单击“新建”按钮，系统打开“创建新的多线样式”对话框，如图 1-87 所示。

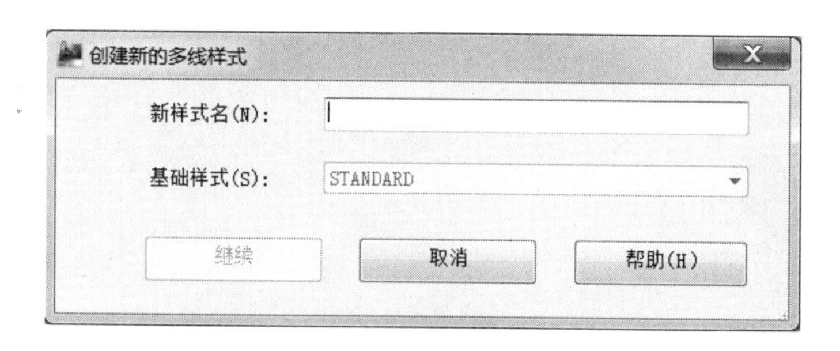

图 1-87 “创建新的多线样式”对话框

（2）在“新样式名”文本框中键入 THREE，然后单击“继续”按钮。系统打开“新建多线样式”对话框，如图 1-88 所示。

（3）在“封口”选项组中可以设置多线起点和端点的特征，包括以直线、外弧或内弧封口，以及封口线段或圆弧的角度。

（4）在“填充颜色”下拉列表框中可以选择多线填充的颜色。

（5）在“图元”选项组中可以设置组成多线的元素的特性。单击“添加”按钮，可以为多线添加图元；单击“删除”按钮，可以为多线删除图元；在“偏移”框中可以设置选中的图元的位置偏移值；在“颜色”下拉列表框中可以为选中图元选择颜色；按下“线型”按钮，可以为选中图元设置线型。

（6）设置完毕后，单击“确定”按钮，系统返回到如图 1-86 所示的“多线样式”对话框，在“样式”列表中会显示刚设置的多线样式名，选择该样式，单击“置为当前”按钮，则将刚设置的多线样式设置为当前样式，下面的预览框中会显示当前多线样式。

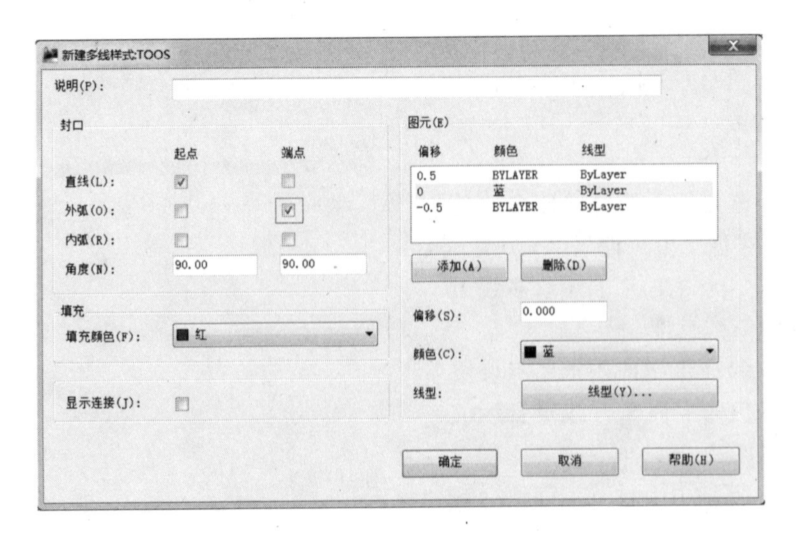

图 1-88 “新建多线样式”对话框

（7）单击“确定”按钮，完成多线样式设置。

如图 1-89 所示的是按要求设置的多线样式绘制的多线。

1.2.7.3 编辑多线

【执行方式】

➢ 命令行：MLEDIT↙

➢ 菜单：“修改” → “对象” → “多线”

【操作格式】

命令：MLEDIT↙

调用该命令后，打开“多线编辑工具”对话框，如图 1-90 所示。

图 1-89 绘制的多线

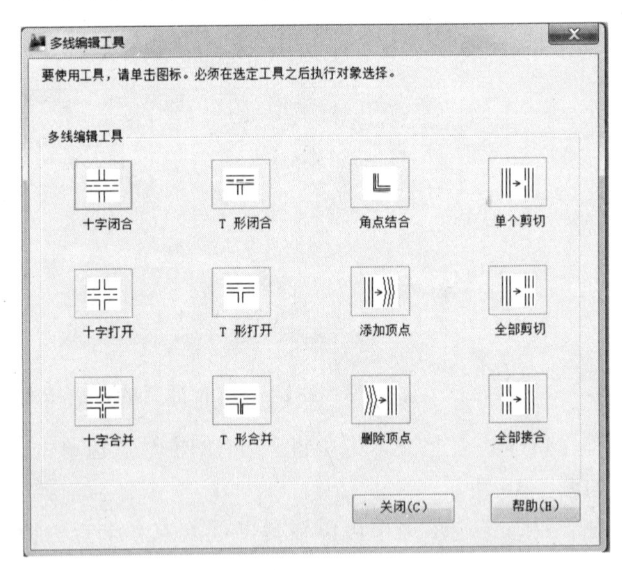

图 1-90 “多线编辑工具”对话框

利用该对话框，可以创建或修改多线的模式。对话框中分 4 列显示了示例图形。其中，第一列管理十字交叉形式的多线，第二列管理 T 形多线，第三列管理拐角接合点和节点，第四列管理多线被剪切或连接的形式。

单击“多线编辑工具”对话框中的某个示例图形，就可以调用该项编辑功能。

下面以“十字打开”为例介绍多段线编辑方法：把选择的两条多线进行打开交叉。选择该选项后，出现如下提示：

选择第一条多线：（选择第一条多线）

选择第二条多线：（选择第二条多线）

选择完毕后，第二条多线被第一条多线横断交叉。系统继续提示：

选择第一条多线或[放弃（U）]:

可以继续选择多线进行操作。选择“放弃（U)”功能会撤销前次操作。操作过程和执行结果如图1-91所示。

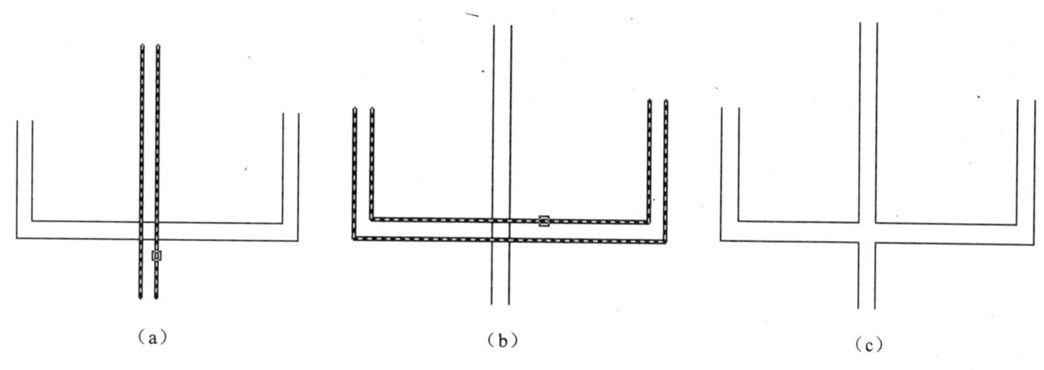

图1-91 十字打开

(a) 选择第一条多线；(b) 选择第二条多线；(c) 执行结果

1.2.8 轨迹线与区域填充

轨迹线和区域填充可以绘制有一定宽度或面积的连续线段或区域。通过 FILL 命令可以控制轨迹线和区域填充的填充状态。

1.2.8.1 轨迹线

【执行方式】

➢ 命令行：TRACE↙

【操作格式】

命令：REGION↙

指定宽线宽度<1.0000>:（指定线宽）

指定起点：（指定起点）

指定下一点：（指定下一点）

指定下一点：（继续指定下一点，也可用空格键、回车键或鼠标右键结束操作）

【选项说明】

（1）可以通过 FILL 命令控制轨迹线填充与否，结果如图1-92（a)、(b）所示。

（2）在“指定宽线宽度<1.0000>:”提示下，如果输入0，则表示线宽为0，此时轨迹线相当于直线段，如图1-92（c）所示。

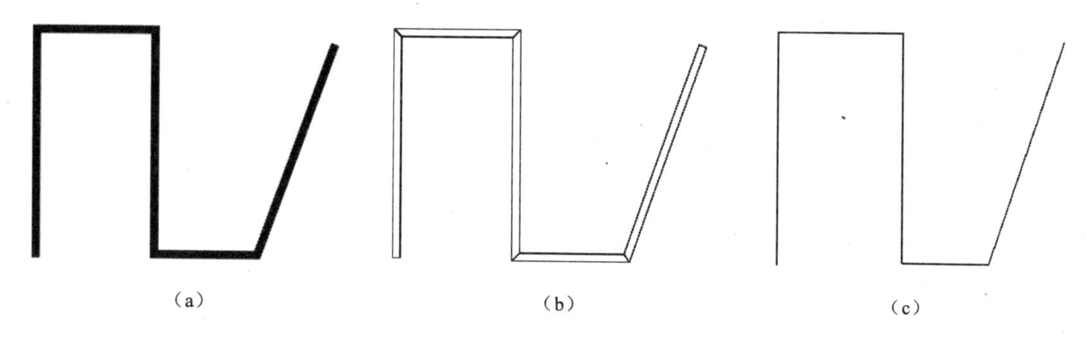

图1-92 轨迹线

(a) 填充；(b) 非填充；(c) 线宽为0

（3）在连续绘制的轨迹线中，各段线宽一定是相同的，这一点与多段线有所区别。

1.2.8.2 区域填充

【执行方式】

➢ 命令行：SOLID↙（缩写名：SO）

➢ 菜单：“绘图”→“建模”→“网格”→“二维填充”

【操作格式】

命令：SOLID↙

指定第一点：（指定第一个点）

指定第二点：（指定第二个点）

指定第三点：（指定第三个点）

指定第四点或<退出>：（指定第四个点或退出）

指定第三点：（再次指定第三个点）

指定第四点或<退出>：（再次指定第四个点或退出）

【选项说明】

（1）实体填充与否，同样由命令 FILL 控制。

（2）系统填充的方式是第一点连接第三点，第二点连接第四点，请注意，这一点与我们通常理解的 1234 顺序不同。

（3）在第一次提示“指定第四点或<退出>：”时，如果输入一个新点，系统对四边形进行填充；如果按下空格键、回车键或鼠标右键，系统则对前三点形成的三角形进行填充。

（4）SOLID 可以绘制多个填充实体，在绘制完一个填充实体后，系统会接着提示：

指定第三点：

表示以上次绘制的实体的最后一条边的端点作为新实体的第一点和第二点，依次进行绘制填充。

1.2.9 面域

用户可以将封闭的图形区域转变为面域。面域是具有边界的平面区域，它是一个面对象，内部可以包含孔。从外观来看，面域和一般的封闭线框没有区别，但实际上面域就像是一张没有厚度的纸，除了包括边界外，还包括边界内的平面。

1.2.9.1 创建面域

【执行方式】

➢ 命令行：REGION↙

➢ 菜单：“绘图”→“面域”

➢ 工具栏：

➢ 功能区：

【操作格式】

命令：REGION↙

选择对象：

选择对象后，系统将所选择的对象转换成面域。

1.2.9.2 面域的布尔运算

布尔运算是数学上的一种逻辑运算。值得注意的是，布尔运算的对象只包括实体和共面的面域，对于普通的线条图形对象，无法进行布尔运算。因此若要将两个以上的闭合图形通过布尔运算产生新的图形之前必须先将它们转换成面域。

通常的布尔运算包括并集、交集和差集 3 种，操作方法类似，下面一并介绍。

【执行方式】

➢ 命令行：UNION↙（并集）、INTERSECT↙（交集）、SUBTRACT↙（差集）

➢ 菜单：“修改”→“实体编辑”→“并集”（“交集”、“差集”）

【操作格式】

命令：UNION（INTERSECT）↙

选择对象：

选择对象后，系统将所选择的面域做并集（交集）计算。

命令：SUBTRACT↙

选择对象：（选择差集运算的主体对象）

选择对象：（按 Enter 键或者单击右键结束）

选择要减去的实体或面域：（选择差集运算的参照体对象）

选择对象：（按 Enter 键或者单击右键结束）

选择对象后，系统对所选择的面域做差集计算。运算逻辑是主体对象减去参照体对象重叠的部分。

布尔运算的结果如图 1-93 所示。

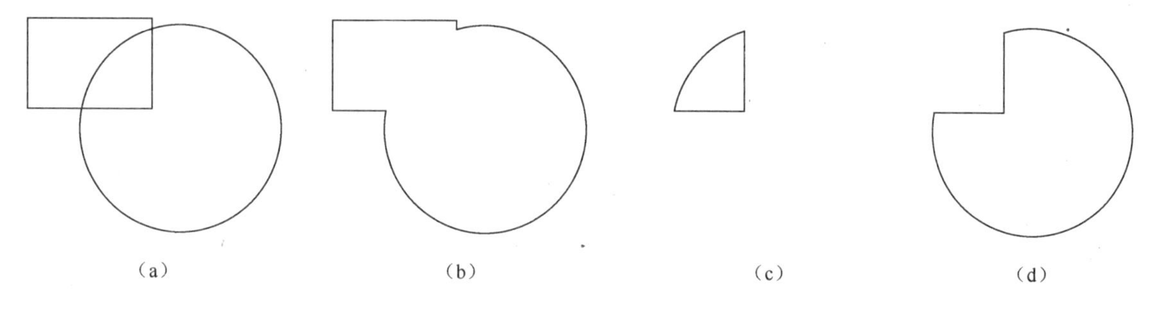

（a）　（b）　（c）　（d）

图 1-93　布尔运算的结果

（a）面域原图；（b）并集；（c）交集；（d）差集

1.2.10　图案填充

当用户需要用一个重复的图案填充一个区域时，可以使用图案填充命令建立一个填充阴影对象，并指定相应的区域进行填充。图案填充常常用于表达剖切面和各种类型物体对象的外观纹理等。

【执行方式】

➢ 命令行：BHATCH↙

➢ 菜单：“绘图”→“图案填充”

➢ 工具栏：

➢ 功能区：

启动图案填充命令后，AutoCAD 将打开“图案填充创建”选项卡，如图 1-94 所示。用户可以设置图案填充时的图案特性、填充边界以及填充方式等。

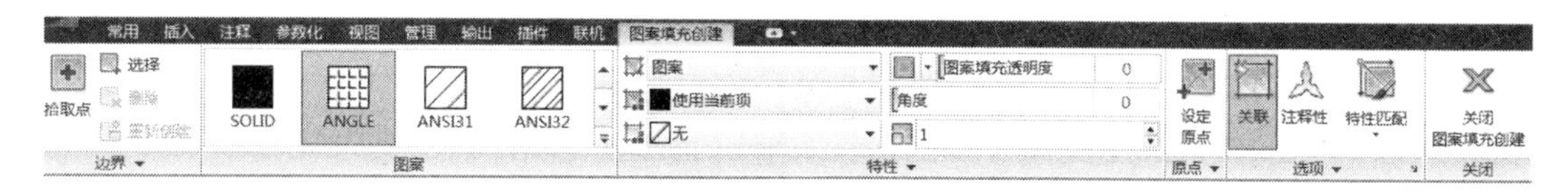

图 1-94　“图案填充和渐变色”对话框

在“图案填充创建”选项卡中的“特性”面板中。用户可以设置图案填充的类型。图案、角度、比例等内容。该面板中各选项功能介绍如下。

（1）图案填充类型：用于设置填充的图案类型，包括“实体”、“渐变色”、“图案”和“用户定义”四个选项。其中，选择“图案”选项，可以使用 AutoCAD 提供的图案；选择“用户定义”选项，则需要用户临时定义图案。该图案由一组平行线或者相互垂直的两组平行线组成；选择“渐变色”选项，可以使用渐变填充效果。

（2）图案填充颜色：用于选择当前图案填充所需要的颜色。

（3）图案填充角度：用于设置填充的图案旋转角度。每种图案在定义时的旋转角度都为 0。

（4）填充图案比例：用于设置图案填充时的比例值。每种图案在定义时的初始比例为 1。用户可以根据需要放大或缩小。如果在“图案类型”下拉列表中选择“用户定义”选项，该选项不可用。

单击“图案填充创建”选项卡下“选项”面板中的扩展按钮，如图 1-95 所示，会弹出与“图案填充创建”选项卡功能一致的“图案填充和渐变色”对话框；单击该对话框右下角的“更多选项”按钮时，将会弹出更多的图案填充选项设置，如图 1-96 所示。在其中用户可以设置填充图形中的孤岛显示样式，对象类型以及边界集等选项，各选项功能介绍如下：

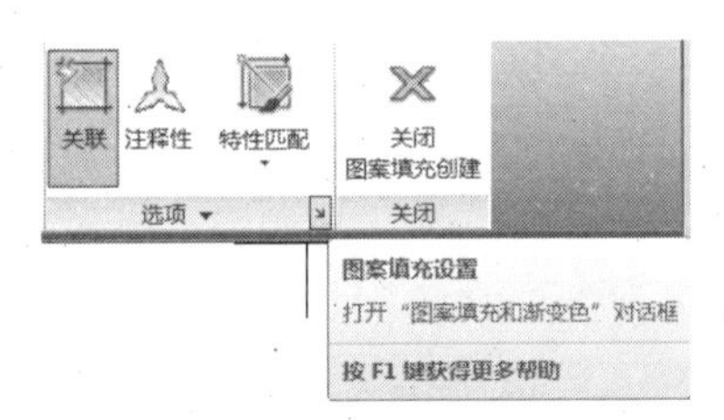

图 1-95 “图案填充创建”选项

图 1-96 “图案填充和渐变色”对话框

（5）类型。“预定义”用 AutoCAD 标准图案文件中的图案填充；“用户定义”用户临时定义填充图案；“自定义”用 ACAD.PAT 文件或者其他.pat 文件中的图案填充。

（6）图案。如果选择的图案类型是“预定义”，在下拉列表框中选择填充图案或者按下拉列表框右边的按钮，会弹出如图 1-97 所示的“填充图案选项板”对话框，该对话框中用缩略图的方式显示了所选类型的图案。

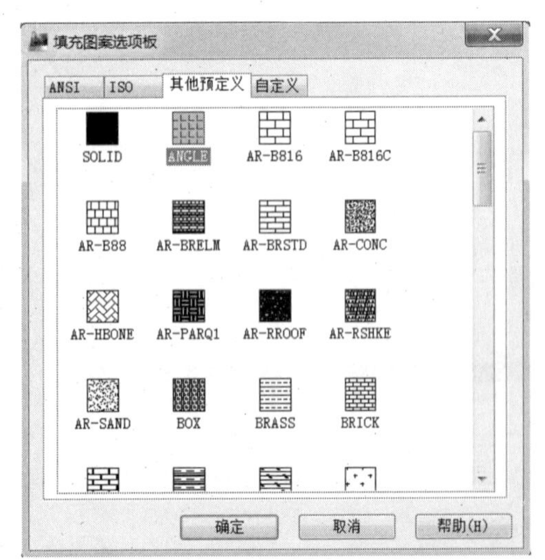

图 1-97 “填充图案选项板”对话框

（7）样例。作用和上面提到的一样。

（8）自定义图案。只有图案类型为“自定义”的时候才可用。

（9）角度。此下拉列表框用于确定填充图案时的旋转角度。默认角度为零，用户可在“角度”下拉列表框中输入所希望的旋转角度，其效果如图 1-98 所示。

（10）比例。此下拉列表框用于确定填充图案的比例值。默认比例值为 1，用户可以根据需要放大或缩小，其效果如图 1-99 所示。

（11）双向。用于确定用户临时定义的填充线是一组平行线，还是相互垂直的两组平行线。只有在“用户定义”类型时，该项才可以使用。

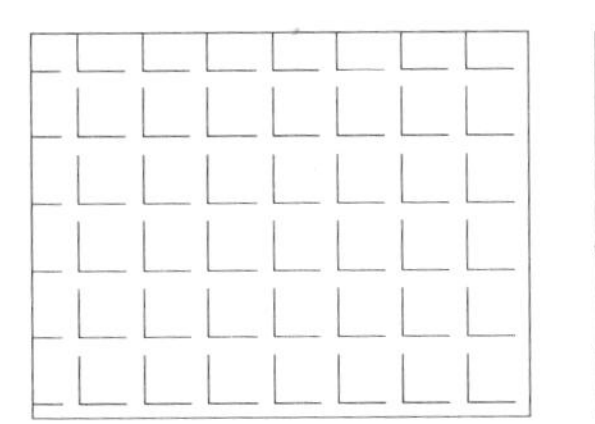 

图 1-98 改变角度的效果

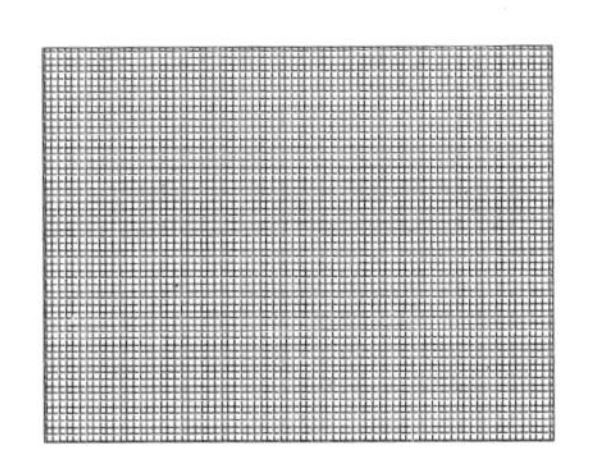 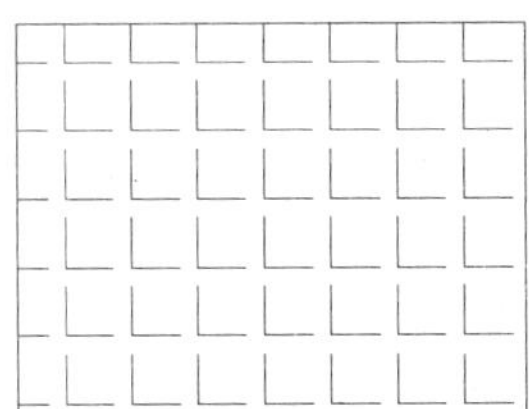

图 1-99 改变比例的效果

（12）相对图纸空间。确定是否相对于图纸空间单位确定填充的比例值。这样可以按适合于版面布局的比例方便地显示填充图案。

（13）间距。指定线之间的间距，在“间距”文本框中输入值即可。只有在“用户定义”类型时，该项才可以使用。

（14）ISO 笔宽。此下拉列表框告诉用户根据所选择的笔宽确定与 ISO 有关的图案比例。只有选择了已定义的 ISO 填充图案后，才可确定它的内容。

（15）图案填充原点。控制填充图案生成的起始位置。

（16）添加：拾取点。以点取的形式自动确定填充区域的边界。在填充的区域内任意点取一点，系统会自动确定出包围该点的封闭填充边界，并且这些边界以高亮度显示。如图 1-100 所示。

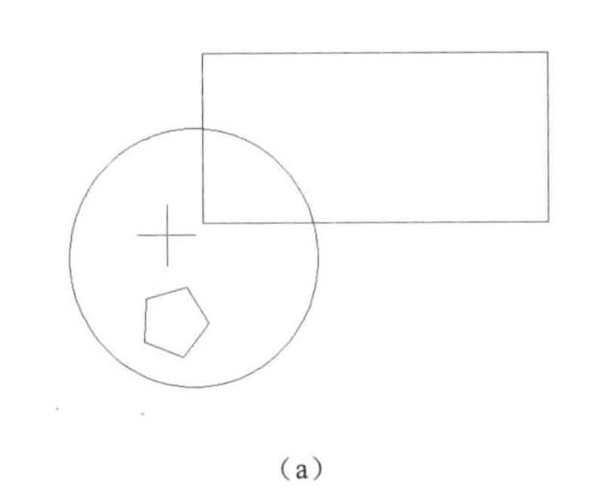

(a)

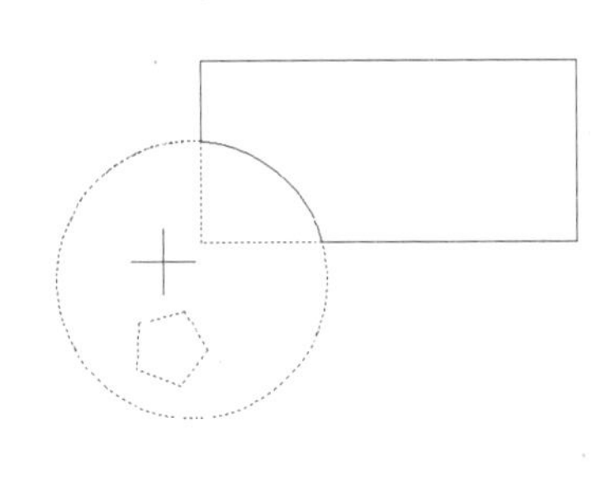

(b)

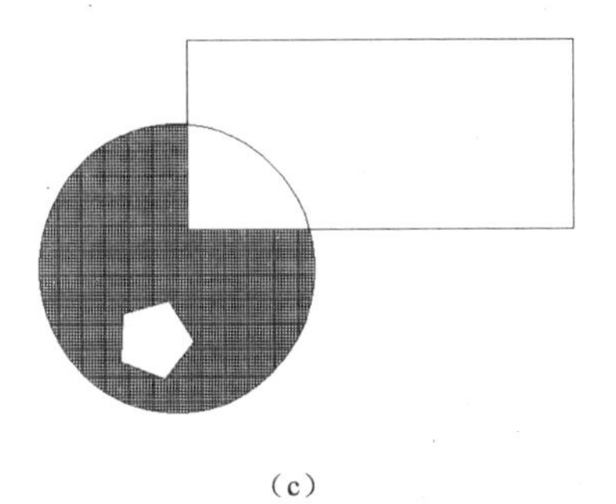

(c)

图 1-100 边界确定

（a）选择一点；（b）填充区域；（c）填充结果

（17）添加：选择对象。以选取对象的方式确定填充区域的边界。用户可以根据需要选取构成填充区域的边界。如图 1-101 所示。

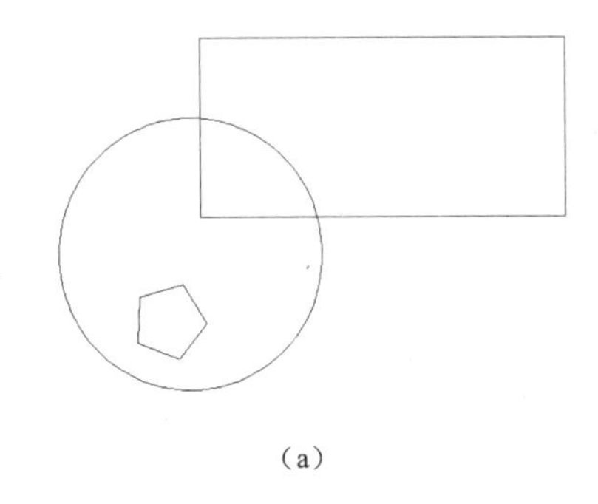

(a)

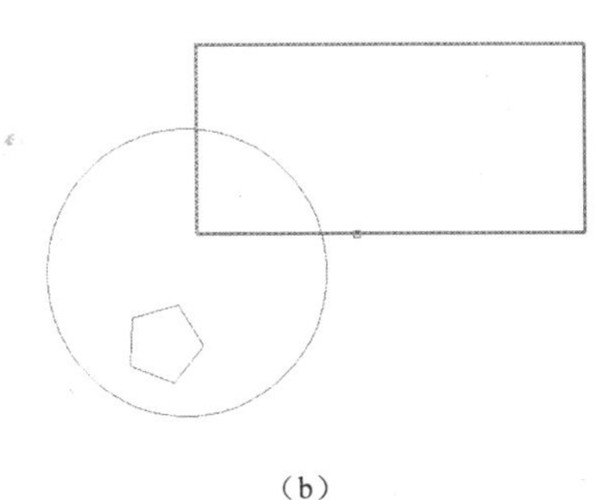

(b)

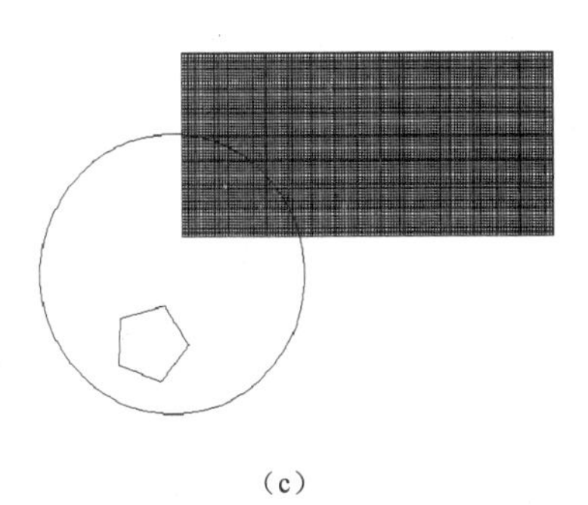

(c)

图 1-101 选取边界对象

（a）原始图形；（b）选取边界对象；（c）填充结果

（18）删除边界。从边界定义中删除以前添加的任何对象，如图 1-102 所示。

（19）重新创建边界。围绕选定的图案填充或填充对象创建多段线或面域。

（20）查看选择集。单击该按钮，系统将临时切换到作图屏幕，观看填充区域的边界。

（21）孤岛显示样式。用于设置孤岛的填充方式，包括普通、外部和忽略 3 种方式，它们的填充效果如图 1-103 所示。

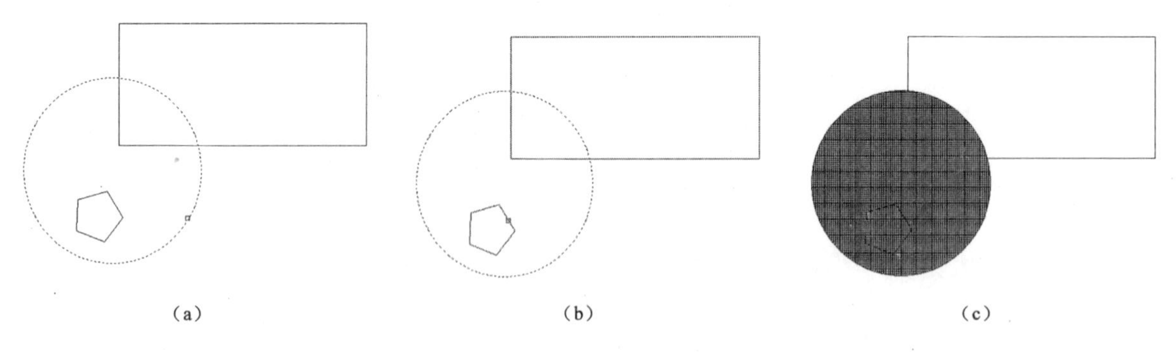

图 1-102　删除边界

(a) 选取边界对象；(b) 删除边界；(c) 填充结果

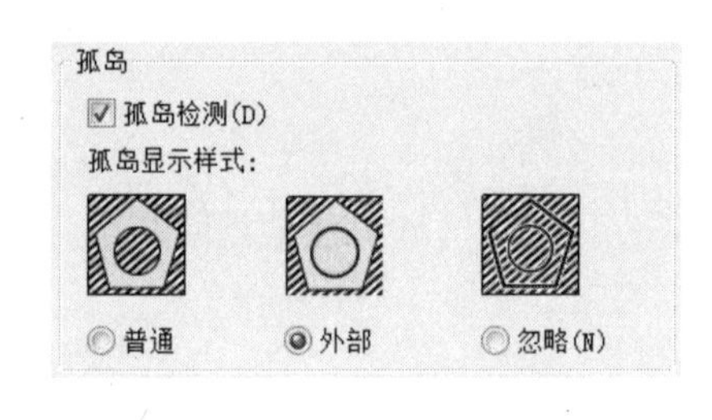

图 1-103　孤岛显示样式

1）普通：从最外边界向里画填充线，遇到与之相交的内部边界时断开填充线，遇到下一个内部边界时继续绘制填充线，系统变量 HPNAME 设置为 N。

2）外部：从最外边界向里画填充线，遇到与之相交的内部边界时断开填充线，并且不再继续往里绘制填充线，系统变量 HPNAME 设置为 0。

3）忽略：忽略边界内的对象，所有内部结构都被填充线覆盖，系统变量 HPNAME 设置为 1。

（22）对象类型。用于设置是否将填充边界以对象的形式保留下来以及保留的类型。其中，勾选“保留边界”复选框，可将填充边界以对象的形式保留，并可以从“对象类型”下拉列表中选择填充边界的保留类型。

（23）边界集。用于定义填充边界的对象集，即 AutoCAD 将根据哪些对象来确定填充边界。默认情况下，系统根据当前视口中的所有可见对象确定填充边界。

（24）关联。若选种此复选框，则填充的图案与填充边界保持着关联关系，即图案填充后，对边界进行拉伸时，根据边界的新位置重新生成填充图案，如图 1-104 所示。

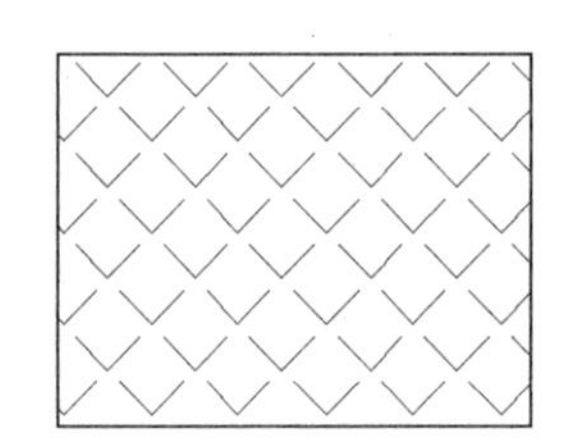

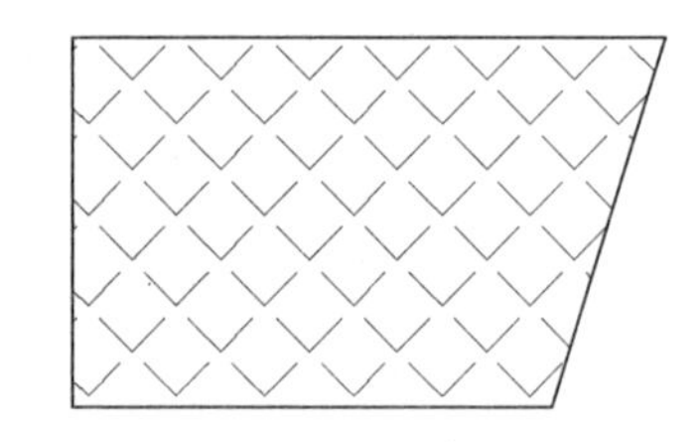

图 1-104　变换边界后的填充效果

（25）创建独立的图案填充。当指定了几个独立的闭合边界时，控制是创建单个图案填充对象，还是创建多个图案填充对象。

1.2.11　徒手线和修订云线

徒手线和修订云线是两种不规则的线。这两种线正是由于其不规则和随意性，给刻板规范的工程图绘制带来了很大的灵活性，有利于绘制者个性化和创造性的发挥，使绘制的图形更加真实。

1.2.11.1　绘制徒手线

绘制徒手线主要是通过移动鼠标来实现，用户可以根据自己的需要绘制任意形状的图形。比如，个性化的签名或印鉴等。

绘制徒手线的时候，鼠标就像画笔一样——单击鼠标将把“画笔”放到屏幕上，这时可以进行绘图，再次单击将提起画笔并停止绘图。徒手画由许多条线段组成，每条线段都可以是独立的对象或多段线。用户可以设置线段的最小长度或增量。

【执行方式】

➢ 命令行：SKETCH↙

【操作格式】

命令：SKETCH↙

记录增量<0.1000>:（输入增量）

徒手画.画笔（P）/退出（X）/结束（Q）/记录（R）/删除（E）/连接（C）

【选项说明】

（1）记录增量。输入记录增量值。徒手线实际上是将微小的直线段连接起来模拟任意曲线，其中的每一条直线段称为一个记录。记录增量的意思实际上是指单位线段的长度，不同的记录增量绘制的徒手线精度和形状不同。

（2）画笔（P）。按 P 键或单击鼠标左键表示徒手线的提笔和落笔。在用鼠标选取菜单项前必须提笔。

（3）连接（C）。自动落笔，继续从上次所画的线段的端点或上次删除的线段的端点开始画线。将光标移到上次所画的线段的端点或上次删除的线段的端点附近，系统自动连接，并继续绘制徒手线。

1.2.11.2 绘制修订云线

修订云线是由连续圆弧组成的多段线而构成的云线形对象，其主要是作为对象标记使用。用户可以从头开始创建修订云线，也可以将闭合对象（例如圆、椭圆、闭合多段线或闭合样条曲线）转换为修订云线。将闭合对象转换为修订云线时，如果 DELOBJ 设置为 1（默认值），原始对象将被删除。

用户可以为修订云线的弧长设置默认的最小值和最大值。绘制修行云线时，可以使用拾取点选择较短的弧线段来更改圆弧的大小，也可以通过调整拾取点来编辑修订云线的单个弧长和弦长。

【执行方式】

➢ 命令行：REVCLOUD↙

➢ 菜单："绘图" → "修订云线"

➢ 工具栏：

➢ 功能区：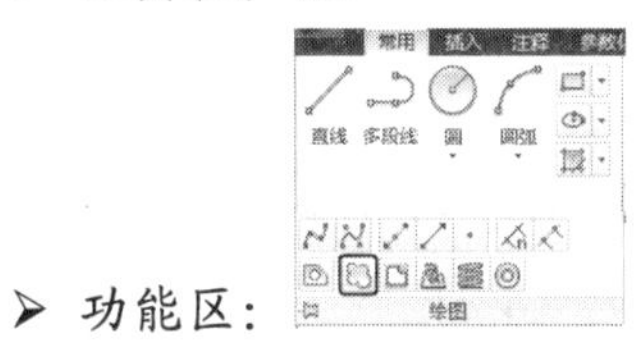

【操作格式】

命令：REVCLOUD↙

最小弧长：2.0000　最大弧长：2.0000　样式：普通

指定起点或[弧长（A）/对象（O）/样式（S）]<对象>:

【选项说明】

（1）指定起点。在屏幕上指定起点，并拖动鼠标指定修订云线路径。

（2）弧长（A）。指定组成修订云线的圆弧的弧长范围。选择该项，系统继续提示：

指定最小弧长<0.5000>:（指定一个值或回车）

指定最大弧长<0.5000>:（指定一个值或回车）

（3）对象（O）。将封闭的图形对象转换成修订云线，包括圆、圆弧、椭圆、矩形、多边形、多段线和样条曲线等，选择该项，系统继续提示：

选择对象：（选择对象）

反转方向[是（Y）/否（N）]<否>:（选择是否反转）

修订云线完成。

1.3 绘 图 辅 助 工 具

1.3.1 图层设置

图层是用户用来组织自己图形的最有效的工具之一。图层就像没有厚度的透明片，各层之间完全对齐，一层上某一基准点准确地对准于其他各层的同一基准点。用户可以给每一个图层指定绘图所用的线型、颜色和状态，并将具有相同线型和颜色的图形放到相应的图层上。室内设计中常创建一个图层专门进行尺寸标注，创建一个图层把墙体放在上面等。

图层的特性：

（1）用户可以在一幅图中指定任意数量的图层。系统对图层数没有限制，对每个图层上的图形数也没有任何限制。

（2）每个图层都应有一个名字加以区别。新建文件时，系统自动生成一个名为“0”的图层。

（3）一般情况下，一个图层上的图形只能是一种线型、一种颜色，用户可以改变各图层的线型、颜色和状态。

（4）虽然用户可以建立多个图层，但只能在当前图层上绘图。

（5）各图层具有相同的坐标系、绘图界限、显示时的缩放倍数。用户可对位于不同图层上的图形同时进行编辑操作。

1.3.1.1 利用“图层特性管理器”创建、删除图层

【执行方式】

- 命令行：LAYER↙
- 菜单：“格式” → “图层”
- 工具栏：

【操作格式】

命令：LAYER↙

系统弹出“图层特性管理器”对话框。如图 1-105 所示。

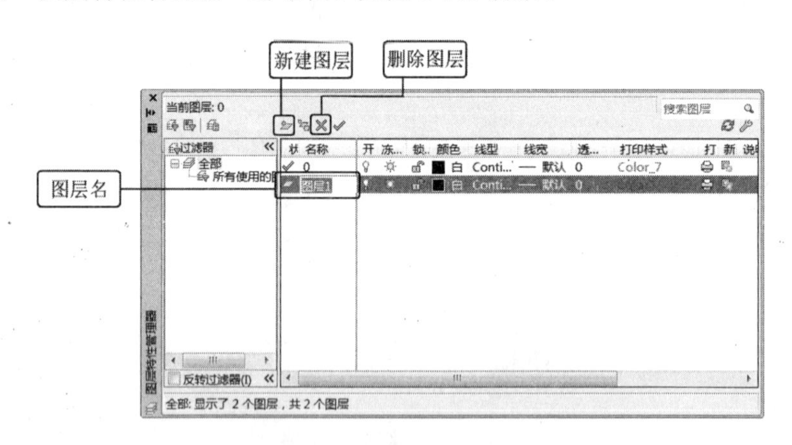

图 1-105 “图层特性管理器”对话框

在“图层特性管理器”中单击“新建图层”按钮，系统将自动生成一个名为“图层 1”的新图层，将插入点插入在新建图层的名称上，用户可设置图层名称，如图 1-105 所示。删除图层在“图层特性管理器”中，先选择图层，单击“删除图层”按钮即可删除该图层。

1.3.1.2 利用“图层特性管理器”设置图层

【执行方式】

- 命令行：LAYER↙
- 菜单：“格式” → “图层”

➢ 工具栏：

【操作格式】

命令：LAYER↙

在“图层特性管理器”对话框中的图层列表区显示已有图层及其特性。要修改某一图层的某一特性，单击它所对应的图标即可。下面介绍列表区各列中图标的含义。

（1）“状态”一栏：✔表示当前图层，表示其他图层。另外，蓝色底加亮显示的一行表示当前选中的图层。名称一栏：显示图层名称。

（2）“开”一栏：表示该图层是打开的。单击图标使其变为，表示该图层是关闭的。如果图层是被打开的，则该图层上的图形可在绘图区显示或绘出。被关闭的图层仍然是图的一部分，但它们不被显示或绘制出来。

（3）“冻结”一栏：表示解冻的图层，单击图标使其变为，表示该图层已被冻结。有✔的当前图层不能被冻结。如果图层被冻结，该图层上的图形不能被显示出来或绘制出来，而且也不参加图形之间的运算。被解冻的图层则正好相反。从可见性来说，冻结的层与关闭的层是相同的，但前者的图形不参加运算，关闭的图层则要参加运算。所以在复杂的图形中冻结不需要的层可以大大加快系统重新生成图形时的速度。

（4）“锁定”一栏：表示解锁的图层，单击图标使其变为，表示该图层已被锁定。锁定并不影响图层上图形的显示，即处在锁定层的图形仍然可显示，但用户不能对其进行编辑操作。若锁定层是当前层，用户可在该层上作图。此外，用户可以改变锁定层图形的颜色和线型，可在锁定层上使用查询命令和目标捕捉功能。

（5）“颜色”一栏：如果需要改变图层的颜色，单击对应的颜色图标，系统弹出“选择颜色”对话框，通过“索引颜色”、“真彩色”、“配色系统”选项卡选择颜色。如图 1-106 所示。

（6）“线型”一栏：如果要修改某一图层的线型，单击该图层的“线型”项，系统弹出“选择线型”对话框，单击“加载”按钮，选择线型。如图 1-107 所示。

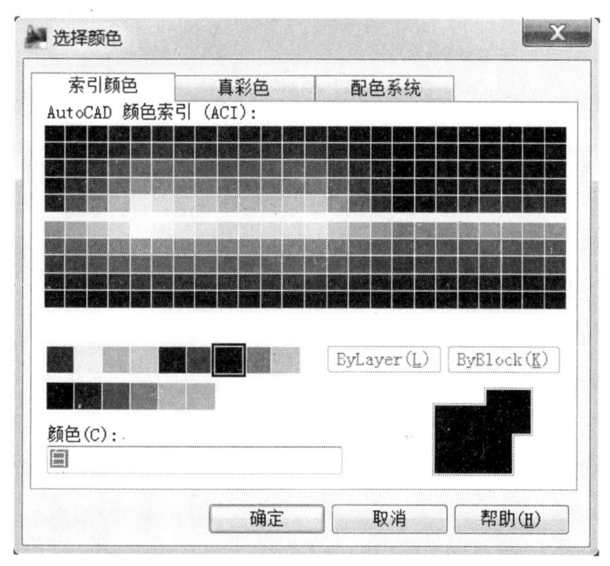

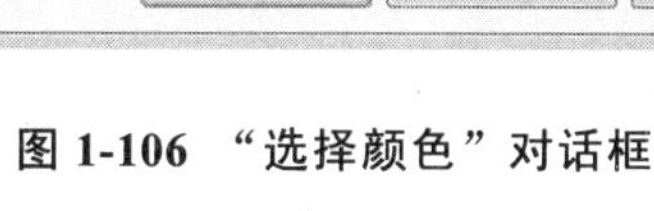

图 1-106 “选择颜色”对话框

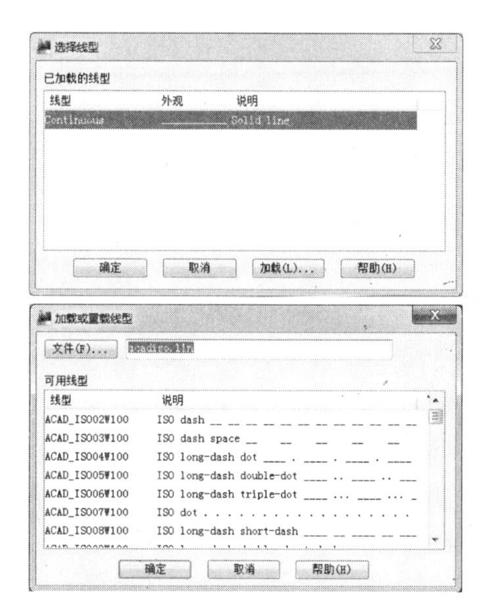

图 1-107 “选择线型”对话框

（7）“线宽”一栏：如果要修改图层的线宽，单击该图层的“线宽”项，系统弹出“线宽”对话框，选中需要的线宽，单击确定即可。如图 1-108 所示。

（8）“打印”一栏：表示该图层被打印，表示不管该图层是否被显示，它不会被打印。

1.3.1.3 利用“功能区图层面板”设置图层

在功能区的图层面板里（图 1-109）有图层设置的快捷按钮。用户在绘图的过程中不需要打开

"图层特性管理器"，可以直接通过其中的按钮进行快捷的按钮编辑。下面对每个图标的意义做一个解释。

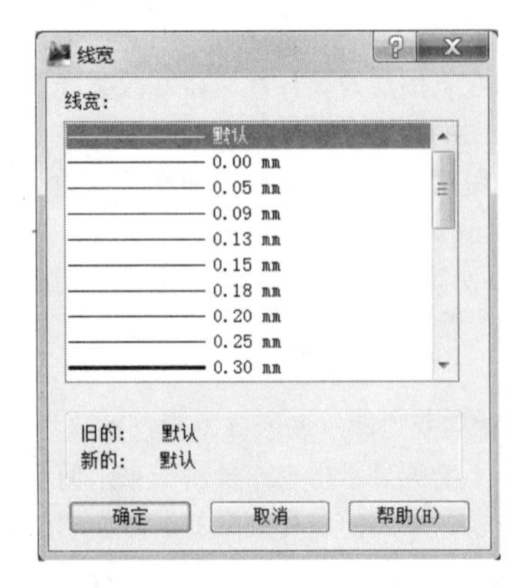

图 1-108 "线宽"对话框

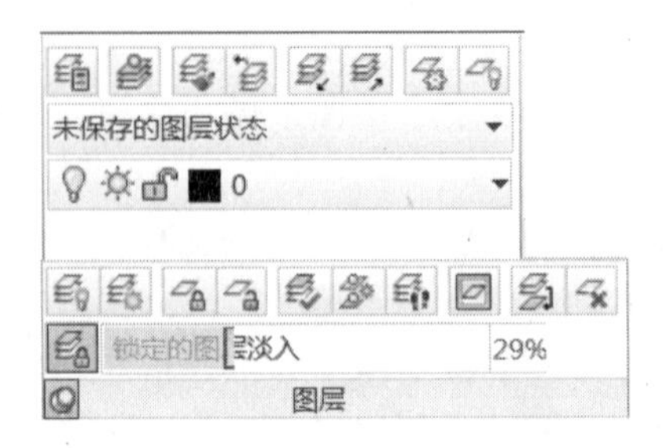

图 1-109 功能区的图层面板

（1）打开"图层特性管理器"对话框。

（2）将当前图层设定为选定对象所在的图层。

（3）更改选定对象所在的图层，以使其匹配目标图层。

（4）放弃已对图层设置（例如颜色或线型）做的更改。如果恢复设置，程序将显示"已恢复上一个图层状态"消息。

（5）根据当前设置，除选定对象所在图层之外的所有图层均将关闭、在当前布局视口中冻结或锁定。保持可见且未锁定的图层称为隔离。

（6）反转之前的 命令的效果。使用 命令之后对图层设置所做的任何其他更改都将保留。

（7）冻结图层上的对象不可见。在大型图形中，冻结不需要的图层将加快显示和重生成的操作速度。在布局中，可以冻结各个布局视口中的图层。

（8）关闭选定对象的图层可使该对象不可见。如果在处理图形时需要不被遮挡的视图，或者如果不想打印细节（例如参考线），则此命令将很有用。

（9）未保存的图层状态 显示图形中已保存的图层状态列表。可以创建、重命名、编辑和删除图层状态。

（10）0 对图层进行快捷设置。等同于"图层特性管理器"中的有关图层设置的操作。

（11）打开图形中的所有图层。之前关闭的所有图层均将重新打开。在这些图层上创建的对象将变得可见，除非这些图层也被冻结。

（12）解冻图形中的所有图层。之前所有冻结的图层都将解冻。在这些图层上创建的对象将变得可见。除非这些图层也被关闭或已在各个布局视口中被冻结，必须逐个图层地解冻在各个布局视口中冻结的图层。

（13）锁定选定对象所在的图层。使用此命令，可以防止意外修改图层上的对象。还可以使用 LAYLOCKFADECTL 系统变量淡入锁定图层上的对象。

（14）解锁选定对象所在的图层。将光标悬停在锁定图层上的对象上方时，将显示锁定图标。用户可以选择锁定图层上的对象并解锁该图层，而无需指定该图层的名称。可以选择和修改已解锁图层上的对象。

（15）将选定对象的图层特性更改为当前图层的特性。如果发现在错误图层上创建的对象，可以将其快速更改到当前图层上。

（16）将一个或多个对象复制到其他图层。在指定的图层上创建选定对象的副本。

（17）显示选定图层上的对象并隐藏所有其他图层上的对象。显示包含图形中所有图层的列表的对话框。对于包含大量图层的图形，用户可以过滤显示在对话框中的图层列表。使用此命令可以检查每个图层上的对象和清理未参照的图层。默认情况下，效果是暂时性的，关闭对话框后图层将恢复。

（18）冻结除当前视口外的所有布局视口中的选定图层。通过在除当前视口之外的所有视口中冻结图层，隔离当前视口中选定对象所在的图层。可以选择隔离所有布局或仅隔离当前布局。

（19）将选定图层合并到目标图层中，并将以前的图层从图形中删除。可以通过合并图层来减少图形中的图层数。将所合并图层上的对象移动到目标图层，并从图形中清理原始图层。

（20）删除图层上的所有对象并清理该图层。此命令还可以更改使用要删除的图层的块定义。还会将该图层上的对象从所有块定义中删除并重新定义受影响的块。

（21）控制锁定图层上对象的淡入程度。淡入锁定图层上的对象以将其与未锁定图层上的对象进行对比，并降低图形的视觉复杂程度。锁定图层上的对象仍对参照和对象捕捉可见。

1.3.2 精确定位工具

1.3.2.1 设置对象捕捉

在绘图之前，可以根据需要事先设置一些对象捕捉模式，可以提高绘图速度。在绘图中，用户也可以更改设置。

【执行方式】

➢ 命令行：DDOSNAP↙

➢ 菜单："工具"→"草图设置"

➢ 状态栏："对象捕捉"按钮（仅限于打开或关闭）

➢ 快捷键：F3（仅限于打开或关闭）

【操作格式】

命令：OSNAP↙

系统弹出"对象捕捉"对话框，如图1-110所示，各命令功能见表1-1。

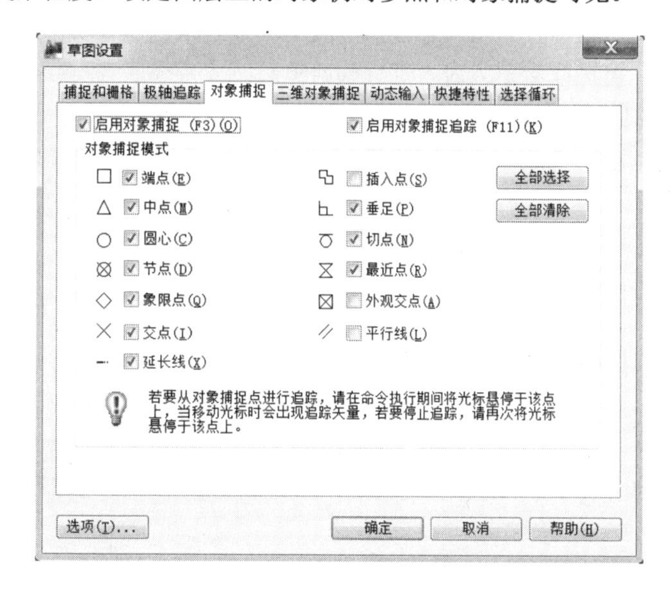

图 1-110 "对象捕捉"对话框

表 1-1　　对象捕捉模式

捕捉模式	功能
端点	线段或圆弧的端点
中点	线段或圆弧的中点
圆心	圆或圆弧的圆心
节点	捕捉用 POINT（点）或 DIVIDE（等分点）等命令生成的点
象限点	距光标最近的圆或圆弧上可见部分的象限点，即圆周上 0°、90°、180°、270°位置上的点
交点	线、圆弧或圆等的交点
延伸	指定对象的延伸线
插入点	文本对象和图块的插入点
垂足	在线段、圆、圆弧或它们的延长线上捕捉一个点，使之和最后生成的点的连线与该线段、圆或圆弧正交
切点	最后生成的一个点到选中的圆或圆弧上引切线的切点位置
最近点	离拾取点最近的线段、圆、圆弧等对象上的点
外观交点	图形对象在视图平面上的交点
平行	绘制与指定对象平行的图形对象

1.3.2.2 正交功能

此命令控制用户是否经正交方式绘图。在正交方式下，用户可以方便地绘出与当前 X 轴或 Y 轴平行的线段。

【执行方式】

➢ 命令行：ORTHO↙

➢ 状态栏："正交"按钮（仅限于打开或关闭）

➢ 快捷键：F8（仅限于打开或关闭）

【操作格式】

命令：ORTHO↙

输入模式[开（ON）/关（OFF）]<关>:

1.3.2.3 对象追踪

对象追踪是指按指定角度或与其他对象的指定关系绘制对象。可以结合对象捕捉功能进行自动追踪，也可以指定临时点进行临时追踪。

【执行方式】

➢ 命令行：DDOSNAP↙

➢ 菜单："工具"→"草图设置"

➢ 状态栏："对象捕捉"+"对象追踪"按钮

➢ 快捷键：F11

➢ 快捷菜单："对象捕捉设置"

【操作格式】

按照上面执行方式操作或者在"对象捕捉"开关或"对象追踪"开关单击鼠标右键，在快捷菜单中选择"设置"命令，系统打开如图 1-110 所示的"草图设置"对话框的"对象捕捉"选项卡，选中"启用对象捕捉追踪"复选框，即完成了对象捕捉追踪设置。

1.3.3 动态输入

动态输入可以在绘图平面直接动态地输入绘制对象的各种参数，使绘图变得直观简捷。

【执行方式】

➢ 命令行：DSETTINGS↙

➢ 菜单："工具"→"草图设置"

➢ 状态栏：DYN（只限于打开与关闭）

➢ 快捷键：F12（只限于打开与关闭）

➢ 快捷菜单："对象捕捉设置"

【操作格式】

按照上面执行方式操作或者在 DYN 开关单击鼠标右键，在快捷菜单中选择"设置"命令，系统打开"草图设置"对话框的"动态输入"选项卡。

1.3.4 课程练习

绘制如图 1-111 所示的椅子。

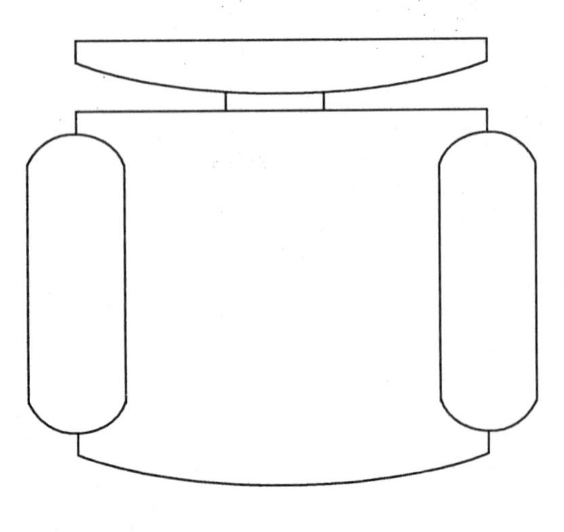

图 1-111 椅子

（1）目的要求。绘制本练习中的图形所涉及的命令主要是"直线"和"圆弧"，为了做到准确无误，要求通过坐标值的输入和对象捕捉设置指定线段的端点和圆弧的相关点。

（2）操作提示。

利用"直线"命令绘制初步轮廓。

利用"圆弧"命令绘制图形中的圆弧部分。

1.4 基本编辑工具

编辑对象是指对所绘对象进行修改，改变方向，改变位置等操作。

1.4.1 选择对象

选择对象是进行编辑的前提。AutoCAD2012 提供了多种选择对象的方法，如点取方法、用选择窗口选择对象、用选择线选择对象、用对话框选择对象等。AutoCAD2012 可以把选择的多个对象组成整体（如选择集和对象组），进行整体编辑与修改。

AutoCAD2012 提供两种编辑图形的方式：

（1）先执行编辑命令，然后选择要编辑的对象。

（2）先选择要编辑的对象，然后执行编辑命令。

这两种方式的执行效果是相同的。

1.4.1.1 选择

选择集可以仅由一个图形对象构成，也可以是一个复杂的对象组。AutoCAD2012 提供了 4 种方法构造选择集：

（1）先选择一个编辑命令，然后选择对象，用 Enter 键结束操作。

（2）使用 SELECT 命令。在命令行输入 SELECT，选择选项后，出现提示，选择对象，Enter 键结束。

（3）用鼠标或其他设备点取选择对象。鼠标左键从左向右拉出的选择框包围中的图形对象被选中，从右向左拉出的选择框则不同，除了包围中的图形，被选择框碰到图形也会被选中。

（4）定义对象组。

1.4.1.2 快速选择

若用户需要选择具有某些共同属性的对象来构造选择集，如选择具有相同颜色、线型或线宽的对象，而这些对象较多且分布在较复杂的图形中，可以通过“快速选择”对话框来构造选择集。

【执行方式】

➢ 命令行：QSELECT↙

➢ 菜单：“工具” → “快速选择”

➢ 右键快捷菜单：“快速选择”（图 1-112）

工具选项板：按上方工具栏中的按钮。弹出“特性”选项板→“快速选择”，如图 1-113 所示。

【操作格式】

执行上述命令后，系统弹出“快速选择”对话框，在对话框中可以选择符合条件的对象或对象组。如图 1-114 所示。

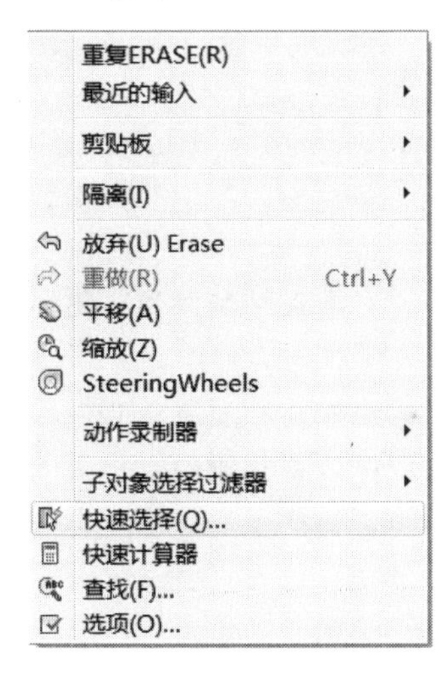

图 1-112 右键快捷菜单

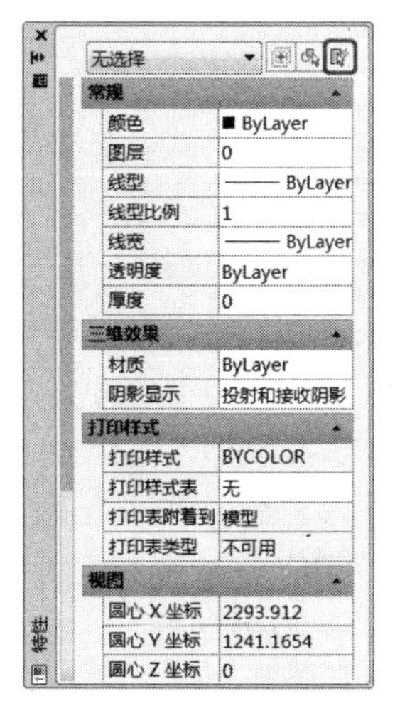

图 1-113 “特性”选项板

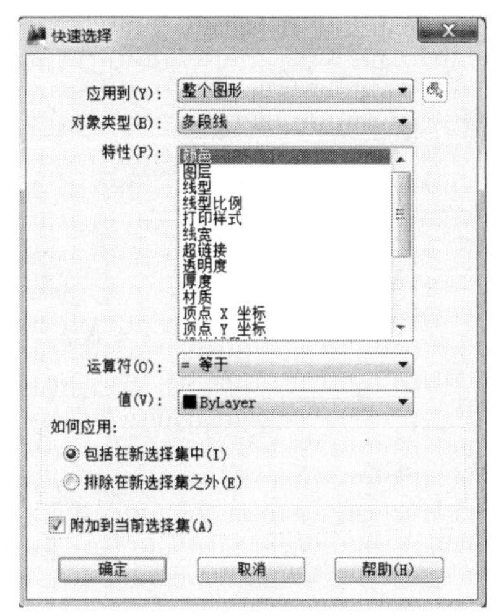

图 1-114 “快速选择”对话框

1.4.2 复制类命令

本节将详细介绍 AutoCAD2012 的复制类命令。利用这些编辑功能，可以方便地编辑绘制图形。

1.4.2.1 剪切

【执行方式】

- 命令行：CUTCLIP↙
- 菜单："编辑" → "剪切"
- 快捷键：Ctrl + X
- 右键快捷菜单："剪切"

【操作格式】

命令：CUTCLIP↙

选择对象：(选择要剪切的对象)

执行上述命令后，所选择的对象从当前图形上剪切到剪贴板中，同时从原图形中消失。

1.4.2.2 复制

【执行方式】

- 命令行：COPYCLIP↙
- 菜单："编辑" → "复制"
- 快捷键：Ctrl + C
- 右键快捷菜单："复制"
- 功能区：

【操作格式】

命令：COPYCLIP↙

选择对象：(选择要复制的对象)

执行上述命令后，所选择的对象从当前图形上复制到剪贴板中，原图不变。

1.4.2.3 粘贴

【执行方式】

- 命令行：PASTECLIP↙
- 菜单："编辑" → "粘贴"
- 快捷键：Ctrl + V
- 右键快捷菜单："粘贴"

【操作格式】

命令：PASTECLIP↙

指定插入点：

执行上述命令后，保存在剪贴板上的对象被粘贴到当前图形中。

1.4.2.4 镜像

镜像是指把选择的对象围绕一条镜像线作对称复制，如图 1-115 所示。镜像操作完成后，可以保留原对象也可以将其删除。

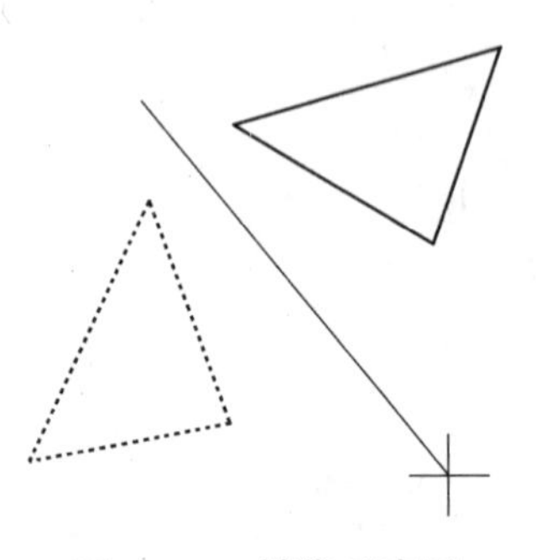

图 1-115 镜像示意图

【执行方式】

- 命令行：MIRROR↙
- 菜单："修改" → "镜像"
- 工具栏：

➢ 功能区：

【操作格式】

命令：MIRROR↙

选择对象：（选择要镜像的对象）

指定镜像线的第一点：

指定镜像线的第二点：

要删除源对象吗？[是（Y）/否（N）]<N>：（确定是否删除源对象）

这两点确定一条镜像线，被选择的对象以该线为对称轴进行镜像。

1.4.2.5 偏移

偏移对象是指保持选择的对象的形状，在不同的位置以不同的尺寸大小新建一个对象。图 1-116 为几种图形的偏移效果。

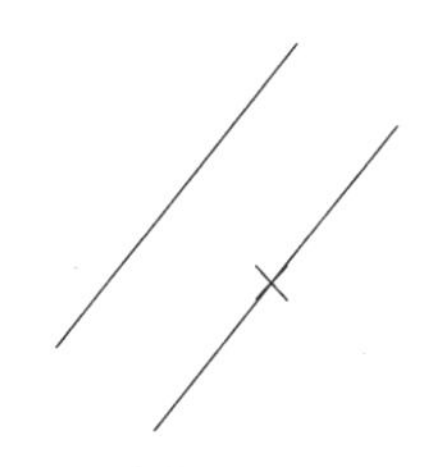
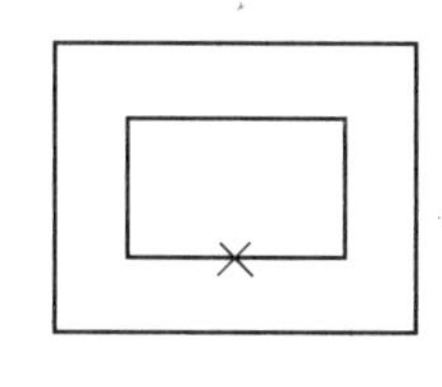
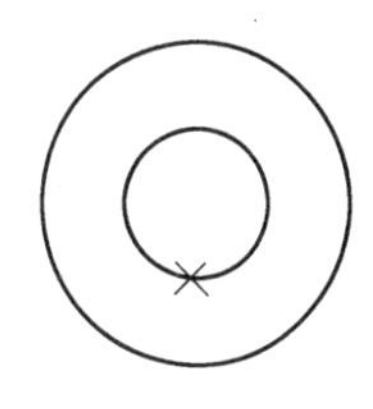

图 1-116 偏移示意图

【执行方式】

➢ 命令行：OFFSET↙

➢ 菜单："修改" → "偏移"

➢ 工具栏：

➢ 功能区：

【操作格式】

命令：OFFSET↙

当前设置：删除源=否　图层=源　OFFSETGAPTYPE=0

指定偏移距离或[通过（T）/删除（E）/图层（L）]<通过>：（指定距离值）

选择要偏移的对象，或[退出（E）/放弃（U）]<退出>：（选择要偏移的对象，回车结束操作）

指定要偏移的那一侧上的点，或[退出（E）/多个（M）/放弃（U）]<退出>：（指定偏移方向）

选择要偏移的对象，或[退出（E）/放弃（U）]<退出>：（若继续偏移，重复上两步操作；若不继续，则按 Enter 键结束）

【选项说明】

（1）指定偏移距离。输入一个距离值，或回车使用当前的距离值，系统把该距离值作为偏移距离。

（2）通过（T）。指定偏移的通过点。选择该选项后出现如下提示：

选择要偏移的对象或<退出>：（选择一个对象或按 Enter 键结束操作）

指定通过点:（指定偏移对象的一个通过点）

（3）删除（E）。偏移源对象后将其删除。选择该选项，系统提示:

要在偏移后删除源对象吗？[是（Y）/否（N）]<否>:（输入 y 或 n）

（4）图层（L）。确定将偏移对象创建在当前图层上还是源对象所在的图层上。这样就可以在不同图层上偏移对象。选择该项，系统提示:

输入偏移对象的图层选项[当前（C）/源（S）]<当前>:（输入选项）

如果偏移对象的图层选择为当前层，则偏移对象的图层特性与当前图层相同。

（5）多个（M）。使用当前偏移距离重复进行偏移操作。

1.4.2.6　阵列

阵列是指将选择的对象多重复制，并把这些副本按矩形或环形排列。建立矩形阵列时，要控制行和列的数量以及对象副本之间的距离；建立环形阵列时，要控制复制对象的次数和对象是否被旋转。

【执行方式】

- 命令行: ARRAY↙
- 菜单:“修改”→“阵列”
- 工具栏:
- 功能区:

【操作格式】

命令: ARRAY↙

选择对象: 指定对角点: 找到 1 个

选择对象: 输入阵列类型 [矩形（R）/路径（PA）/极轴（PO）] <矩形>: R

类型 = 矩形　关联 = 是

为项目数指定对角点或 [基点（B）/角度（A）/计数（C）] <计数>:

指定行轴角度 <0>:

为项目数指定对角点或 [基点（B）/角度（A）/计数（C）] <计数>:

输入行数或 [表达式（E）] <4>:

输入列数或 [表达式（E）] <4>:

指定对角点以间隔项目或 [间距（S）] <间距>:

指定行之间的距离或 [表达式（E）] <255.9866>:

指定列之间的距离或 [表达式（E）] <263.9411>:

【例 1-10】将已知矩形按 5 行，距离 100，6 列，距离 80 的要求阵列，如图 1-117 所示。

图 1-117　矩形阵列

【操作格式】

命令: ARRAY↙

选择对象: 输入阵列类型 [矩形（R）/路径（PA）/极轴（PO）] <矩形>:

系统默认为矩形，直接回车，系统提示:

类型 = 矩形　关联 = 是

为项目数指定对角点或 [基点（B）/角度（A）/计数（C）] <计数>: c

输入行数或 [表达式（E）] <4>: 5

输入列数或 [表达式（E）] <4>: 6

指定对角点以间隔项目或 [间距（S）] <间距>: s

指定行之间的距离或 [表达式（E）] <46.5578>: 100

指定列之间的距离或 [表达式（E）] <49.0484>: 80

按 Enter 键接受或 [关联（AS）/基点（B）/行（R）/列（C）/层（L）/退出（X）] <退出>:

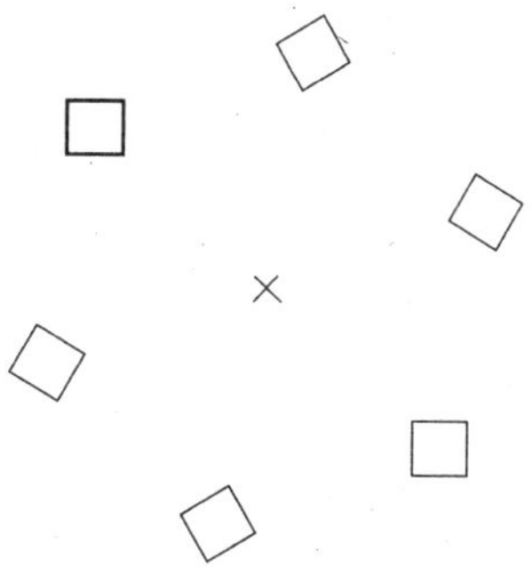

【例 1-11】将已知矩形以已知顶点为中心进行圆形整列，角度为 360 度，阵列个数为 6，如图 1-118 所示。

图 1-118　矩形阵列

命令: ARRAY

选择对象: 找到 1 个

选择对象: 输入阵列类型 [矩形（R）/路径（PA）/极轴（PO）] <矩形>: po

系统默认为矩形，键入 po 回车，系统提示：

类型 = 极轴　关联 = 是

指定阵列的中心点或 [基点（B）/旋转轴（A）]:

输入项目数或 [项目间角度（A）/表达式（E）] <4>: 6

指定填充角度（+=逆时针、-=顺时针）或 [表达式（EX）] <360>:

按 Enter 键接受或 [关联（AS）/基点（B）/项目（I）/项目间角度（A）/填充角度（F）/行（ROW）/层（L）/旋转项目（ROT）/退出（X）]

<退出>:

☞提示：在键盘中输入 ARRAYCLASSIC，则会弹出阵列对话框如图 1-119、图 1-120 所示，用户可以比较直观的设置阵列。

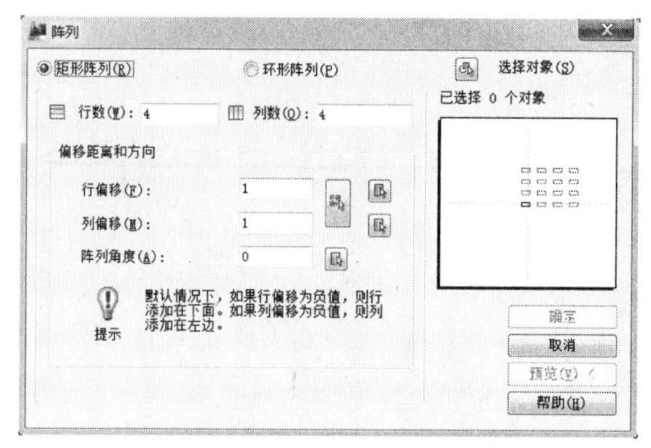

图 1-119　矩形阵列对话框

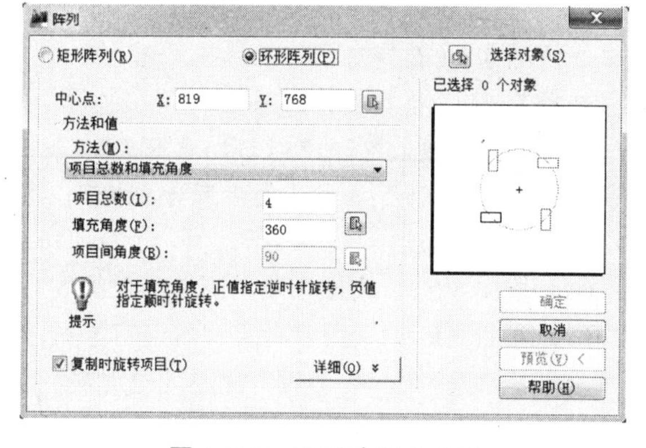

图 1-120　环形阵列对话框

1.4.3　改变位置类命令

这一类编辑命令的功能是按照指定要求改变当前图形或图形的某部分的位置，主要包括移动、旋转和缩放等命令。

1.4.3.1　移动

【执行方式】

- 命令行: MOVE↙
- 菜单: “修改” → “移动”
- 工具栏:
- 功能区:

右键快捷菜单：先选择要移动的对象，在绘图区中单击鼠标右键，从打开的快捷菜单中选择“移动”命令。

【操作格式】

命令：MOVE↙

选择对象：（选择对象结束后按 Enter 键）

指定基点或[位移（D）]<位移>：（指定基点或移至点）

指定第二个点或<使用第一个点作为位移>：

1.4.3.2 旋转

【执行方式】

➢ 命令行：ROTATE↙

➢ 菜单：“修改” → “旋转”

➢ 工具栏：

➢ 功能区：

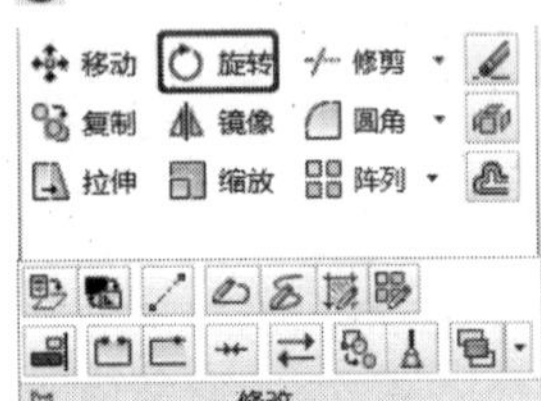

右键快捷菜单：先选择要旋转的对象，在绘图区中单击鼠标右键，从打开的快捷菜单中选择“旋转”命令。

【操作格式】

命令：ROTATE↙

UCS 当前的正角方向：ANGDIR=逆时针　ANGBASE=0

选择对象：（选择对象结束后按 Enter 键）

选择基点：（指定旋转的基点）

指定旋转角度，或[复制（C）/参照（R）]<0>：（指定旋转的角度。“复制”表示旋转对象的同时，保留原对象；“参照”表示采用参考方式旋转对象）

【选项说明】

（1）复制（C）。选择该项，旋转对象的同时，保留原对象。

（2）参照（R）。采用参考方式旋转对象时，系统提示：

指定参照角<上一个参照角度>：（通过输入值或指定两点来指定角度）

指定新角度或[点（P）]<上一个新角度>：（通过输入值或指定两点来指定新的绝对角度）

1.4.3.3 缩放

缩放就是放大和缩小选择的对象，放大和缩小后，保持对象的比例不变，如图 1-121 所示。

【执行方式】

命令行：SCALE↙

➢ 菜单：“修改” → “缩放”

➢ 工具栏：

➢ 功能区：

右键快捷菜单：先选择要缩放的对象，在绘图区

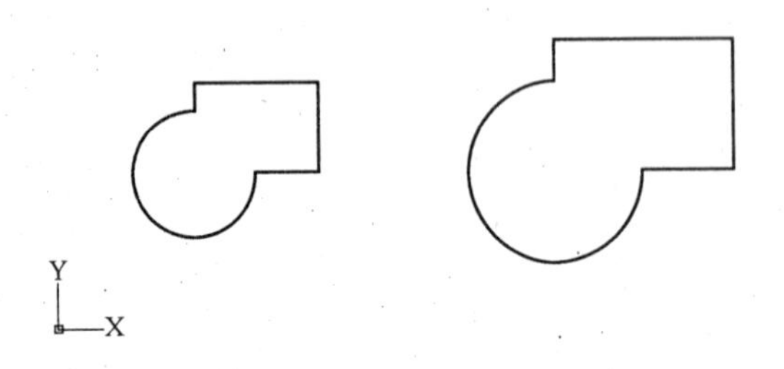

图 1-121　缩放示意图

中单击鼠标右键，从打开的快捷菜单中选择“缩放”命令。

【操作格式】

命令：SCALE↙

选择对象：（选择对象结束后按 Enter 键）

选择基点：（指定缩放的基点）

指定比例因子或[复制（C）/参照（R）]<1.0000>：（输入值大于 1 时为放大，小于 1 时为缩小）

【选项说明】

（1）采用参照方式缩放对象时系统提示：

指定参照长度<1.0000>：（指定参照长度值）

指定新长度或[点（P）]<1.0000>：（指定新长度值）

若新长度值大于参考长度值，则放大对象；反之，缩小对象。操作完毕后，系统以指定的点为基点按指定的比例因子缩放对象。如果选择“点（P）”选项，则指定两点来定义新的长度。

（2）可以用拖动鼠标的方法缩放对象。选择对象并指定基点后，从基点到当前光标位置会出现一条连线，线段的长度即为比例大小。移动鼠标，选择的对象会动态地随着该连接线长度的变化而缩放，回车会确认缩放操作。

（3）选择“复制（C）”选项时，可以复制缩放对象，即缩放对象时，保留原对象。

1.4.4 改变几何特性类命令

这一类编辑命令在对指定对象进行编辑后，被编辑对象的几何特性将发生改变。包括修剪、延伸、圆角、倒角、拉伸、拉长、打断、分解、合并等命令。

1.4.4.1 修剪

修剪图形指的是用剪切边修剪对象。简单地说就是一剪切边为边界，将被减对象上位于剪切边某一侧的部分剪掉，如图 1-122 所示。

【执行方式】

➢ 命令行：TRIM↙

➢ 菜单：“修改”→“修剪”

➢ 工具栏：-/--

➢ 功能区：

图 1-122　修剪示意图

【操作格式】

命令：TRIM↙

当前设置：投影=UCS，　边=无

选择剪切边...

选择对象或<全部选择>：（选择一个或多个对象并按 Enter 键，或者按 Enter 键选择所有显示的对象）

选择要修剪的对象，或按住 Shift 键选择要延伸的对象，或[栏选（F）/窗交（C）/投影（P）/边（E）/删除（R）/放弃（U）]：

【选项说明】

（1）在选择对象时，如果按住 Shift 键，系统就自动将“修剪”命令转换成“延伸”命令。

（2）选择“边”选项时，可以选择对象的修剪方式。

1）延伸（E）：延伸边界进行修剪。在此方式下，如果剪切边没有与要修剪的对象相交，系统会延伸剪切边直至与对象相交，然后再修剪，如图 1-123 所示。

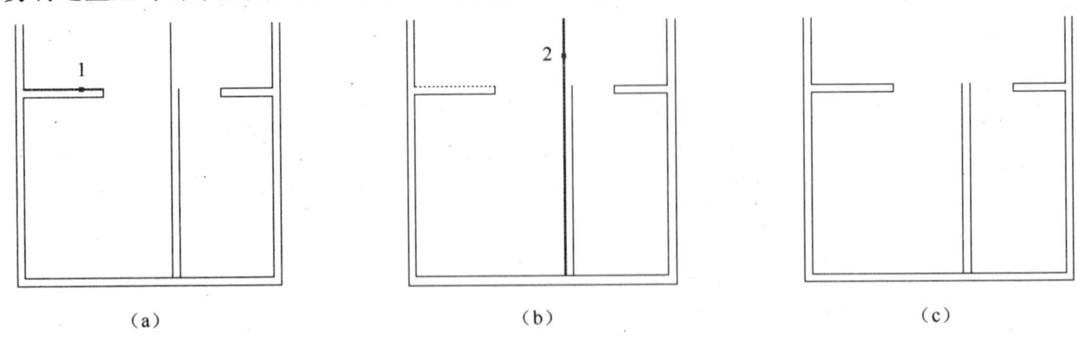

图 1-123　延伸方式修剪对象

(a) 选择剪切边；(b) 选择要修剪的对象；(c) 修剪后的结果

2）不延伸（N）：不延伸边界修剪对象，只修剪与剪切边相交的对象。

（3）选择“栏选（F）”选项时，系统以栏选的方式选择被修剪对象。

（4）选择“窗交（C）”选项时，系统以矩形区域的方式选择被修剪对象。

（5）被选择的对象可以互为边界和被修剪对象，此时系统会在选择的对象中自动判断边界。

1.4.4.2　延伸

延伸是指延伸对象直至另一个对象的某边界线，如图 1-124 所示。

【执行方式】

➢ 命令行：EXTEND↙

➢ 菜单：“修改”→“延伸”

➢ 工具栏：

➢ 功能区：

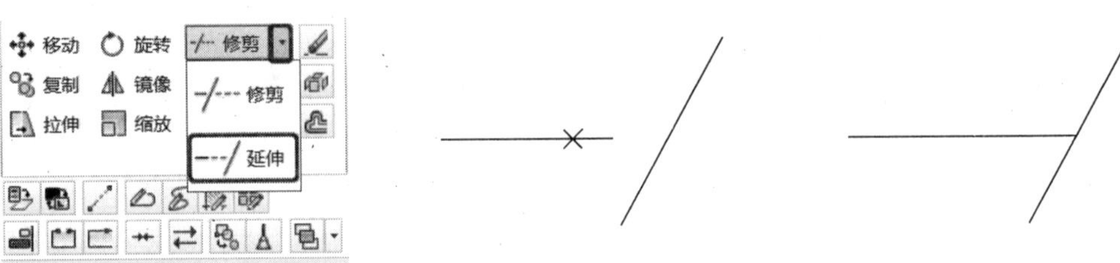

图 1-124　延伸示意图

【操作格式】

命令：EXTEND↙

当前设置：投影=UCS，　边=无

选择边界的边...

选择对象或<全部选择>:（选择一个或多个对象来定义延伸的边界，或者选择对象结束后按 Enter 键）

选择要延伸的对象，或按住 Shift 键选择要修剪的对象，或[栏选（F）/窗交（C）/投影（P）/边（E）/放弃（U）]:

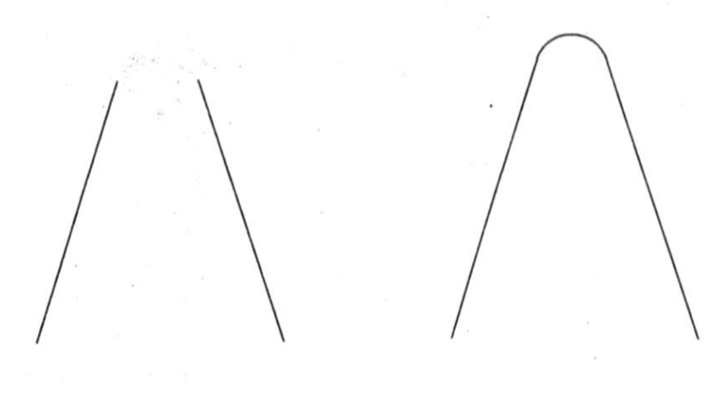

图 1-125　圆角示意图

【选项说明】

选择对象时，如果按住 Shift 键，系统就自动将“延伸”命令转换成“修剪”命令。

1.4.4.3　圆角

圆角是指用指定的半径决定的一段平滑的圆弧连接两个对象，如图 1-125 所示。

【执行方式】

➢ 命令行：FILLET↙

➢ 菜单：“修改”→“圆角”

➢ 工具栏：

➢ 功能区：

【操作格式】

命令：FILLET↙

当前设置：模式=修剪， 半径=0.0000

选择第一个对象或[放弃（U）/多段线（P）/半径（R）/修剪（T）/多个（M）]:（选择第一个对象）

选择第二个对象，或按住 Shift 键选择要应用角点的对象:（选择第二个对象）

【选项说明】

（1）多段线（P）。在一条二维多段线的两段直线段的节点处插入圆滑的弧。选择多段线后，系统会根据指定的圆弧半径把多段线各顶点用圆滑的弧连接起来。

（2）半径（R）。表示创建的圆弧的半径，最好先确定它的值。

（3）修剪（T）。决定在圆滑连接两条边时，是否修剪掉这两条边，如图 1-126 所示。

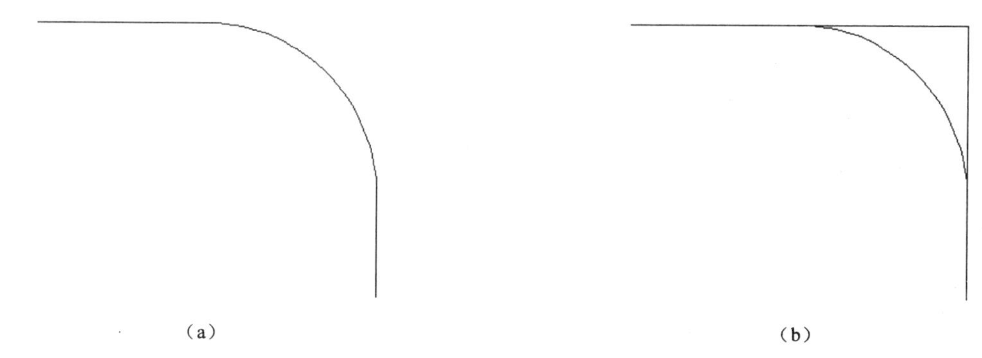

图 1-126 圆角连接

（a）修剪方式；（b）不修剪方式

（4）多个（M）。表示同时对多个对象进行圆角编辑。

1.4.4.4 倒角

倒角是指用斜线连接两个不平行的线型对象。

【执行方式】

➢ 命令行：CHAMFER↙

➢ 菜单："修改" → "倒角"

➢ 工具栏：

➢ 功能区：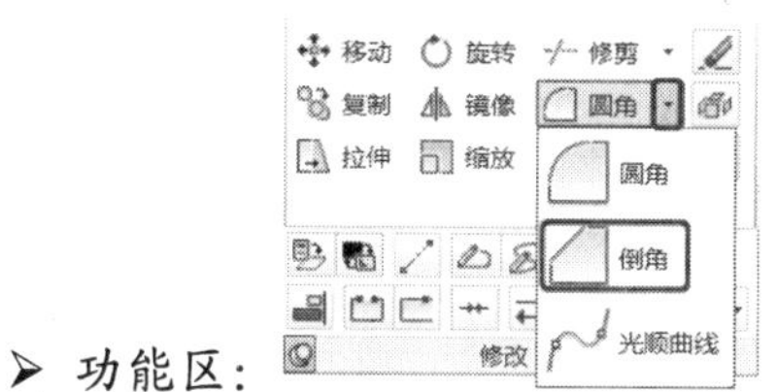

【操作格式】

命令：CHAMFER↙

（"修剪" 模式）当前倒角距离 1=0.0000，距离 2=0.0000

选择第一条直线或[放弃（U）/多段线（P）/距离（D）/角度（A）/修剪（T）/方式（E）/多个（M）]:

（选择第一条直线）

选择第二条直线，或按住 Shift 键选择要应用角点的直线：（选择第二条直线）

【选项说明】

（1）多段线（P）。对多段线的各个交叉点倒斜角。

（2）距离（D）。选择倒角的两个斜线距离。这两个斜线距离可以相同或不相同，若二者均为 0，则系统不绘制连接的斜线，而是把两个对象延伸至相交点处并修剪超出的部分，如图 1-127 所示。

（3）角度（A）。选择第一条直线的斜线距离和第一条直线的倒角角度，如图 1-128 所示。

（4）修剪（T）。与圆角连接命令 FILLET 相同，该选项决定连接对象后是否剪切原对象。

（5）方式（E）。决定采用“距离”方式还是“角度”方式来倒斜角。

（6）多个（M）。同时对多个对象进行倒斜角编辑。

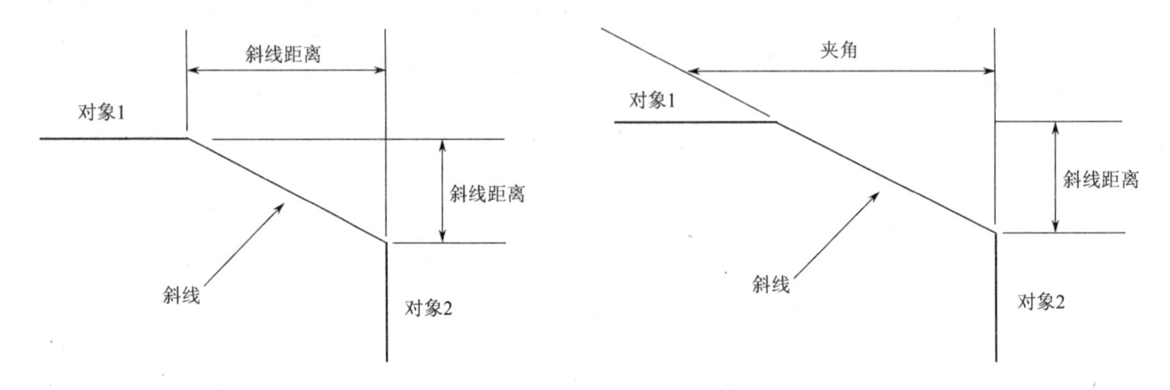

图 1-127　斜线距离　　**图 1-128　斜线距离与夹角**

☞**技巧**：在执行“圆角”或“倒角”命令时，按住 Shift 键并选择两条直线，可以快速创建零距离倒角或零半径圆角，可以把这种方法看做一种方便的延伸或修剪直线的方式。

☞**提示**：有时用户在执行“圆角”或“倒角”命令时，发现命令不执行或执行没有什么变化，那是因为系统默认圆角半径和斜线距离均为 0，需要先设定圆角半径或斜线距离。

【**例 1-12**】绘制如图 1-129 所示的厨房洗菜盆。

【操作步骤】

（1）利用“直线”命令绘制初步轮廓，如图 1-130 所示。

（2）利用“圆”命令绘制一个圆，结果如图 1-131 所示。

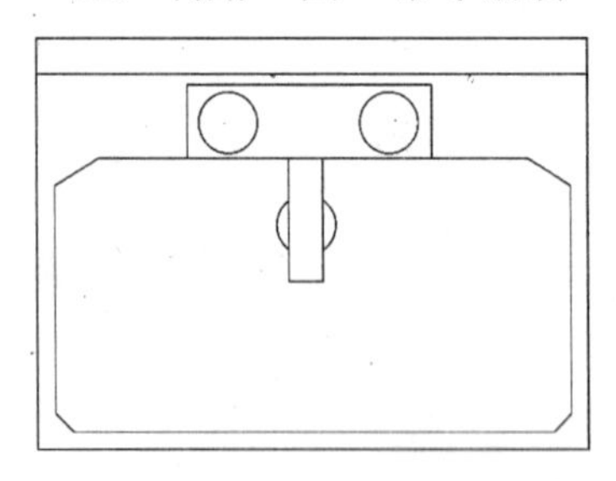

图 1-129　洗菜盆

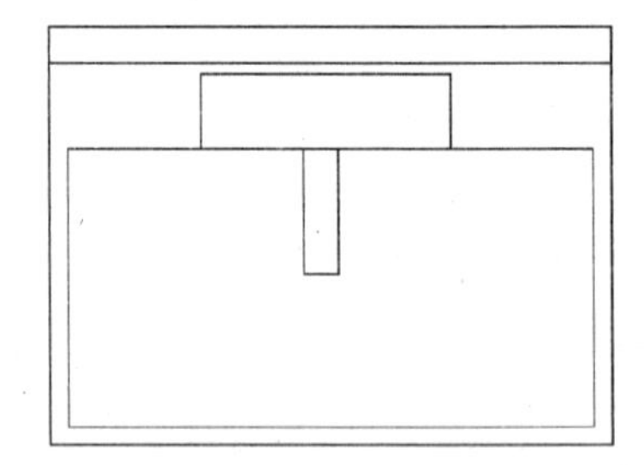

图 1-130　初步轮廓

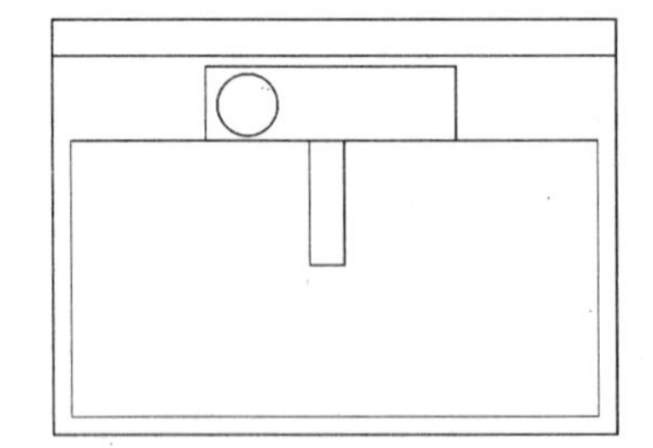

图 1-131　绘制水龙头

（3）利用“复制”命令复制出其他两个圆，分别作为水龙头旋钮和出水口，命令提示与操作如下：

命令：COPY↙

选择对象：（选择绘制的圆）

找到 1 个

选择对象：↙

当前设置：复制模式=多个

指定基点或[位移（D）/模式（O）]<位移>：（捕捉圆心为基点）

指定第二个点或<使用第一个点作为位移>:（打开状态栏上的“正交”开关，指定右边适当位置一点）

指定第二个点或[退出（E）/放弃（U）]<退出>:（关闭状态栏上的“正交”开关，指定水龙头中间位置一点）

指定第二个点或[退出（E）/放弃（U）]<退出>: ↙

结果如图 1-132 所示。

（4）利用“修剪”命令将出水口挡住部分剪切掉，命令行提示与操作如下：

命令：TRIM↙

当前设置：投影=UCS，边=延伸

选择修剪边...

选择对象或<全部选择>:（选择表示水龙头的一条竖线段）

选择对象:（选择表示水龙头的另一条竖线段）

选择对象: ↙

选择要修剪的对象，或按住 Shift 键选择要延伸的对象，或[拦选（F）/窗交（C）/投影（P）/边（E）/删除（R）/放弃（U）]:（选择最后复制的圆的中部）

结果如图 1-133 所示。

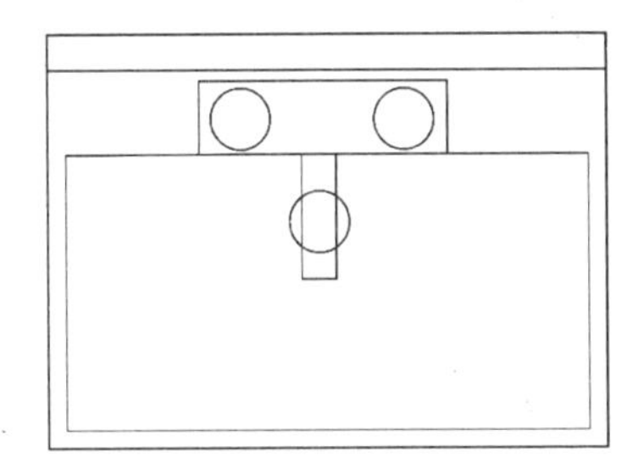

图 1-132　复制对象

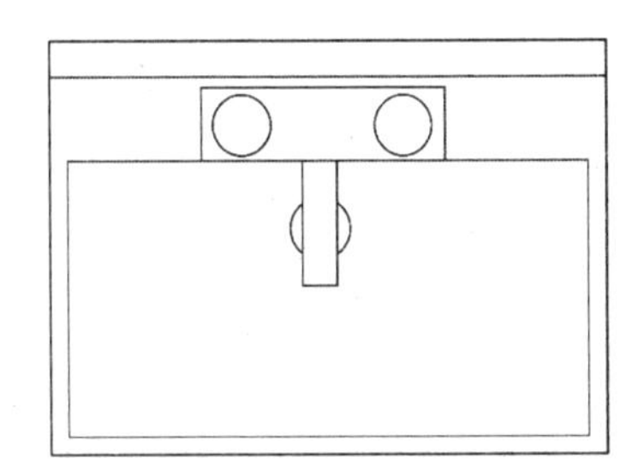

图 1-133　修剪对象

（5）利用“倒角”命令对 4 个角进行倒角，命令行提示与操作如下：

命令：CHAMFER↙

（“修剪”模式）当前倒角距离 1=0.0000，距离 2=0.0000

选择第一条直线或[放弃（U）/多段线（P）/距离（D）/角度（A）/修剪（T）/方式（E）/多个（M）]: D↙

指定第一个倒角距离<0.0000>: 50↙

指定第二个倒角距离<50.0000>: 30↙

选择第一条直线或[放弃（U）/多段线（P）/距离（D）/角度（A）/修剪（T）/方式（E）/多个（M）]: M↙

选择第一条直线或[放弃（U）/多段线（P）/距离（D）/角度（A）/修剪（T）/方式（E）/多个（M）]:（选择左上角横线段）

选择第二条直线，或按住 Shift 键选择要应用角点的直线:（选择左上角竖线段）

命令：CHAMFER↙

选择第一条直线或[放弃（U）/多段线（P）/距离（D）/角度（A）/修剪（T）/方式（E）/多个（M）]:（选择右上角横线段）

选择第二条直线，或按住 Shift 键选择要应用角点的直线:（选择右上角竖线段）

命令：CHAMFER↙

（“修剪”模式）当前倒角距离 1=50.0000，距离 2=30.0000

选择第一条直线或[放弃（U）/多段线（P）/距离（D）/角度（A）/修剪（T）/方式（E）/多个（M）]: A↙

指定第一条直线的倒角长度<0.0000>：20.0000↙

指定第一条直线的倒角角度<0>：45↙

选择第一条直线或[放弃（U）/多段线（P）/距离（D）/角度（A）/修剪（T）/方式（E）/多个（M）]：M↙

选择第一条直线或[放弃（U）/多段线（P）/距离（D）/角度（A）/修剪（T）/方式（E）/多个（M）]：（选择左下角横线段）

选择第二条直线，或按住 Shift 键选择要应用角点的直线：（选择左下角竖线段）

命令：CHAMFER↙

选择第一条直线或[放弃（U）/多段线（P）/距离（D）/角度（A）/修剪（T）/方式（E）/多个（M）]：（选择右下角横线段）

选择第二条直线，或按住 Shift 键选择要应用角点的直线：（选择右下角竖线段）

最终结果如图 1-129 所示。

1.4.4.5 拉伸

拉伸是指拖拉选择的对象，使对象的形状发生变化，如图 1-134 所示。

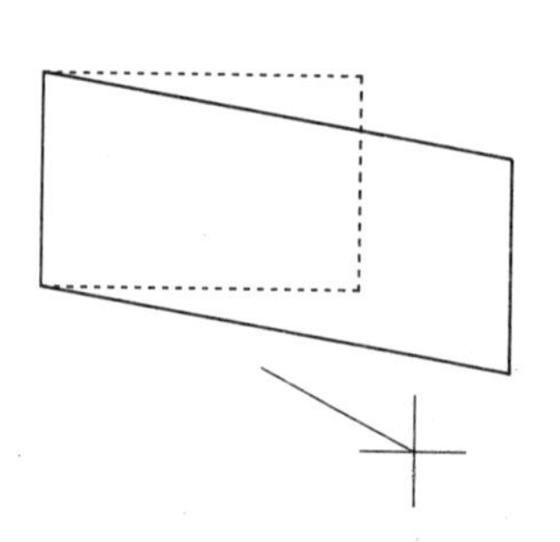

图 1-134 拉伸示意图

【执行方式】

➢ 命令行：STRETCH↙

➢ 菜单："修改" → "拉伸"

➢ 工具栏：

➢ 功能区：

【操作格式】

命令：STRETCH↙

以交叉窗口或交叉多边形选择要拉伸的对象...

选择对象：（选择对象后按 Enter 键）

指定基点或[位移（D）]<位移>：（指定拉伸的基点）

指定第二个点或<使用第一个点作为位移>：（指定拉伸移至的点）

1.4.4.6 拉长

更改对象的长度和圆弧的包含角，如图 1-135 所示。

【执行方式】

➢ 命令行：LENGTHEN↙

➢ 菜单："修改" → "拉长"

➢ 功能区：

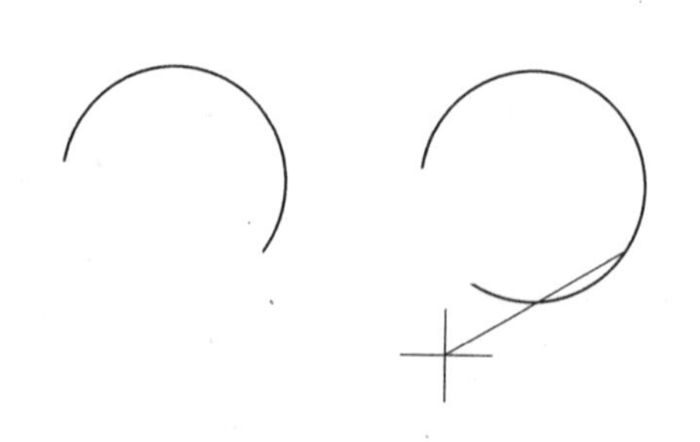

图 1-135 拉长示意图

【操作格式】

命令：LENGTHEN↙

选择对象或[增量（DE）/百分数（P）/全部（T）/动态（DY）]：（选定对象）

当前长度：30.0000（给出选定对象的长度，如果选择圆弧，则还将给出圆弧的包含角）

选择对象或[增量（DE）/百分数（P）/全部（T）/动态（DY）]：DE↙[选择拉长或缩短的方式，如选择“增量（DE）”方式]

输入长度增量或[角度（A）]<0.0000>：10↙（输入长度增量数值。如果选择圆弧段，则可输入选项A给定角度增量）

选择要修改的对象或[放弃（U）]：（选定要修改的对象，进行拉长操作）

选择要修改的对象或[放弃（U）]：（继续选择，回车结束命令）

【选项说明】

（1）增量（DE）。用指定增加量的方法改变对象的长度或角度。

（2）百分数（P）。用指定占总长度的百分比的方法改变圆弧或直线段的长度。

（3）全部（T）。用指定新的总长度或总角度值的方法来改变对象的长度或角度。

（4）动态（DY）。打开动态拖拽模式。在这种模式下，可以使用拖拽鼠标的方法来动态地改变对象的长度或角度。

1.4.4.7 打断

在两点之间打断选定对象。可以在对象上的两个指定点之间创建间隔，从而将对象打断为两个对象。如果这些点不在对象上，则会自动投影到该对象上，如图1-136所示。通常用于为块或文字创建空间。

【执行方式】

- 命令行：BREAK↙
- 菜单：“修改”→“打断”
- 工具栏：
- 功能区：

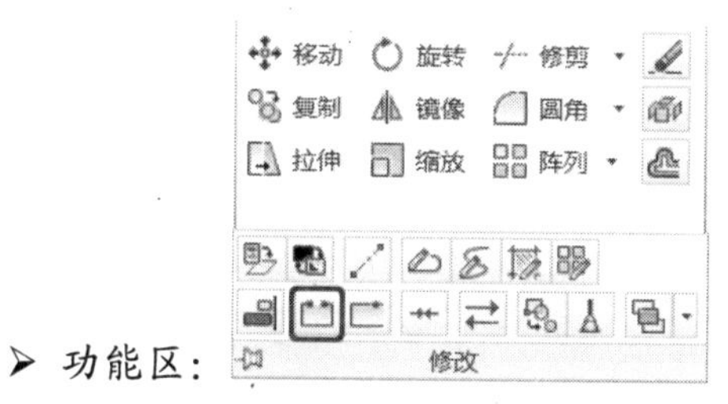

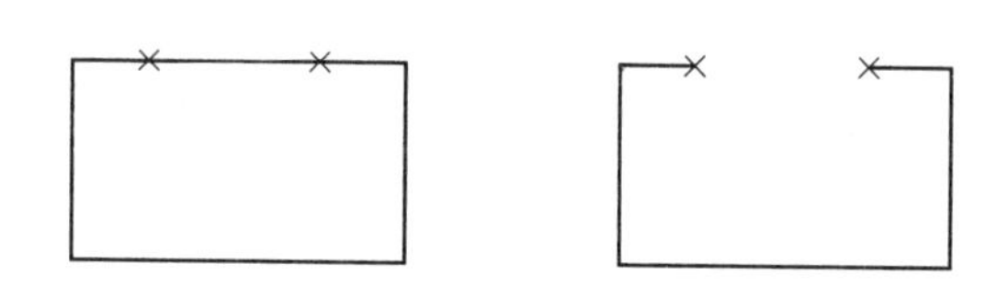

图1-136 打断示意图

【操作格式】

命令：BREAK↙

选择对象：（选择要打断的对象，注意此时单击点的位置）

指定第二个打断点或[第一点（F）]：（指定第二个断开点或键入F，两个打断点间的线段将被删除）

【选项说明】

如果选择“第一点（F）”，AutoCAD将丢弃前面的第一个选择点，重新提示用户指定两个断开点。

1.4.4.8 分解

将复合对象分解为其组件对象，如图1-137所示。在希望单独修改复合对象的部件时，可分解复合对象。可以分解的对象包括块、多段线及面域等。

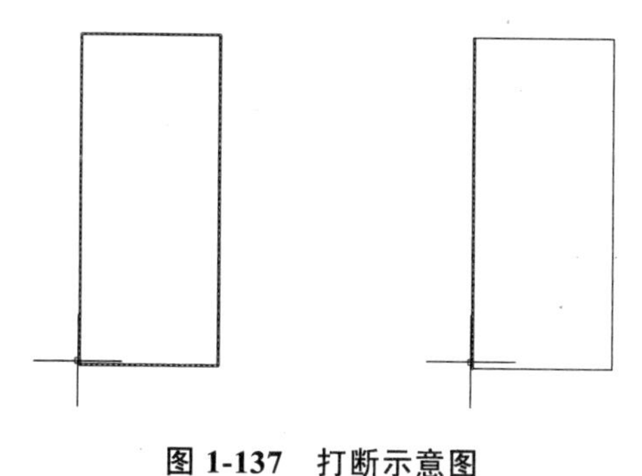

图1-137 打断示意图

【执行方式】

- 命令行：EXPLODE↙
- 菜单：“修改”→“分解”
- 工具栏：
- 功能区：

【操作格式】

命令：EXPLODE↙

选择对象：（选择要分解的对象。系统允许分解多个对象）

1.4.4.9 合并

合并功能，可以将直线、圆、椭圆弧和样条曲线等独立的线段合并为一个对象。

【执行方式】

➢ 命令行：JOIN↙

➢ 功能区：

【操作格式】

命令：JOIN↙

选择源对象：（选择一个对象）

选择要合并到源的直线：（选择另一个对象）

找到 1 个

选择要合并到源的直线：↙

已将 1 条直线合并到源

1.4.5 删除类命令

这一类命令主要用于删除图形的某部分。包括删除、清除等命令。

若所绘制的图形不符合要求或不小心错绘了图形，可以使用删除或清除命令把它删除。“删除”和“清除”命令完全相同，因此下文将它们放在一起介绍。

【执行方式】

➢ 命令行：ERASE↙

➢ 菜单：“修改”→“删除”或“编辑”→“清除”

➢ 工具栏：

➢ 功能区：

右键快捷菜单：先选择要删除的对象，在绘图区中单击鼠标右键，从打开的快捷菜单中选择“删除”命令。

【操作格式】

命令：ERASE↙

选择对象：（选择要删除的对象后按 Enter 键）

☞**技巧**：可以先选择要删除的对象后按键盘上的 Delete 键，被选择的对象即被删除。

1.4.6 课程练习

绘制如图 1-138 所示的圆头平键。

（1）目的要求。本练习设计的图形除了要用到基本的绘图命令外，还要用到“倒角”和“圆角”等编辑命令。要求学生通过本练习灵活掌握绘图的基本技巧，巧妙利用一些编辑命令来快速灵活地完成绘图作业。

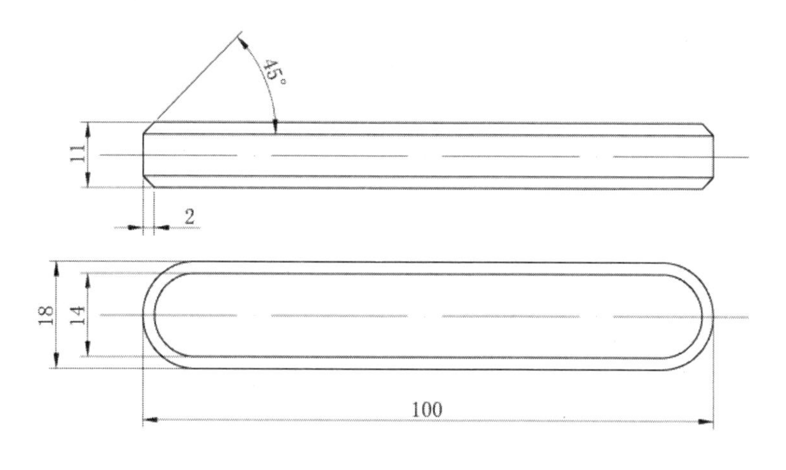

图 1-138　圆头平键

（2）操作提示。设置新图层。利用“矩形”命令绘制主视图与俯视图基本轮廓。利用“倒角”和“圆角”命令分别对主视图和俯视图进行倒角和圆角处理。

1.5 显 示 控 制

为了便于绘图操作，AutoCAD 还提供了一些控制图形显示的命令，一般这些命令只能改变图形在屏幕上的显示方式，可以按操作者所期望的位置、比例和范围进行显示，以便于观察，但不能使图形产生实质性的改变，既不改变图形的实际尺寸，也不影响实体间的相对关系。尽管如此，这些显示控制命令对绘图操作仍具有重要作用，在绘图作业中要经常使用它们。

1.5.1　图形的重画

如果用户在绘图的过程中，由于操作的原因，使得屏幕上出现一些残留光标点。为了擦除这些不必要的光标点，可以利用 AutoCAD 的重画和重生成功能达到这些要求。

【执行方式】

➢ 命令行：REDRAWALL↙

➢ 菜单：“视图”→“重画”

【操作格式】

命令行：REDRAWALL↙

执行该命令后，屏幕上或全部视窗中原有的图形消失，紧接着把该图形又重画一遍，如果原图中有残留的光标点，那么在重画后的图形中将不再出现。

还可以利用 REDRAW 对当前视窗进行重画。操作方法与 REDRAWALL 命令类似。

1.5.2　图形的缩放

改变视图大小最常用的方法就是用“缩放”命令。用它们可以在绘图区放大或缩小图像显示。缩放并不改变图形的绝对大小，他只是改变图像显示的大小。

1.5.2.1　放大和缩小

放大和缩小是两个基本缩放命令。如图 1-139 所示。

【执行方式】

➢ 菜单：“视图”→“缩放”→“放大（缩小）”

执行上述命令后，当前图形显示自动放大一倍或缩小 100%。

1.5.2.2　实时缩放

在实时缩放命令下，用户可以通过垂直向上或向下移动鼠标光标来放大或缩小图形。

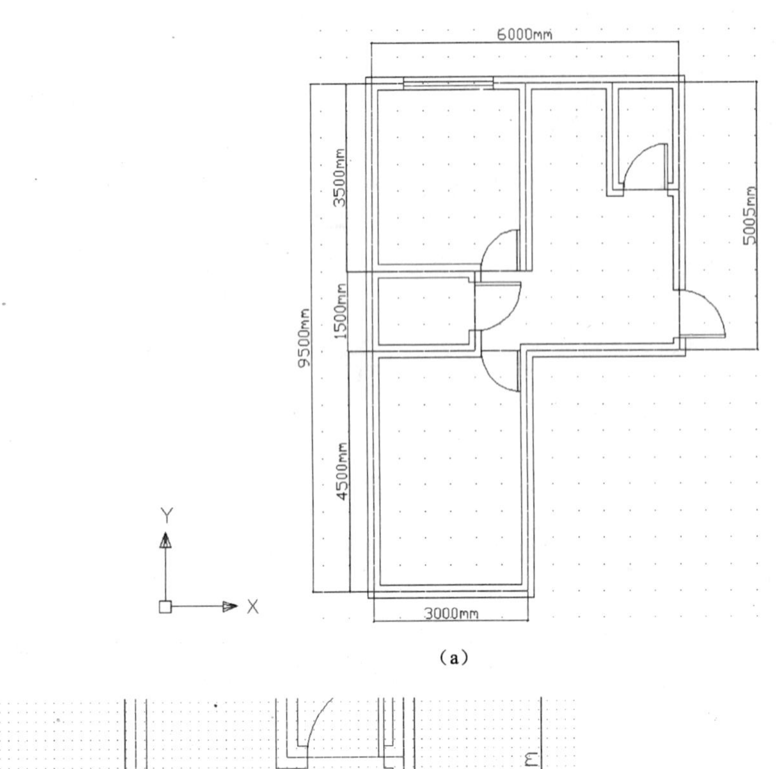

（a）

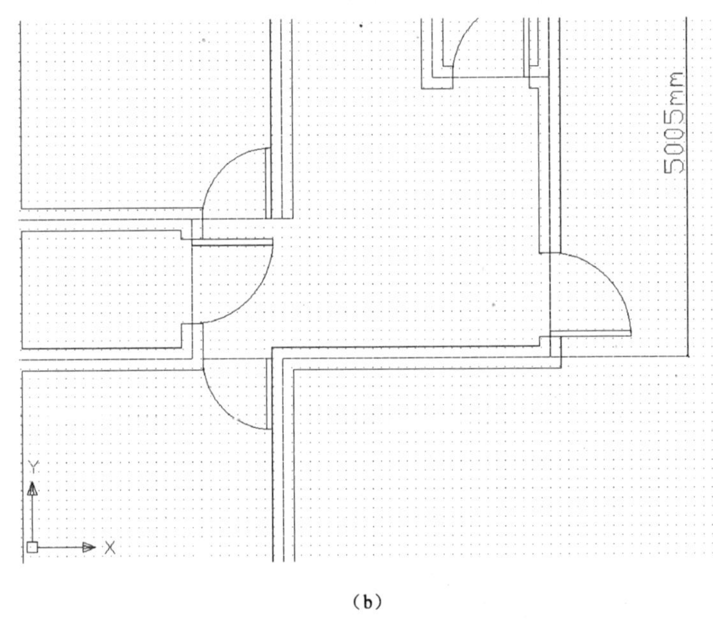

（b）

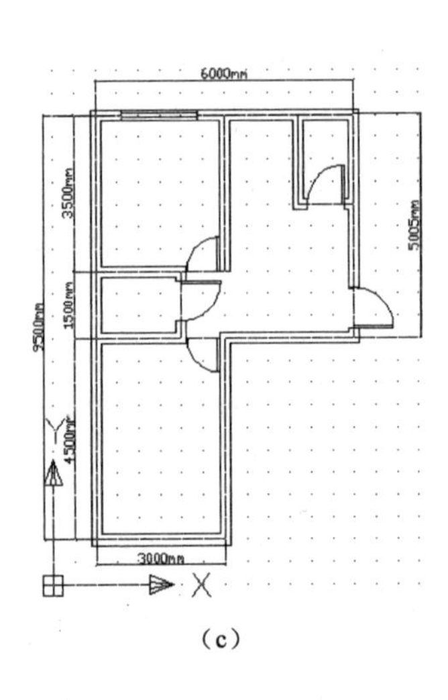

（c）

图 1-139　缩放视图

a）原图；（b）放大；（c）缩小

【执行方式】

➢ 命令行：ZOOM↙

➢ 菜单："视图"→"缩放"→"实时"

➢ 工具栏：

➢ 右键快捷菜单：在绘图区中单击鼠标右键，从打开的快捷菜单中选择"缩放"命令

【操作格式】

命令：ZOOM↙

指定窗口的角点，输入比例因子（nX 或 nXP），或者[全部（A）/中心（C）/动态（D）/范围（E）/上一个（P）/比例（S）/窗口（W）/对象（O）]<实时>:（直接按 Enter 键）

按住鼠标垂直向上或向下移动。从图形的中点向顶端垂直地移动鼠标光标就可以将图形显示放大

一倍，向底部垂直移动光标就可以将图形显示缩小 100%。

☞**技巧**：滚动鼠标滚轮就可以实现缩放，将滚轮向前滚即放大，向后滚即缩小。

1.5.3 平移

改变视图显示位置，最常用的方法是“平移”命令。

【执行方式】

- 命令行：PAN↙
- 菜单：“视图”→“平移”→“实时”
- 工具栏：
- 右键快捷菜单：在绘图区中单击鼠标右键，从打开的快捷菜单中选择“平移”命令

【操作格式】

命令：PAN↙

执行上述命令后光标变成手形，按住左键拖动即可实现视图的平移。按 Enter 键结束平移命令。

☞**技巧**：直接按住鼠标中键或鼠标滚轮，移动光标，即可实现视图平移。

1.5.4 鸟瞰视图

鸟瞰视图是用来在分开的窗口上显示图形，以便能够迅速地移动到某一区域的工具。如果用户在工作时打开鸟瞰视图，就不用选择菜单或键入命令来实现缩放和平移功能了。

1.5.4.1 打开或关闭鸟瞰视图

用户一旦打开了鸟瞰视图，就可以在工作时使其保持可视，也可以在不需要的时候关闭它，如图 1-140 所示的鸟瞰视图窗口提供了实时缩放和平移的功能。

【执行方式】

- 命令行：DSVIEWER↙
- 菜单：“视图”→“鸟瞰视图”

【操作格式】

命令：DSVIEWER↙

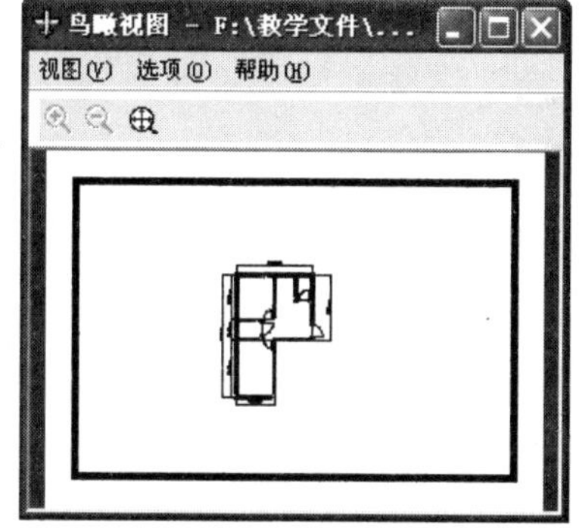

图 1-140 鸟瞰视图

执行上述命令后，系统打开鸟瞰视图。关闭时，只要单击鸟瞰视图右上角的“关闭”按钮即可。

1.5.4.2 用鸟瞰视图缩放视图

要改变当前视图，需要在鸟瞰视图窗口中打开一个新的视框。视框缩小则视图放大，视框放大则视图缩小。当放大或缩小图形时，在绘图区则会显示一个实时的缩放视口，图中粗黑实线框便是选定的图形显示范围框。

用鸟瞰视图缩放图形的操作步骤如下：

（1）选择菜单“视图”→“鸟瞰视图”命令或输入命令 DSVIEWER。

（2）在鸟瞰视图中，从“视图”菜单或工具栏中选择“放大”或“缩小”。执行上述命令后，绘图区的当前视口画面将跟随鸟瞰视图中的变化一起放大或缩小。

1.5.4.3 在鸟瞰视图下实时平移或缩放

用户可以移动鸟瞰视图中的视框来平移图像而不改变其大小，也可以改变视框的大小来实时缩放图形。

用鸟瞰视图实时平移或缩放图形的操作步骤如下：

（1）选择菜单“视图”→“鸟瞰视图”命令或输入命令 DSVIEWER。

（2）在鸟瞰视图中，在视图显示区单击鼠标左键，显示区会出现一个中间有“×”的细实线框，拖动鼠标即实现了实时平移，平移的位移和方向由先前的粗黑实线范围框与拖动的细实线框之间的相对位移决定。右击鼠标确定新的显示范围后，当前显示画面立即实现平移。

（3）在鸟瞰视图中，在视图显示区双击鼠标左键，显示区会出现一个右边有箭头的细实线框，拖

动鼠标，细实线框同步放大与缩小。右击鼠标确定新的显示范围后，当前显示画面立即实现缩放。

1.6 文本创建与编辑

文字注释是图形中很重要的一部分内容，进行各种设计时，通常不仅要绘出图形，还要在图形中标注一些文字，如技术要求、注释说明等，对图形对象加以解释。

1.6.1 定义文字样式

文字样式是用来控制文字基本形状的一组设置。所有 AutoCAD 图形中的文字都有和其相对应的文字样式。当输入文字对象时，AutoCAD 将使用当前设置的文字样式。

【执行方式】

- 命令行：STYLE（或 DDSTYLE）↙
- 菜单："格式" → "文字样式"
- 工具栏：A

【操作格式】

命令：STYLE↙

执行上述命令后，系统弹出"文字样式"对话框。如图 1-141 所示。

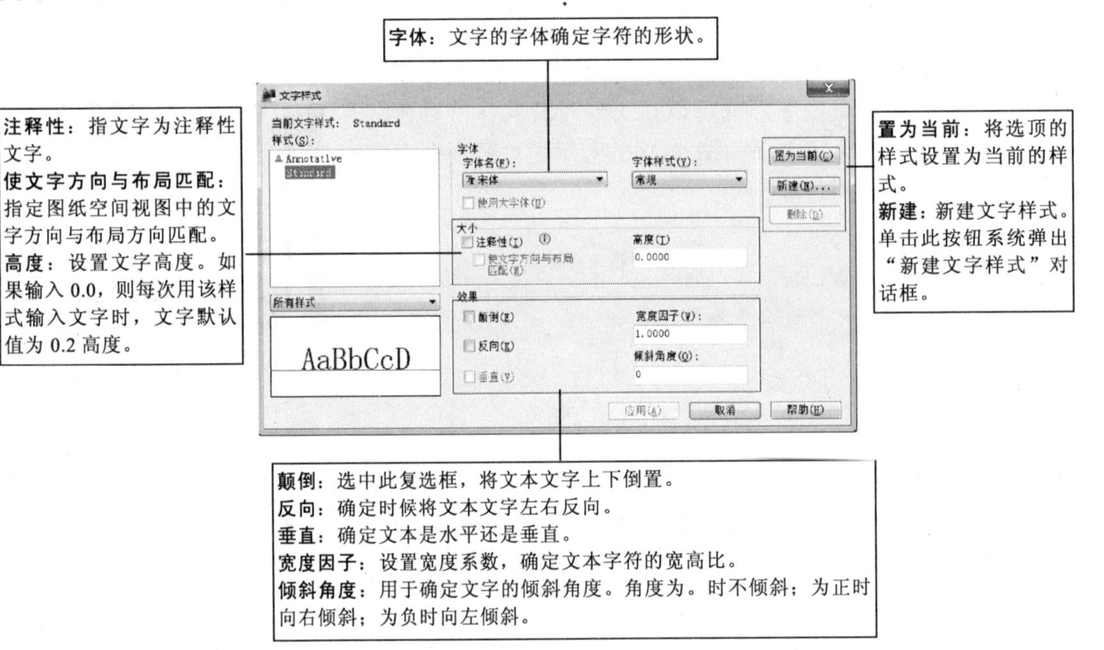

图 1-141 "文字样式"对话框

1.6.2 单行文本标注

【执行方式】

- 命令行：TEXT（或 DTEXT）↙
- 菜单："绘图" → "文字" → "单行文字"
- 工具栏：AI

【操作格式】

命令：TEXT↙

当前文字样式："Standard"　文字高度：2.5000　注释性：否

指定文字的起点或[对正（J）/样式（S）]:（直接在绘图区点取一点作为文本的起始点。"对正"表示文本的哪一部分与所选的插入点对齐）

指定高度<2.5000>:（输入字符的高度）

指定文字的旋转角度<0>:（输入文本行的倾斜角度，默认角度为 0）

执行上述命令后，输入文本内容，再在绘图区其他地方单击左键，并按 Enter 键结束命令。

【选项说明】

（1）指定文字的起点。用户单击绘图区内任一点，指定标注文字的起点后，命令行接着提示如下：

指定高度<2.5000>:　　//输入文字高度

指定文字的旋转角度<0>:　　//输入文字旋转角度

输入文字:　　//输入标注文本

（2）对正。该选项用于确定标注文本的排列方式及排列方向。AutoCAD 用 4 条直线确定标注文本的位置，分别是顶线、中线、基线和底线。选择该选项后，命令提示如下：

输入选项 [对齐（A）/布满（F）/居中（C）/中间（M）/右对齐（R）/左上（TL）/中上（TC）/右上（TR）/左中（ML）/正中（MC）/右中（MR）/左下（BL）/中下（BC）/右下（BR）]:

1）对齐：用于确定标注文本基线的起点和终点。使用该选项后，输入的文本均匀分布于用户确定的起点和终点之间，AutoCAD 通过调整文字高度来改变文字大小，使之适合基线的长度，基线的倾斜角决定文本字符串的倾斜角度。选择该选项后，命令行接着提示如下：

指定文字基线的第一个端点：//指定基线的起点

指定文字基线的第二个端点：//指定基线的终点

输入文字：//输入标注文字

2）布满：用于确定标注文本基线的起点和终点及文字高度。该选项的使用效果与对齐类似。不同的是，AutoCAD 通过调整宽度系数来改变文字大小，使之适合基线的长度。选择该选项后，命令行接着提示如下：

指定文字基线的第一个端点：//指定基线的起点

指定文字基线的第二个端点：//指定基线的终点

指定高度<当前值>; //输入文字高度，按回车键

输入文字：//输入标注文字

3）居中：用于确定标注文本基线的中点。选择该选项后，输入的文本均匀分布在该中点的两侧。选择该选项后，命令行接着提示如下。

指定文字的中点：//确定基线的中点

指定高度<当前值>: //输入文字高度

指定文字的旋转角度<当前值>: //输入文本的旋转角度

输入文字：//输入标注文字

以下选项的提示信息，只是在第一行要求用户指定的对齐点不一样，其他信息都与“居中”选项的提示一样，后面不再详细列举。

4）中间：用于确定标注文本中线的中点。

5）右对齐：用于确定标注文本基线的右端点。

左上：用于确定标注文本顶线的左端点。

中上：用于确定标注文本顶线的中点。

右上：用于确定标注文本顶线的右端点。

左中：用于确定标注文本中线的左端点。

正中：用于确定标注文本中线的中点。

右中：用于确定标注文本中线的右端点。

左下：用于确定标注文本底线的左端点。

（3）样式。该选项用于从已定义的文字样式中选择一种文字样式，应用于当前文本标注。选择该选项后，命令行提示如下信息:

输入样式名或[刊<当前样式名>: //输入样式名称

“[?]”选项用于查看指定文字样式的具体设置。选择该选项后，命令行接着提示如下：

输入要列出的文字样式名<*>: //输入样式名称

在该提示下输入要查看的文字样式名称后按回车键，则弹出 AutoCAD 文本窗口，在此窗口中列出了指定文字样式的具体设置。如果不输入文字样式名称直接按回车键，则窗口中列出的是当前 AutoCAD 图形文件中所有文字样式的具体设置。

1.6.3 多行文本标注

【执行方式】

- 命令行：MTEXT↙
- 菜单：“绘图”→“文字”→“多行文字”
- 工具栏：A

【操作格式】

命令：mtext

当前文字样式：“standard”

文字高度：2.5 注释性：否

指定第一角点：

在图形编辑窗口中指定第一角点后，将出现文本范围框，命令行接着提示：

指定对角点或[高度（H）/对正（J）/行距（L）/旋转（R）/样式（S）/宽度（W）/栏（C）]：//指定文本 标注的另一角点或选择其他选项

其中各选项作用如下：

（1）指定对角点：要求用户指定多行文本标注范围框的对角点。

（2）高度：用于设置文本字符的高度。选择该选项后，命令行接着提示：

指定高度<当前值>: //输入文字高度

（3）对正：用于设置文本的对排列方式。选择该选项后，命令行接着提示：

输入对正方式[左上（TL）/中上（TC）/右上（TR）/左中（ML）/正中（Nc）/右中（NR）/左下（B1）/中下（Bc）/右下（BR）]<左上（T1）>:

提示信息中各选项的含义，与单行文本标注命令 TEXT 的对正选项一样，在此不再重复介绍。

（4）行距：用于设定两行文本底线之间的垂直距离。用户可设置行距为单行文本高度的倍数（ex，n 表示倍数值）或是一个具体数值。选择该选项后，命令行接着提示如下信息：

输入行距类型[至少（A）/精确（E）]<至少（A）>: //选择行距类型

提示信息要求用户设置行距的类型，“至少”表示 AutoCAD 在标注多行文本时，根据文本框的高度和宽度自动调整行间距，但文本中的实际行距不小于用户所设定的值。“精确”表示文本中的实际行距等于用户所设定的值。选择完后，命令行接着提示：

输入行距比例或行距<lx>: //输入用倍数表示的行距或用数值表示的行距

（5）旋转：用于设置文本行的倾斜角度。选择该选项完后，命令行接着提示：

指定旋转角度<0>: ///////输入旋转角度

（6）样式：用于选择文字样式。选择该选项后，命令行接着提示：

输入样式名或[?]<当前样式名>: //输入文字样式名称提示信息中选项的含义

与单行文本标注命令 TEXT 的样式选项一样，在此不再重复介绍。

（7）宽度：用于设置文本编辑框的宽度。选择该选项后，命令行接着提示：

指定宽度：//指定文本编辑框的宽度

用户可以直接输入文本宽度值，或者用鼠标在图形编辑窗口内拾取一点，AutoCAD 把第一个对角点到该点的距离作为文本编辑框的宽度。当指定了文本编辑框的另一角点，或用“宽度”选项设置了文本编辑框的宽度后，AutoCAD 将弹出如图 1-142、图 1-143 所示的文字编辑器和文本编辑框。

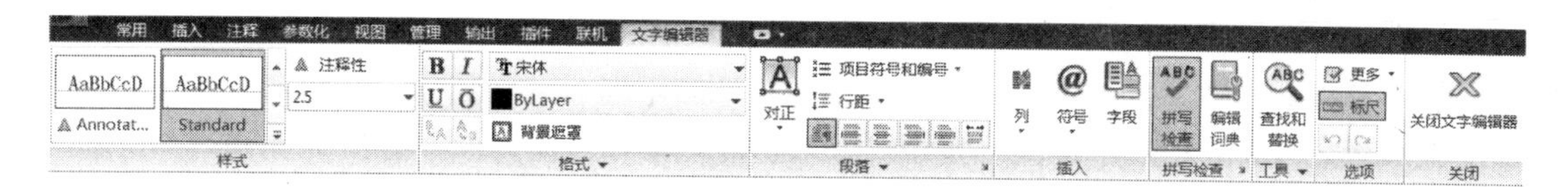
图 1-142　文字编辑器

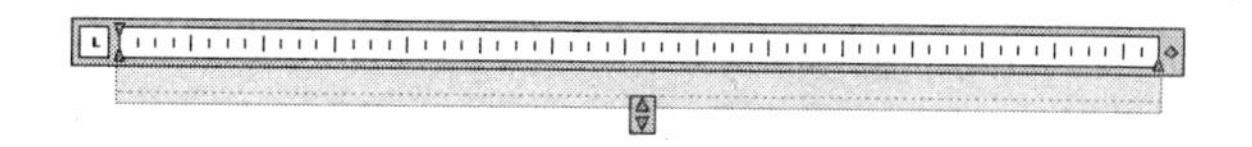
图 1-143　文本编辑框

在文字编辑器中可以对标注文字的样式、字体、字号、加粗、加下划线及颜色等属性进行设置。文本编辑框用于对标注文本的输入与编辑，文本编辑完后可以通过多行文字功能区进行缩进和制表位、查找和替换、改变大小写、自动大写、对正等设置。

1.6.4　利用“DDEDIT”命令编辑文本

【执行方式】

➢ 命令行：DDEDIT↙

➢ 菜单：“修改”→“对象”→“文字”→“编辑”

右键快捷菜单：先选择要编辑的文字，在绘图区单击鼠标右键，从打开的快捷菜单中选择“编辑”命令。

【操作格式】

命令：DDEDIT↙

选择注释对象或[放弃（U）]:（选择要编辑的文字）

用户选择单行文本作为编辑对象后，AutoCAD 弹出“编辑文字”对话框。在该对话框的文字输入框中显示了用户选择的文本内容，用户可在此文本框中对所选内容进行文字本身的修改。

1.6.5　利用属性管理器编辑文本

先选定需编辑的文本，然后右击，在弹出的快捷菜单中选择特性选项，将会弹出如图 1-144 所示的“特性”对话框。

（1）“常规”选项：用于修改文本所属的图层和颜色。

（2）“三维效果”选项：设置三维材质。

（3）“文字”选项：用于修改文字的内容、样式、对正方式、高度、旋转角度、倾斜角度和宽度、比例等。

（4）“几何图形”选项：用于修改文本的起始点位置。

（5）“其他”选项：用于修改文字的颠倒和反向效果。

用属性管理器编辑文本标注时，一次可以选择多个标注文本实体，而用 Ddedit 命令则每次只能选择一个标注文本实体。

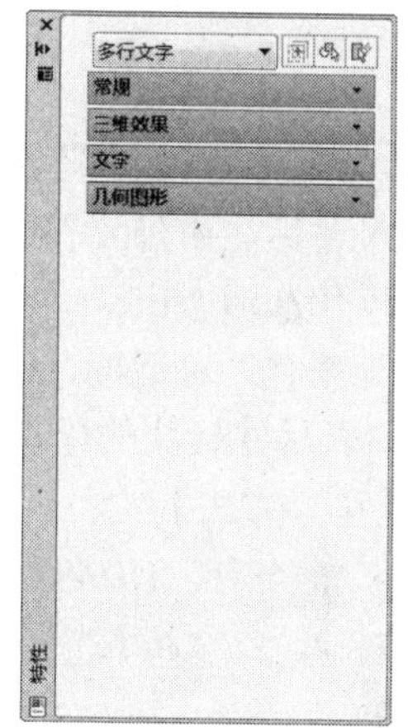

图 1-144　“特性”对话框

1.7　尺　寸　标　注

尺寸标注是绘图设计中的一项重要的内容。因为图形的主要作用是表达物体的形状，而物件各部分的真实大小和各部分之间的确切位置只能通过标注尺寸才能表达出来。因此，没有正确的尺寸标注，所绘出的图纸也就没有什么意义。本节主要介绍 AutoCAD2012 的尺寸标注功能。

1.7.1　尺寸标注的组成

一个完整的尺寸标注由尺寸线、尺寸界线、尺寸箭头及尺寸文本（尺寸数字）4 部分组成。图 1-145 给出了一个典型的尺寸标注各部分的名称，现分别介绍如下。

（1）尺寸线。尺寸线一般是一条两端带箭头的线段，有时也可能是两条带单箭头的线段。标注角度时，尺寸线是一条两端带箭头的圆弧。

（2）尺寸界线。尺寸界线通常出现在尺寸标注对象的两端，表示尺寸的标注范围。尺寸界线将尺寸线标注在图形之外，并超出尺寸线一定距离。在标注复杂图形时，国家标准允许利用中心线或者图形轮廓线代替尺寸界线。

（3）尺寸箭头。尺寸箭头出现在尺寸线的两端并与尺寸界线相交，用来表示尺寸线的起点位置以及尺寸线相对图形实体的位置。AutoCAD 提供了不同形状的箭头供用户选择，但在实践中，机械制图多使用实心箭头，而建筑制图多使用斜线。

（4）尺寸文本。尺寸文本是一个文字实体，用来表示标注对象的大小（距离）或者角度。尺寸文本可以是 AutoCAD 自动计算出的测量值，也可以是用户输入的标注文本。用户输入尺寸文本时可以为尺寸文本附加公差、前缀和后缀等内容。

（5）圆心标记和圆心线。圆心标记为一个短小的“十”字，用来表示圆或者圆弧的圆心位置。圆心线为两条相互垂直的点划线，其交点通过圆心，也可以用来表示圆或者圆弧的圆心位置。

（6）指引线。指引线用来指引注释性文字，一般由一个箭头和两条成一定角度的线段组成．箭头指向图中被注释的对象，如图 1-146 所示。

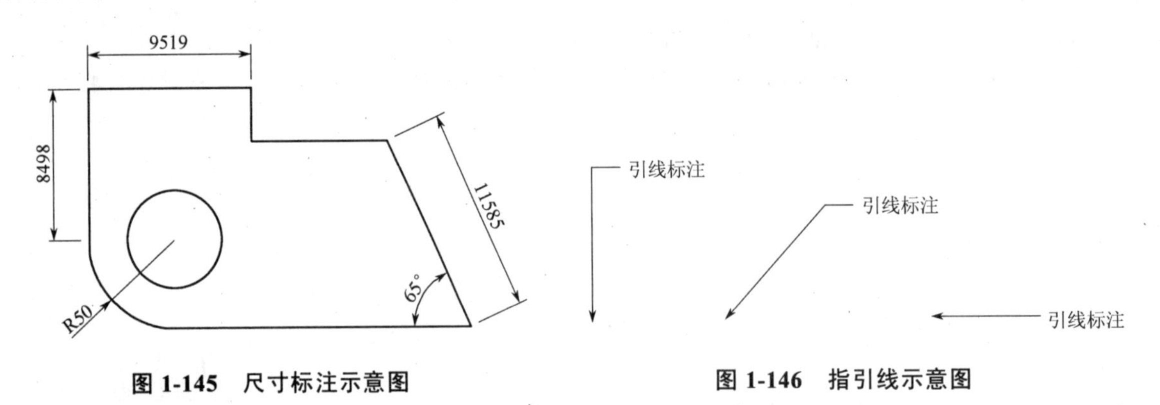

图 1-145　尺寸标注示意图　　**图 1-146　指引线示意图**

1.7.2　尺寸标注的样式

尺寸标注由尺寸界线、尺寸线、尺寸文本及箭头等组成，可以采用多样的形式。具体在标注尺寸时，以什么形态出现，取决于当前所采用的尺寸标注样式。在 AutoCAD2012 中用户可以利用“标注样式管理器”对话框方便地设置自己需要的尺寸标注样式。

1.7.2.1　尺寸标注的样式的管理

【执行方式】

- 命令行：DIMSTYLE↙
- 菜单：“格式”→“标注样式”或“标注”→“标注样式”
- 工具栏：

【操作格式】

命令：DIMSTYLE↙

执行上述命令后，系统弹出“标注样式管理器”对话框，用此对话框可以方便直观地设置和浏览尺寸标注样式，包括建立新的标注样式、修改已存在的样式、设置当前尺寸标注样式、样式重命名以及删除一个已存在的样式等。如图 1-147 所示。

（1）样式列表框：用于显示当前图形文件中已定义的所有标注样式。从中选择标注样式名称，再单击相应的按钮可对标注样式进行相应的操作。

（2）“预览”区域：用于显示当前标注样式的设置效果。

（3）“列出”下拉列表：用于控制“样式”列表框中显示的标注样式。其中有两个选项，“所有样式”表示在样式列表中列出当前图形文件已定义的所有标注样式，“正在使用的样式”表示只列出当前图形文件中已被使用的标注样式。

(4)“不列出外部参照中的样式”复选框：用于控制是否在“样式”列表中列出外部引用中的标注样式。

(5)“置为当前”按钮：用于将所选标注样式设置为当前图形中的当前标注样式。

(6)“新建”按钮：用于创建新的标注样式。

(7)“修改”按钮：用于修改已定义的标注样式。

(8)“替代”按钮：用于创建标注样式的替代样式。

(9)“比较”按钮：用于比较不同标注样式之间的差异。

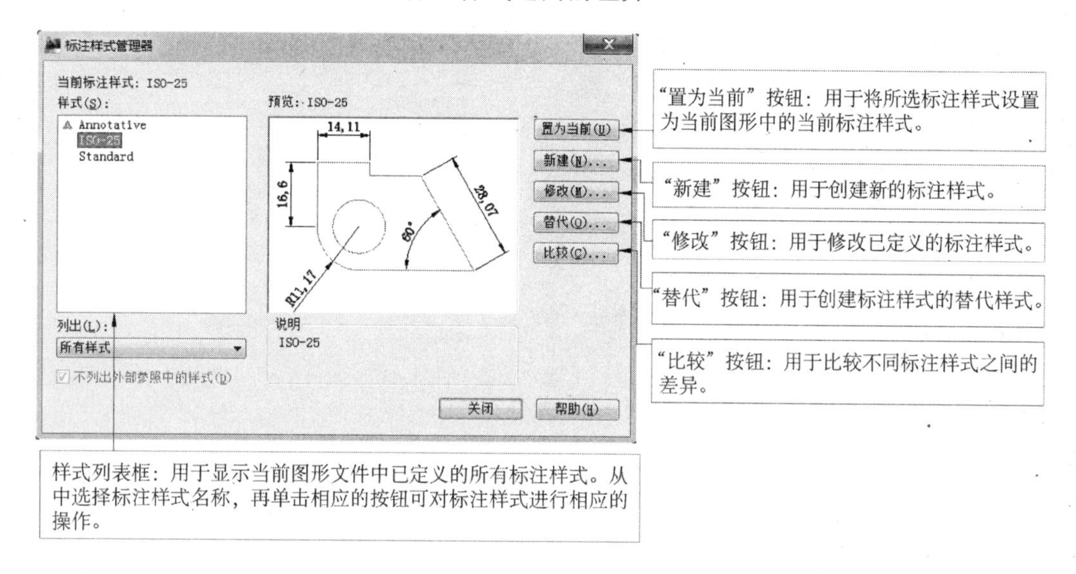

图 1-147 “标注样式管理器”对话框

1.7.2.2 新建标注样式

单击“标准样式管理器”对话框中的“新建”按钮，AutoCAD 将弹出如图 1-148 所示的“创建新标注”对话框。

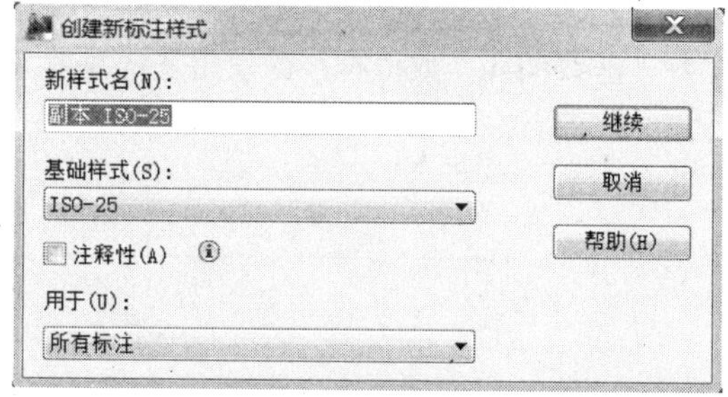

图 1-148 “创建新标注样式”对话框

(1)“新样式名”文本框：用于设置新建标注样式的名称。

(2)“基础样式”下拉列表：用于选择一种已定义的标注样式作为新创建标注样式的基础样式。AutoCAD 在创建新的标注样式时，是通过修改基础样式的某些特征参数得到的。

(3)“用于”下拉列表：用于选择新建标注样式所适用的标注类型。AutoCAD 默认的标注类型为“所有标注”，即全局标注样式。如果选择“所有标注”，那么所建标注样式与基础样式地位上是并列的。如果选择的是其他标注类型，那么所建样式为基础样式的子样式。当为一个全局标注样式建立了某种标注类型的子样式后，AutoCAD 将按照子样式中的设置标注该类尺。

设置完以上 3 个选项后，单击“创建新标注样式”对话框中的“继续”按钮，AutoCAD 弹出如图所示的“新建标注样式”对话框。该对话框包含有 7 个选项卡，在其对应的选项中可对标注样式进行详细的设置。

(4)“线”和“符号与箭头”，选项卡：用于设置尺寸线、尺寸界线，箭头和圆心标记的格式和位置。

(5)“文字”选项卡：用于设置标注文字的外观、位置和对齐方式。

(6)“调整”选项卡：可以设置在特殊情况下，AutoCAD 对文字、尺寸线、尺寸界线等位置的调整，还可以设置全局标注比例。

(7)“主单位”选项卡：用于设置线性标注和角度标注的格式和精度。

(8)“换算单位”选项卡：用于设置换算单位的格式和精度。

（9）“公差”选项卡：用于设置公差的格式、公差值和公差精度。

这7个选项卡中的内容比较多，在建筑制图和室内制图中经常要用到前面的5个选项卡的设置项，最后的“换算单位”、“公差”一般不使用，所以这些项目会沿用系统默认设置。

1. 设置直线和箭头

在“新建标注样式”对话框中，单击“线”标签，打开相应选项卡，如图1-149所示。用户可在该选项卡中设置尺寸线、尺寸界线、尺寸箭头和圆心标记等的格式，如图1-150所示。

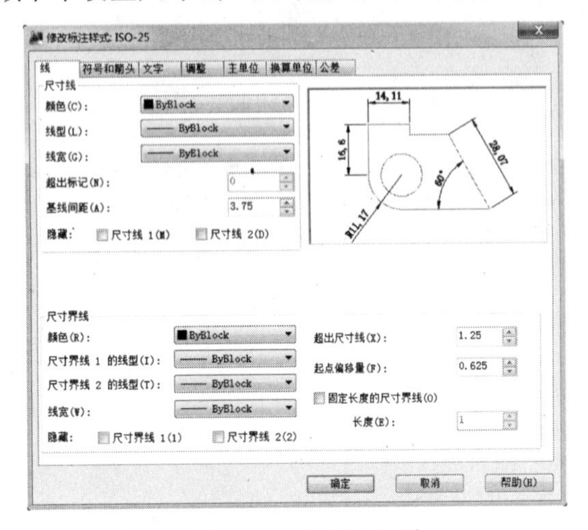

图1-149 “线”标签

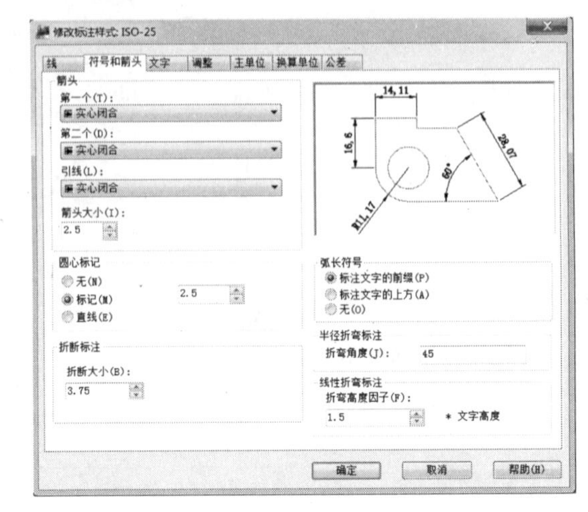

图1-150 “符号与箭头”标签

（1）“尺寸线”选项组。在该选项组中，用户可以设置尺寸线的颜色、线宽、超出标记、基线间距等特征参数，还可以控制是否隐藏尺寸线。

1）“颜色”下拉列表：用于设置尺寸线的颜色。

2）“线宽”下拉列表：用于设置尺寸线的宽度。

3）“超出标记”数值框：用于控制尺寸线超出尺寸界线的长度。

4）“基线间距”数值框：在使用基线型标注时，用于控制相邻两条尺寸线之间的距离。如图1-151所示。

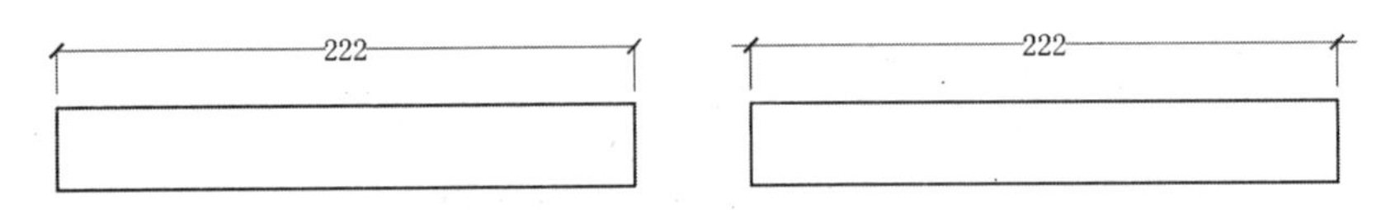

图1-151

5）“隐藏”复选框：用于控制尺寸线两个部分的可见性。

（2）“延伸线”选项组。在该选项组中，用户可以设置尺寸界线的颜色、线宽、超出尺寸线、起点偏移量等特征参数，还可以控制是否隐藏尺寸界线。

1）“颜色”下拉列表框：用于设置尺寸界线的颜色。

2）“线宽”下拉列表框：用于设置尺寸界线的宽度。

3）“超出尺寸线”数值框：用于控制尺寸界线超出尺寸线的长度，如图1-152所示。

4）“起点偏移量”数值框：用于控制尺寸界线与所标注对象的标注定义点之间的距离，如图1-152所示。

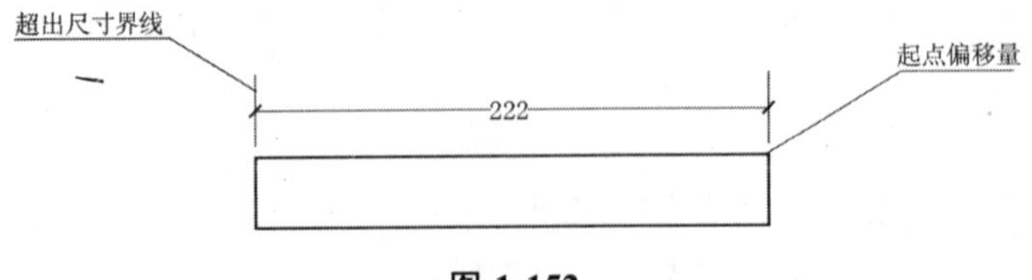

图1-152

5）“隐藏”复选框：用于控制两条尺寸界线的可见性。

（3）“箭头”选项组。在该选项组中，用户可以选择尺寸线和引线标注的箭头形式，还可以设置箭头的大小。

（4）“圆心标记”选项组。该选项用于设置圆心标记的种类和大小。选择类型为“标记”选项时，圆心标记为圆心位置的小十字线，如图 1-153（a）所示；选择类型为“直线”选项时，表示圆心标记的标注线将延伸到圆边，如图 1-153（b）所示。大小数值框中设置的数值表示圆心标记中间的小十字线的大小以及标注线延伸到圆外的长度。

2. 设置文本

在“新建标注样式”对话框中，单击“文字”标签，打开如图 1-154 所示的“文字”选项卡，用户可以设置文字的外观、位置、对齐方式。

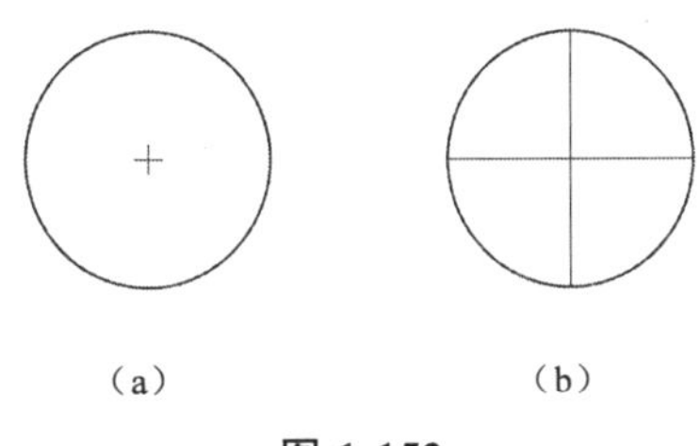

图 1-153

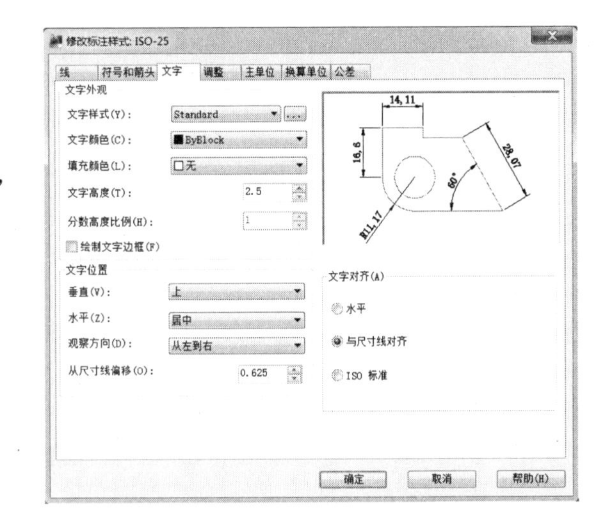

图 1-154 “文字”标签

（1）“文字外观”选项组。在该选项组中，用户可以设置文字的样式、颜色、高度和分数高度比例，还可以控制是否绘制文字边框。

1）“文字样式”下拉列表：用于选择尺寸文字的文字样式。AutoCAD 默认文字样式是 Standard，单击按钮[...]，可以打开“文字样式”对话框，在该对话框中，用户可以创建新的文字样式，也可以对已创建的文字样式进行编辑。

2）“文字颜色”下拉列表框：用于设置文字的颜色。

3）“文字高度”数值框：用于设置文字的高度。

4）分数高度比例数值框：用于设置标注分数和公差的文字高度。AutoCAD 用文字高度乘以该比例得到的值作为分数和公差的文字高度。

5）“绘制文字边框”复选框：用于控制是否给尺寸文字加上边框。在工程制图中，为了区分定型尺寸和基本参考尺寸，通常给基本参考尺寸加上边框以示区别。

（2）“文字位置”选项组。在该选项组中，用户可以设置文字的垂直位置、水平位置以及文字与尺寸线之间的距离。

1）“垂直”下拉列表：用于设置尺寸文字在垂直方向上相对于尺寸线的位置，共有 5 个选项。

“居中”表示将尺寸文字放置在尺寸线中间，如图 1-155（a）所示。

“上”表示当尺寸文字与尺寸线平行时，在尺寸线上方放置尺寸文字，所有设置均基于 X 和 Y 方向，如图 1-155（d）所示。

“外部”表示将尺寸文字放置在被标注对象的外部，不考虑其 X 和 Y 方向，如图 1-155（b）所示。

J，S 表示标注文字的放置符合 J，S 标准（日本工业标准），即总是把文字放置在尺寸线上方，而不考虑文字是否与尺寸线平行，如图 1-155（e）所示。

“下”表示当尺寸文字与尺寸线平行时，在尺寸线下方放置尺寸文字，所有设置均基于 X 和 Y 方向，如图 8-155（c）所示。

2）“水平”下拉列表：用于设置尺寸文字在水平方向相对于尺寸界线的位置。共 5 个选项。

“居中”表示沿尺寸线方向，在尺寸界线的居中位置放置尺寸文字，如图 1-155（a）所示。

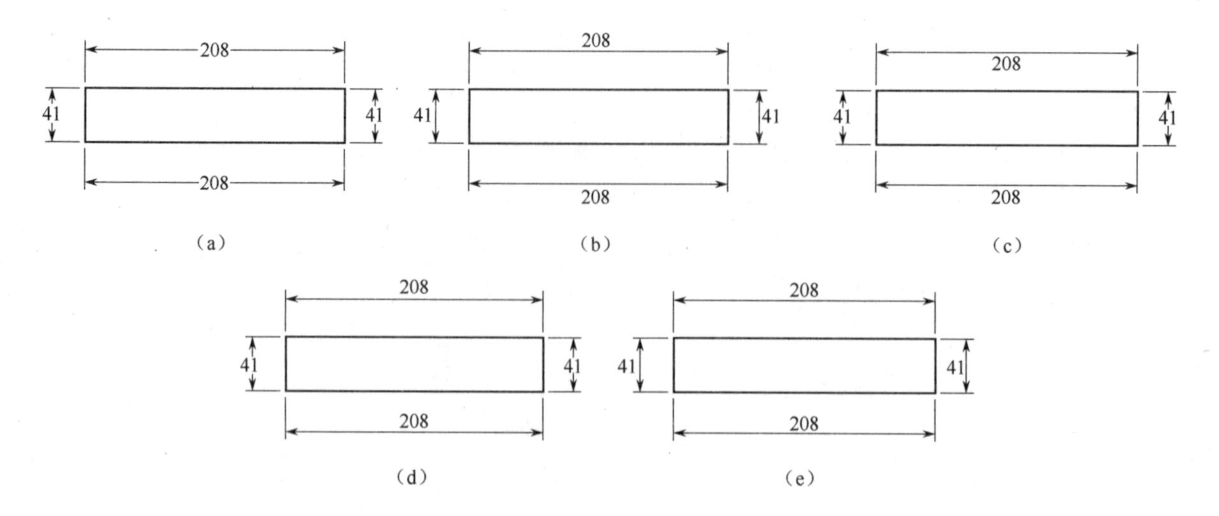

图 1-155　尺寸示意图

“第一条尺寸界线”表示将尺寸文字沿尺寸线放置并且左边和第一条尺寸界线对齐，如图图 1-156（a）所示。

“第二条尺寸界线”表示将尺寸文字沿尺寸线放置并且右边和第二条尺寸界线对齐，如图 1-156（b）所示。

“第一条尺寸界线上方”表示将尺寸文字放在第一条尺寸界线上，或沿第一条尺寸界线放置，如图 1-156（c）所示。

“第二条尺寸界线上方”表示将尺寸文字放在第二条尺寸界线上，或沿第二条尺寸界线放置，如图 1-156（d）所示。

3）“从尺寸线偏移”数值框：用于设置尺寸文字与尺寸线之间的距离。

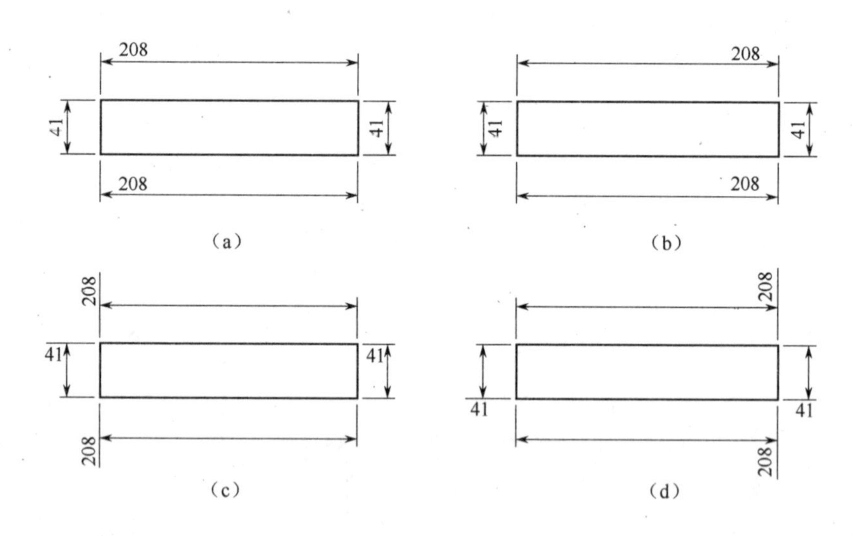

图 1-156　尺寸示意图

（3）“文字对齐”选项组。在该选项组中，用户可以控制尺寸文字是保持水平还是与尺寸线平行。

1）“水平”单击按钮：表示文字沿 X 轴水平放置，不考虑尺寸线的角度，如图 1-157（a）所示。

2）“与尺寸线对齐”单击按钮：表示文字与尺寸线平行放置，如图 1-157（b）所示。

3）“ISO 标准”单击按钮：表示当文字在尺寸线内时，文字与尺寸线对齐；当文字在尺寸线外时，文字水平排列。

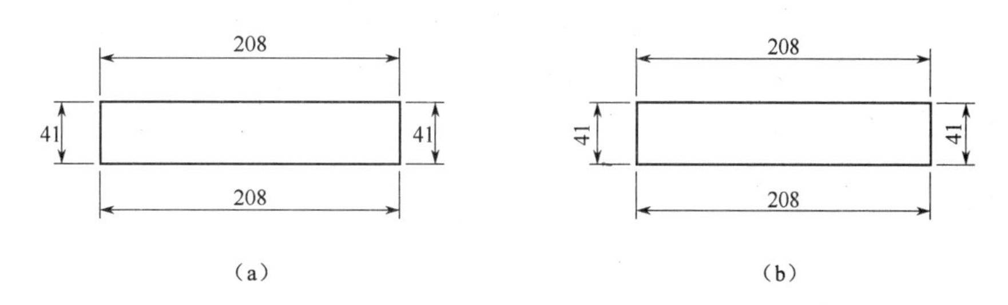

图 1-157　尺寸示意图

3. 设置调整

在“新建标注样式”对话框中，单击“调整”标签，打开如图 1-158 所示的“调整”选项卡。当尺寸界线的间距较小时，用户可以利用该选项卡控制文字、箭头、尺寸线的标注方式；当文字不在默认位置时，用户可以利用该选项卡设置文字的标注位置；另外还可以设置标注的特征比例。

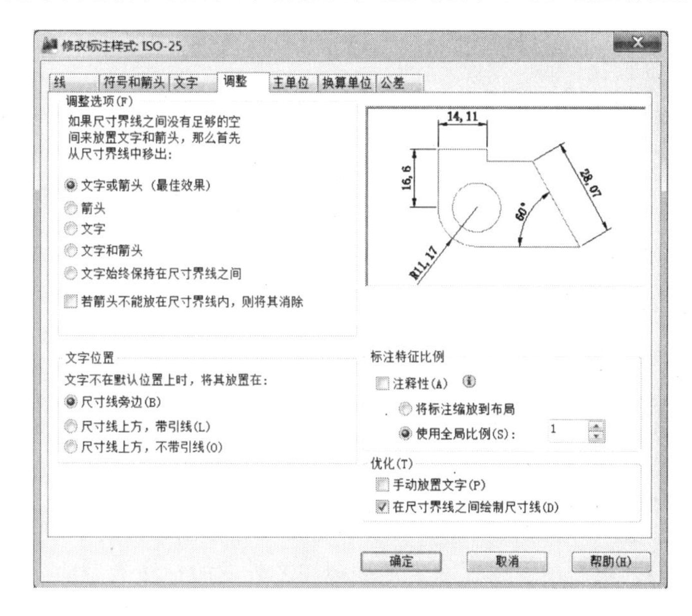

图 1-158　“调整”标签

（1）“调整选项”选项组。当尺寸界线之间没有足够空间同时放置文字和箭头时，用户可以利用该选项组控制将文字或箭头移到尺寸界线之外。AutoCAD 的默认设置是“文字或箭头”，以取最佳效果。

1）“文字或箭头（最佳效果）”单选按钮：AutoCAD 根据具体情况，自动选择是移出文字还是箭头，取最佳放置效果。

2）“箭头”单选按钮：首先将箭头移出到尺寸界线之外。

3）“文字”单选按钮：首先将文字移出到尺寸界线之外。

4）“文字和箭头”单选项：将文字和箭头一并移出到尺寸界线之外。

5）“文字始终保持在尺寸界线之间”单选按钮：总是将文字放置在尺寸界线之间。

6）“若箭头不能放在尺寸界线内，则将其消除”复选框：如果不能将文字和箭头放在尺寸界线内，则隐藏箭头。

（2）“文字位置”选项组。AutoCAD 标注文字的默认位置是位于两条尺寸界线之间。当标注文字无法放置在默认位置时，用户可以利用该选项组设置文字的放置位置。

1）“尺寸线旁边”单选按钮：文字放置在尺寸线旁边。

2）“尺寸线上方，带引线”单选按钮：文字放置在尺寸线上方，加上引线。

3）“尺寸线上方，不带引线”单选按钮：字图放置在尺寸线上方，不加引线。

（3）“标注特征比例”选项组。该选项组用于设置全局标注比例或图纸空间比例。

1）“使用全局比例”单选按钮：用于设置尺寸元素的比例因子，使之与当前图形的比例因子相符。例如，按图形 1∶2 输出图形，这时输出图形中的文字和箭头大小将缩小为设定值的 1/2，如果要保持其大小不变，则需要设置全局比例值为 2。

2）“将标注到布局”单选按钮：选择该按钮后，AutoCAD 根据当前模型空间和图纸空间之间的比例自动设置比例因子。当用户工作在图纸空间时，该比例因子为 1。

4. 设置主单位

在“新建标注样式”对话框中，单击“主单位”标签，打开如图 1-159 所示的“主单位”选项卡。在该选项卡中，可以设置尺寸文字的单位格式、精度、分数格式、小数分隔符等，还可以添加前缀和后缀。

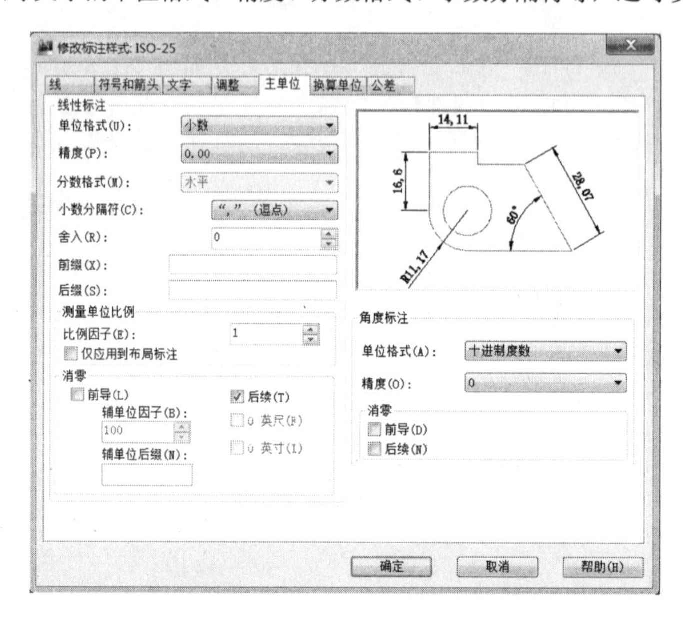

图 1-159 “主单位”标签

（1）“线性标注”选项组。该选项组用于设置除了角度尺寸标注之外的所有标注类型的格式和精度。

1）“单位格式”下拉列表：用于设置除了角度标注之外的所标注类型的单位格式。用户可从“科学”、“小数”、“工程”、“建筑”、“分数”、“Windows 桌面”这 6 个选项中选择所需要的单位格式。

2）“精度”下拉列表框：用于设置标注文字中保留的小数位数。

3）“分数格式”下拉列表框：用于设置分数的格式。只有当单位格式设置为“分数”时，该选项才可用。有“水平”、“对角”和“非堆叠”3 个选项，如图 1-159 所示。

4）“小数分隔符”下拉列表框：用于设置整数和小数之间的分隔符，有“句点”、“逗点”和“空格”3 个选项。只有当单位格式设置为“小数”时，该选项才可用。

5）“舍入”数值框：用于设置尺寸文字的舍入值。例如，输入 0.05 作为舍入值，AutoCAD 将小数部分的第二位向最接近的那个 0.05 的倍数进行舍入，0.01 和 0.02 舍为 0，0.03 到 0.07 舍为 0.05，0.08 和 0.09 入为 0.1。

6）“前缀”和“后缀”文本框：用于设置放置在尺寸文字前后的文本。此处设置的前缀将取代系统用特殊字符控制符生成的前缀，如直径和半径符号等。

（2）“测量单位比例”选项组。该选项组用于设置比例因子，并控制该比例因子是否仅用于布局标注。

1）“比例因子”数值框：设置除了角度之外的所有标注的比例因子。系统按该比例因子放大标注测量值。

2）“仅应用到布局标注”复选框：控制设置的比例因子仅对在布局里创建的标注起作用。

（3）“消零”选项组该选项组。用于控制前导和后续零以及英尺和英寸里的零是否输入。

1）“前导”复选框：勾选该复选框后，系统不输出十进制尺寸的前导零。例如 0.90 输出为.90。

2）“后续”复选框：勾选该复选框后，系统不输出十进制尺寸的后续零。例如 0.90 输出为 0.9。

3）“0 英尺”和”0 英寸”复选框：勾选后，当标注测量值小于 1 英尺或 1 英寸时，将不输出英尺和英寸型标注尺寸中的英尺或英寸部分。

（4）“角度标注”选项组。该选项组用于设置角度标注的单位格式和精度，并控制前导和后续零。角度标注的单位格式有：十进制度数、度/分/秒、百分度、弧度。AutoCAD 默认的单位格式是十进制度数。

1.7.3 线性标注

线性标注命令用来标注线性尺寸，包括水平方向的尺寸和垂直方向的尺寸。如图 1-160（a）所示。

【执行方式】

➢ 命令行：DIMLINEAR（或 DIMLIN）↙

➢ 菜单：“标注” → “线性”

➢ 工具栏：

➢ 功能区：

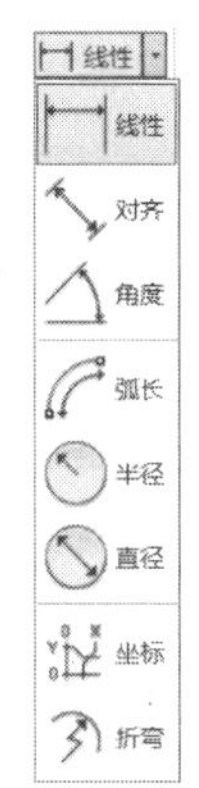

【操作格式】

命令：DIMLINEAR↙

指定第一条尺寸界线原点或<选择对象>:（直接按 Enter 键选择要标注的对象或再绘图区相应的位置单击左键，确定尺寸界线的起始点）

指定第二条尺寸界线原点：（确定尺寸界线的另一点）

指定尺寸线位置或[多行文字（M）/文字（T）/角度（A）/水平（H）/垂直（V）/旋转（R）]:（确定尺寸线的位置。“多行文字”表示可在多行文本编辑器中输入尺寸文本；“文字”表示在命令行中输入尺寸文本；“角度”表示改变尺寸文本的角度；“水平”表示标注水平型尺寸；“垂直”表示标注垂直型尺寸；“旋转”表示标注指定角度的线性尺寸）

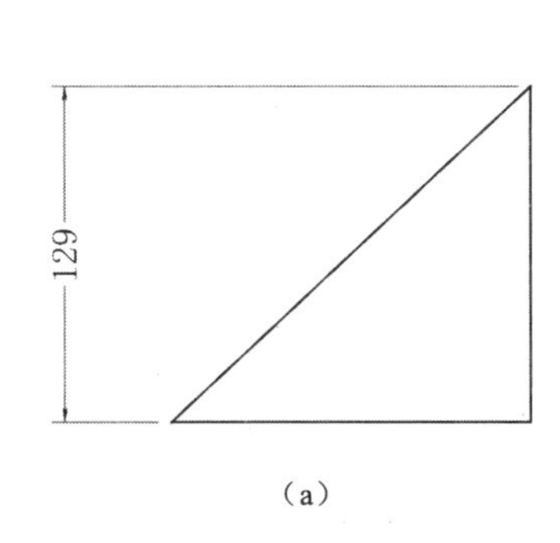

（a）

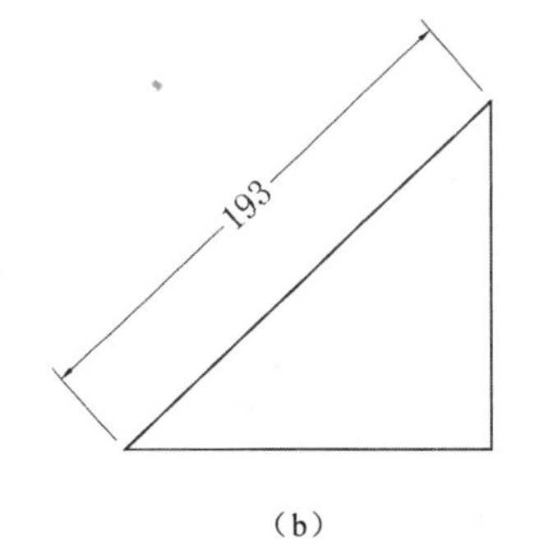

（b）

图 1-160 尺寸标注

1.7.4 对齐标注

对齐标注命令用来进行平行型尺寸的标注，它可以生成一条平行于被标注边的尺寸线。

【执行方式】

➢ 命令行：DIMALIGNED↙

➢ 菜单：“标注” → “对齐”

➢ 工具栏：

➢ 功能区：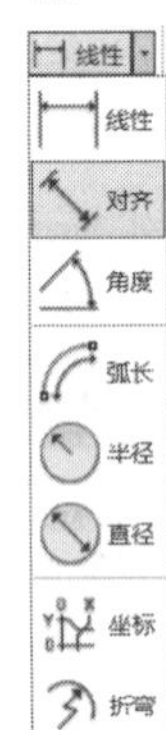

【操作格式】

命令：DIMALIGNED↙

指定第一条尺寸界线原点或<选择对象>:（直接按 Enter 键选择要标注的对象或再绘图区相应的位置单击左键，确定尺寸界线的起始点）

指定尺寸线位置或[多行文字（M）/文字（T）/角度（A）]:（确定尺寸线的位置）

结果如图 1-160（b）所示。

1.7.5 角度标注

角度标注命令可用来标注圆弧或部分圆周之间的夹角、两条非平行线之间或不共线的三点之间的夹角。如图 1-161 所示。

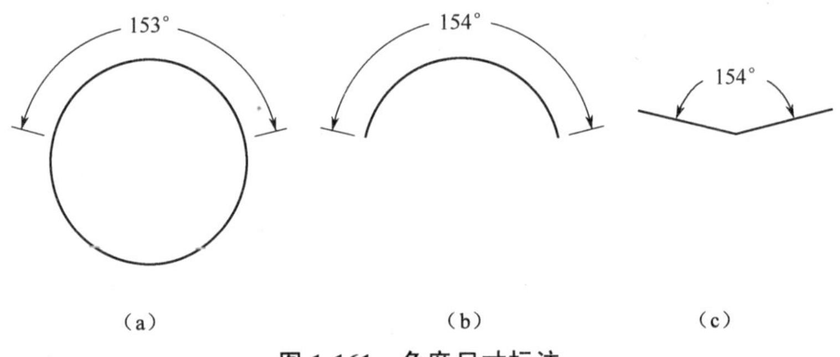

图 1-161 角度尺寸标注

【执行方式】

➢ 命令行：DIMANGULAR↙

➢ 菜单：“标注” → “角度”

➢ 工具栏：

➢ 功能区：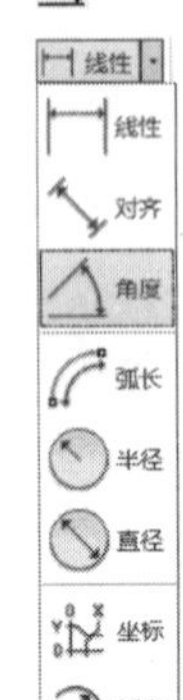

【操作格式】

命令：DIMANGULAR↙

选择圆弧、圆、直线或<指定顶点>:（选择要标注角度的图形）

1.7.6 直径标注

【执行方式】

➢ 命令行：DIMDIAMETER↙

➢ 菜单："标注" → "直径"

➢ 工具栏：⊘

➢ 功能区：

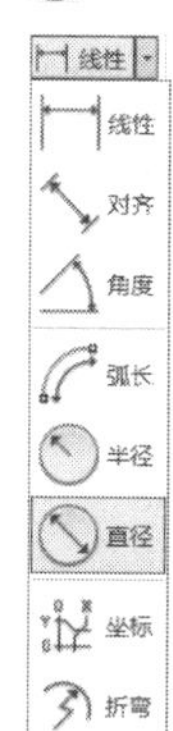

【操作格式】

命令：DIMDIAMETER↙

选择圆弧或圆：（选择要标注直径的圆弧或圆）

指定尺寸线位置或[多行文字（M）/文字（T）/角度（A）]:（确定尺寸线的位置）

1.7.7 半径标注

【执行方式】

➢ 命令行：DIMRADIUS↙

➢ 菜单："标注" → "半径"

➢ 工具栏：◷

➢ 功能区：

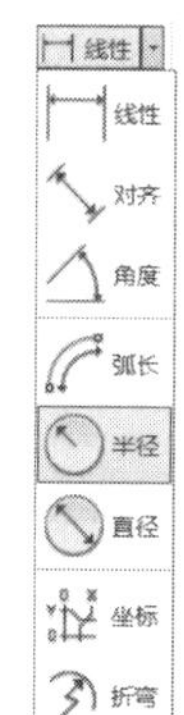

【操作格式】

命令：DIMRADIUS↙

选择圆弧或圆：（选择要标注半径的圆弧或圆）

指定尺寸线位置或[多行文字（M）/文字（T）/角度（A）]:（确定尺寸线的位置）

1.7.8 连续标注

连续标注用于产生一系列连续的尺寸标注，后一个尺寸标注均把前一个标注的第二条尺寸界线作为它的第一条尺寸界线，如图 1-162 所示。适用于长度尺寸标注、角度标注和坐标标注等。在使用连续标注方式之前，应先标注出一个相关的尺寸。

【执行方式】

➢ 命令行：DIMCONTINUE↙

➢ 菜单："标注" → "连续"

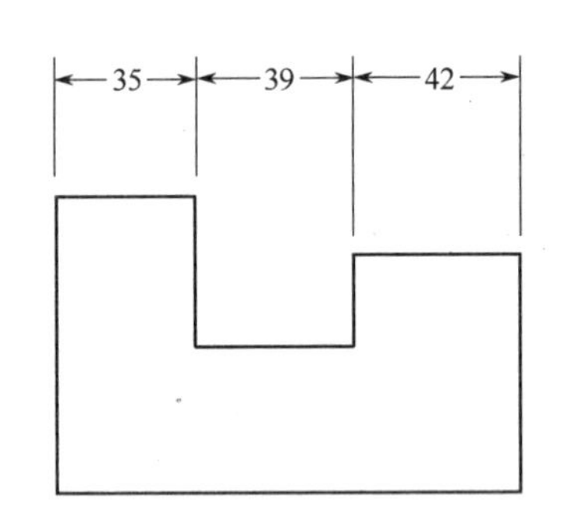

图 1-162 连续标注

➢ 工具栏：

【操作格式】

命令：DIMCONTINUE↙

指定第二条尺寸界线原点或[放弃（U）/选择（S）]<选择>:

1.7.9 引线标注

【执行方式】

➢ 命令行：LEADER↙

➢ 功能区：

【操作格式】

命令：LEADER↙

指定引线起点：（指定引线的起始点）

指定下一点：（指定引线的另一点）

指定下一点或[注释（A）/格式（F）/放弃（U）]<注释>:（指定下一点，系统根据前面的点画出折线作为引线。可以直接按 Enter 键使用默认的“注释”选项，按照命令行提示输入一行或两行文本，即可创建引线；“格式”表示选择引线的形式，可按照命令行提示选择样条曲线、直线、箭头或无等选项）

1.8 图块与外部参照

在设计绘图过程中，经常会遇到一些重复出现的图形（如桌椅、门窗等），如果每次都重新绘制这些图形，不仅造成大量的重复工作，而且存储这些图形及其信息还要占据相当大的磁盘空间。为此，AutoCAD 提出了图块的概念，把一组图形对象组合成图块加以保存，需要的时候可以把图块作为一个整体以任意比例和旋转角度插入到图中的任意位置。

1.8.1 图块操作

图块也叫块，它是由一组图形对象组成的集合，一组对象一旦被定义为图块，它们将被“捆”在一起而形成一个整体，AutoCAD 将把一个图块作为一个对象进行编辑修改等操作。用户可根据绘图需要把图块插入到图中任意指定的位置，而且在插入时还可以指定不同的缩放比例和旋转角度。若需要对组成图块的单个图形对象进行修改，可以用“分解”命令把图块分解成若干个对象。

1.8.1.1 定义图块

【执行方式】

➢ 命令行：BLOCK↙

➢ 菜单：“绘图”→“块”→“创建”

➢ 功能区：

【操作格式】

命令：BLOCK↙

执行上述命令后，系统弹出“块定义”对话框，如图 1-163 所示。利用该对话框可以定义图块并为其命名。

1.8.1.2 图块的保存

用 BLOCK 命令定义的图块只能在其所属的图形中插入，而不能插入到其他的图中，但是有些图块在许多图中要经常使用，这时可以用 WBLOCK 命令把图块以文件的形式（后缀名为.dwg）保存，这种图形文件可以在任意图形中用 INSERT 命令插入。

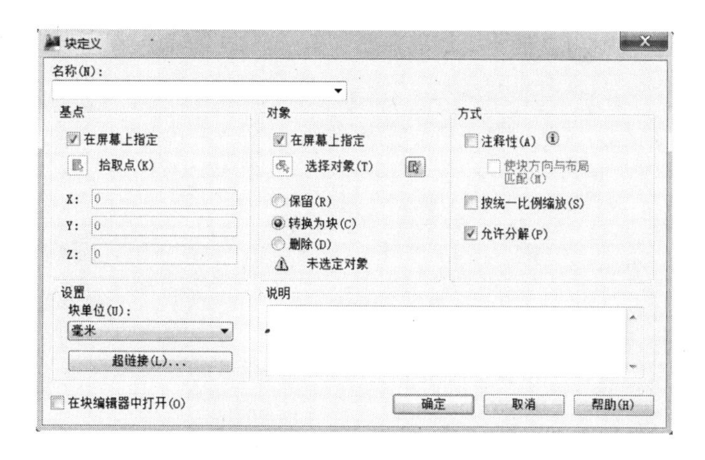

图 1-163 “块定义”对话框

【执行方式】

➢ 命令行：WBLOCK↙

【操作格式】

命令：WBLOCK↙

执行上述命令后，系统弹出“写块”对话框，如图 1-164 所示。利用此对话框可以把图形对象保存为图形文件或把图块转换成图形文件。

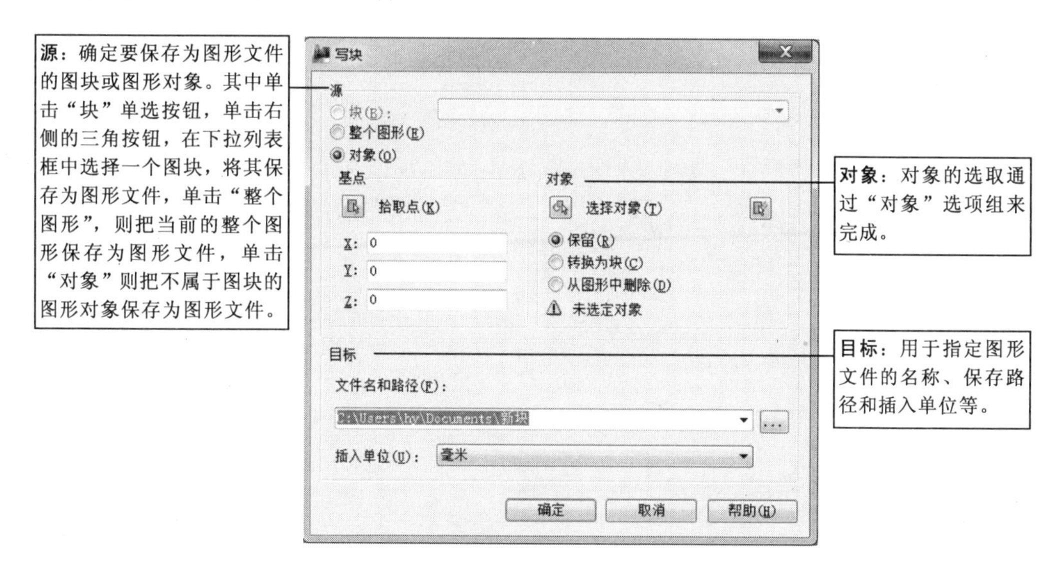

图 1-164 “写块”对话框

1.8.1.3 图块的插入

用户可根据需要随时把已经定义好的图块或图形文件插入到当前图形的任意位置，在插入的同时还可以改变图块的大小、旋转一定角度或把图块炸开等。

【执行方式】

➢ 命令行：INSERT↙

➢ 菜单：“插入” → “块”

➢ 功能区：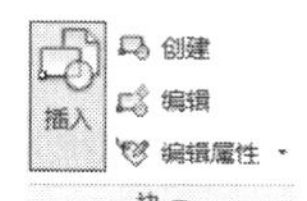

【操作格式】

命令：INSERT↙

执行上述命令后，系统弹出“插入”对话框，如图 1-165 所示。利用此对话框可以指定要插入的图块及插入位置等。

比例：确定插入图块的缩放比例。“1”表示不缩放，图块按 1∶1 比例插入。比例还系数可以是负数。当为负数时表示插入图块的镜像。
浏览：单击浏览按钮，可指定图块的插入路径。
插入点：指定插入点，插入图块时该点与图块的基点重合。
旋转：指定插入图块的旋转角度。
分解：选中此复选框，则在插入块的同时将其炸开。
插入
名称(N)：
浏览(B)...
路径：
使用地理数据进行定位(G)
插入点
在屏幕上指定(S)
比例
在屏幕上指定(E)
旋转
在屏幕上指定(C)
角度(A)：0
块单位
单位：无单位
比例：1
统一比例(U)
分解(D)
确定
取消
帮助(H)

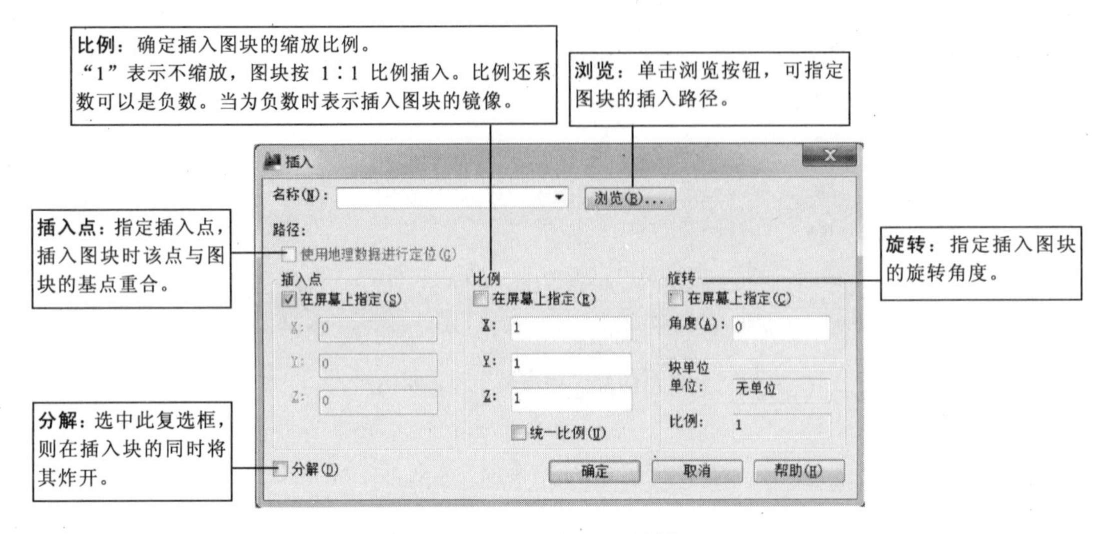

图 1-165 “插入”对话框

1.8.2 定义图块的属性

图块除了包含图形对象以外，还可以具有非图形信息，例如把一个椅子的图形定义为图块后，还可把椅子的号码、材料、重量、价格以及说明等文本信息一并加入到图块当中。图块的这些非图形信息，叫做图块的属性，他是图块的一个组成部分，与图形对象一起构成一个整体，在插入图块时，AutoCAD 把图形对象连同属性一起插入到图形中。

【执行方式】

➢ 命令行：ATTDEF↙

➢ 菜单：“绘图” → “块” → “定义属性”

【操作格式】

命令：ATTDEF↙

打开“属性定义”对话框，如图 1-166 所示。

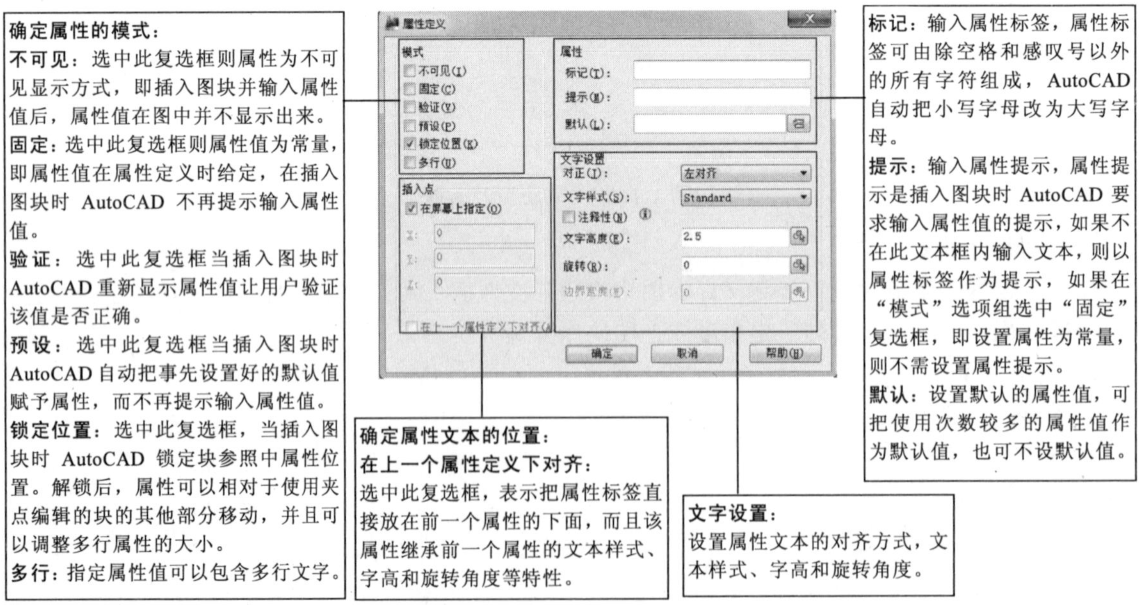

确定属性的模式：
不可见：选中此复选框则属性为不可见显示方式，即插入图块并输入属性值后，属性值在图中并不显示出来。
固定：选中此复选框则属性值为常量，即属性值在属性定义时给定，在插入图块时 AutoCAD 不再提示输入属性值。
验证：选中此复选框当插入图块时 AutoCAD 重新显示属性值让用户验证该值是否正确。
预设：选中此复选框当插入图块时 AutoCAD 自动把事先设置好的默认值赋予属性，而不再提示输入属性值。
锁定位置：选中此复选框，当插入图块时 AutoCAD 锁定块参照中属性位置。解锁后，属性可以相对于使用夹点编辑的块的其他部分移动，并且可以调整多行属性的大小。
多行：指定属性值可以包含多行文字。
确定属性文本的位置：
在上一个属性定义下对齐：
选中此复选框，表示把属性标签直接放在前一个属性的下面，而且该属性继承前一个属性的文本样式、字高和旋转角度等特性。
文字设置：
设置属性文本的对齐方式，文本样式、字高和旋转角度。
标记：输入属性标签，属性标签可由除空格和感叹号以外的所有字符组成，AutoCAD 自动把小写字母改为大写字母。
提示：输入属性提示，属性提示是插入图块时 AutoCAD 要求输入属性值的提示，如果不在此文本框内输入文本，则以属性标签作为提示，如果在“模式”选项组选中“固定”复选框，即设置属性为常量，则不需设置属性提示。
默认：设置默认的属性值，可把使用次数较多的属性值作为默认值，也可不设默认值。

图 1-166 “属性定义”对话框

1.8.3 外部参照

外部参照（Xref）是把已有的其他图形文件链接到当前图形文件中。外部参照的特点决定了它具有以下优点：

（1）由于外部参照只记录链接信息，所以图形文件相对于插入块来说比较小，尤其是参照图形本身很大时这一优势就更加明显。

（2）参照图形一旦被修改，当前图形会自动进行更新。

（3）适于多个设计者的协同工作。

使用外部参照的缺点是，一旦参照图形的位置发生变化，宿主图形将出现错误。

【执行方式】

➢ 命令行：XATTACH↙（或 XA）

➢ 菜单："插入"→"DWG 参照"

【操作格式】

命令：XATTACH↙

系统打开如图 1-167 所示的"选择参照文件"对话框。在该对话框中，选择要附着的图形文件。

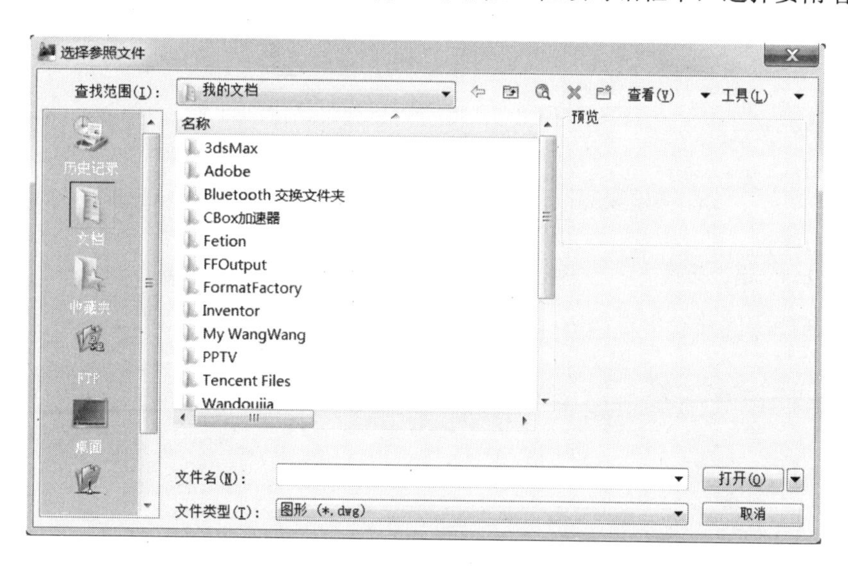

图 1-167 "选择参照文件"对话框

单击"打开"按钮，则打开"外部参照"对话框，如图 1-168 所示。

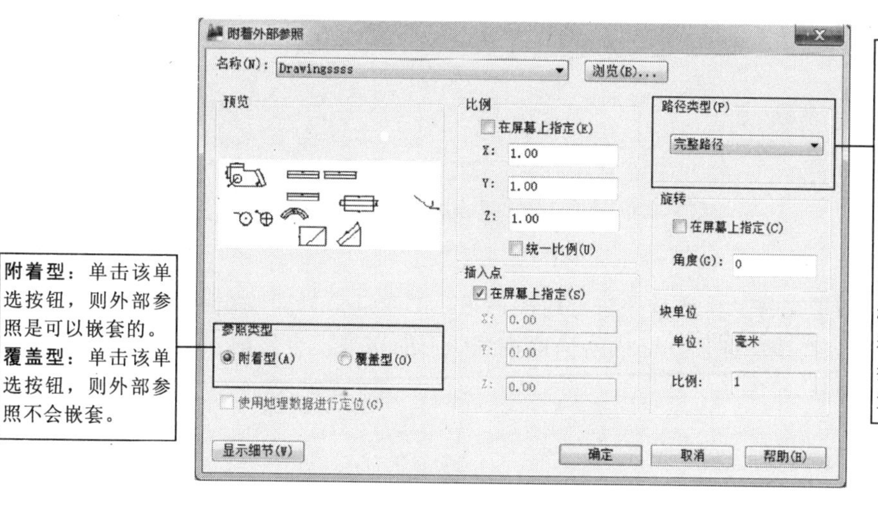

指定外部参照的路径类型：
无路径：在不使用路径附着外部参照时，AutoCAD 首先在宿主图形的文件夹中查找外部参照。
完整路径：当使用完整路径附着外部参照时，外部参照的精确位置将保存到宿主图形中。
相对路径：使用相对路径附着外部参照时，将保存外部参照相对于宿主图形的位置。

图 1-168 "外部参照"对话框

1.9 图 形 输 出

1.9.1 输出其他格式的文件

AutoCAD 以 DWG 格式保存图形文件，但这种格式不能适用于其他应用程序。要在其他程序中使用 AutoCAD 图形，必须将其转换为特定的格式。AutoCAD 可以输出多种格式的文件，供用户在不同软件之间交换数据。

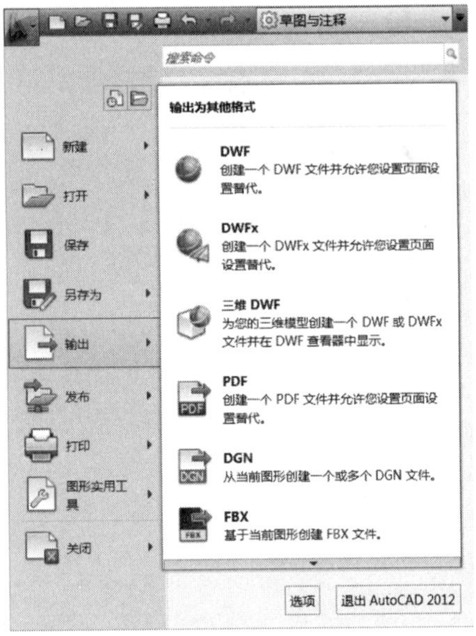

图 1-169 输出数据

可以输出 DXF、EPS、ACIS、WMF、BMP、STL、DXX 等格式的文件。

【执行方式】

➢ 菜单浏览器："输出"，如图 1-169 所示。

1.9.2 输入其他格式的文件

AutoCAD 不仅能够输出其他格式的图形文件，也可以使用其他软件生成的图形文件。

【执行方式】

➢ 命令行：IMPORT↙

➢ 菜单："文件" → "输入"

【操作格式】

命令：IMPORT↙

执行上述命令后，系统弹出"输入文件"对话框，如图 1-170 所示。在相应的路径中选择需要插入的图形文件。

图 1-170 "输入文件"对话框

1.9.3 打印

用 AutoCAD 建立了图形文件后，通常要进行绘图的最后一个环节，即输出图形。在这个过程中，要想在一张图纸上得到一幅完整的图形，必须恰当地规划图形的布局，合理地安排图纸规格和尺寸，正确地选择打印设备及各种打印参数。

【执行方式】

➢ 命令行：PLOT↙

➢ 菜单："文件" → "打印"

➢ 工具栏：

➢ 快捷键：Ctrl + P

【操作格式】

命令：PLOT↙

执行上述命令后，系统弹出“打印—模型”对话框，按下右下角的⊙按钮，将对话框展开，如图1-171 所示。在该对话框中可设置打印设备的参数和图纸尺寸、打印份数等。

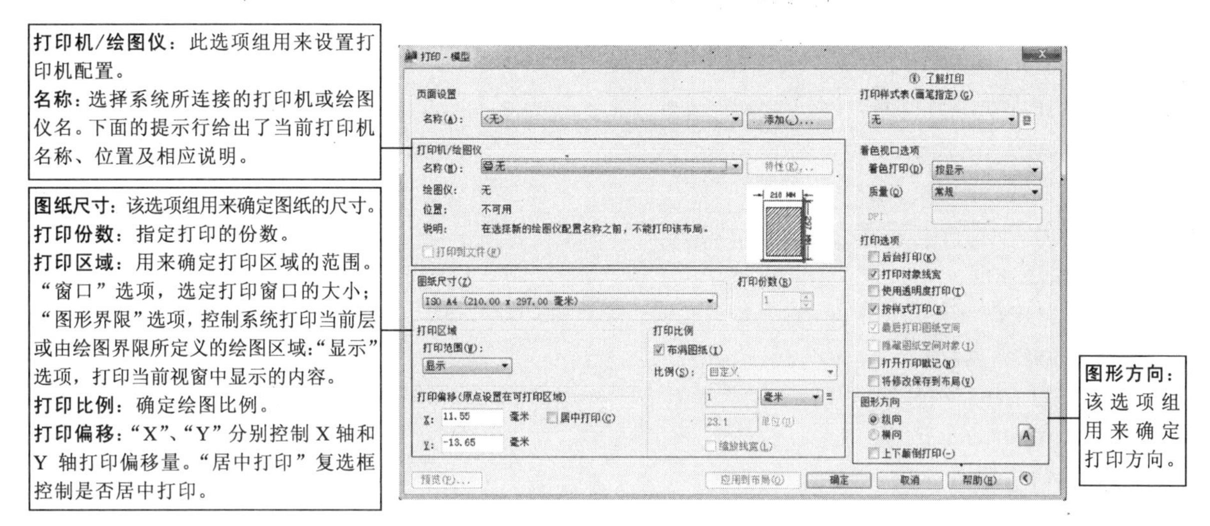

图 1-171 “打印—模型”对话框

1.10 AutoCAD 常用快捷命令

1.10.1 字母类

1.10.1.1 对象特性

ADC，*ADCENTER（设计中心“Ctrl＋2”）

CH，MO *PROPERTIES（修改特性“Ctrl＋1”）

MA，*MATCHPROP（属性匹配）

ST，*STYLE（文字样式） BR<p>

COL，*COLOR（设置颜色）

LA，*LAYER（图层操作）

LT，*LINETYPE（线形）

LTS，*LTSCALE（线形比例）

LW，*LWEIGHT （线宽）

UN，*UNITS（图形单位）

ATT，*ATTDEF（属性定义）

ATE，*ATTEDIT（编辑属性）

BO，*BOUNDARY（边界创建，包括创建闭合多段线和面域）

AL，*ALIGN（对齐）

EXIT，*QUIT（退出）

EXP，*EXPORT（输出其他格式文件）

IMP，*IMPORT（输入文件）

OP, PR *OPTIONS（自定义 CAD 设置）

PRINT，*PLOT（打印）

PU，*PURGE（清除垃圾）

R，*REDRAW（重新生成）

REN，*RENAME（重命名）

SN，*SNAP（捕捉栅格）

DS，*DSETTINGS（设置极轴追踪）

OS，*OSNAP（设置捕捉模式）

PRE，*PREVIEW（打印预览）

TO，*TOOLBAR（工具栏）

V，*VIEW（命名视图）

AA，*AREA（面积）

DI，*DIST（距离）

LI，*LIST（显示图形数据信息）

1.10.1.2 绘图命令

PO，*POINT（点）

L，*LINE（直线）

XL，*XLINE（射线）

PL，*PLINE（多段线）

ML，*MLINE（多线）

SPL，*SPLINE（样条曲线）

POL，*POLYGON（正多边形）

REC，*RECTANGLE（矩形）

C，*CIRCLE（圆）

A，*ARC（圆弧）

DO，*DONUT（圆环）

EL，*ELLIPSE（椭圆）

REG，*REGION（面域）

MT，*MTEXT（多行文本）

T，*MTEXT（多行文本）

B，*BLOCK（块定义）

I，*INSERT（插入块）

W，*WBLOCK（定义块文件）

DIV，*DIVIDE（等分）

H，*BHATCH（填充）

1.10.1.3 修改命令

CO，*COPY（复制）

MI，*MIRROR（镜像）

AR，*ARRAY（阵列）

O，*OFFSET（偏移）

RO，*ROTATE（旋转）

M，*MOVE（移动）

E，DEL 键 *ERASE（删除）

X，*EXPLODE（分解）

TR，*TRIM（修剪）

EX，*EXTEND（延伸）

S，*STRETCH（拉伸）

LEN，*LENGTHEN（直线拉长）

SC，*SCALE（比例缩放）

BR，*BREAK（打断）

CHA，*CHAMFER（倒角）

F，*FILLET（倒圆角） BR〈p〉

AutoCAD 2000 快捷命令的使用

PE，*PEDIT（多段线编辑）

ED，*DDEDIT（修改文本）

1.10.1.4 视窗缩放

P，*PAN（平移）

Z＋空格＋空格，*实时缩放

Z，*局部放大

Z＋P，*返回上一视图

Z＋E，*显示全图

1.10.1.5 尺寸标注

DLI，*DIMLINEAR（直线标注）

DAL，*DIMALIGNED（对齐标注）

DRA，*DIMRADIUS（半径标注）

DDI，*DIMDIAMETER（直径标注）

DAN，*DIMANGULAR（角度标注）

DCE，*DIMCENTER（中心标注）

DOR，*DIMORDINATE（点标注）

TOL，*TOLERANCE（标注形位公差）

LE，*QLEADER（快速引出标注）

DBA，*DIMBASELINE（基线标注）

DCO，*DIMCONTINUE（连续标注）

D，*DIMSTYLE（标注样式）

DED，*DIMEDIT（编辑标注）

DOV，*DIMOVERRIDE（替换标注系统变量）

1.10.2 常用 CTRL 快捷键

【CTRL】＋1 *PROPERTIES（修改特性）

【CTRL】＋2 *ADCENTER（设计中心）

【CTRL】＋O *OPEN（打开文件）

【CTRL】＋N、M *NEW（新建文件）

【CTRL】＋P *PRINT（打印文件）

【CTRL】＋S *SAVE（保存文件）

【CTRL】＋Z *UNDO（放弃）

【CTRL】＋X *CUTCLIP（剪切）

【CTRL】＋C *COPYCLIP（复制）

【CTRL】＋V *PASTECLIP（粘贴）

【CTRL】＋B *SNAP（栅格捕捉）

【CTRL】＋F *OSNAP（对象捕捉）

【CTRL】＋G *GRID（栅格）

【CTRL】＋L *ORTHO（正交）

【CTRL】＋W ＊（对象追踪）

【CTRL】＋U ＊（极轴）

1.10.3 常用功能键

【F1】 *HELP（帮助）

【F2】 ＊（文本窗口）

【F3】 *OSNAP（对象捕捉）

【F7】 *GRIP（栅格）

【F8】 *ORTHO（正交）

第2章

制　图　基　础

三视图、剖面图是绘制工程图样的基础，它们是怎样形成的，怎样绘制的，有哪些特性？本章从投影原理出发，来阐述这些问题，为今后深入学习室内设计制图奠定必要的基础。

2.1　投　　影

2.1.1　投影的概念

在自然界中，我们经常看到空间形体在太阳光的照射下，在地面、墙面或其他形体表面投落一个黑色的影子。如图 2-1（a）所示，一个形体在光线的照射下在平面上产生影子，这个影子只能反映出形体的轮廓，而不能表达形体的真实形状。假设光线能透过形体，将形体各个顶点和各条棱线都在投影面上投落出影子，这个点和线的影子将组成一个能反映物体形状的图形，如图 2-1（b）所示，这个图形通常称为形体的投影。这种光线通过形体，向承影面投射，并在该投影面上获得图形的方法，称为投影法。

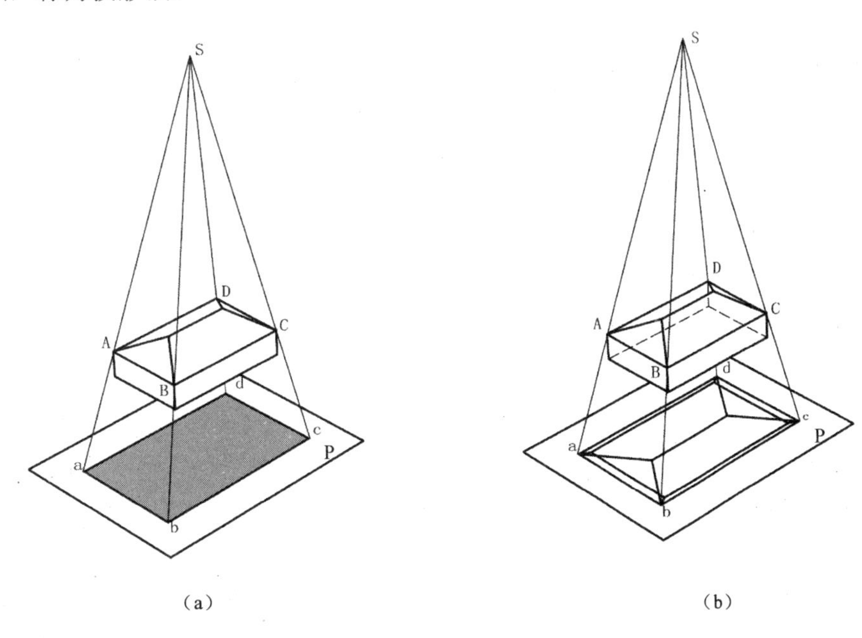

图 2-1

在图 2-1（b）中，点 S 成为投影中心，SAa、SBb、…称为投影线，承影面 P 称为投影面。规定空间几何元素用大写字母表示，投影用相应的小写字母表示。

2.1.2　投影的分类

投影法可分为中心投影法和平行投影法两大类。

2.1.2.1　中心投影法

投射线汇交于一点，称为中心投影法，如图 2-2（a）所示，中心投影法一般用于绘制建筑透视图。

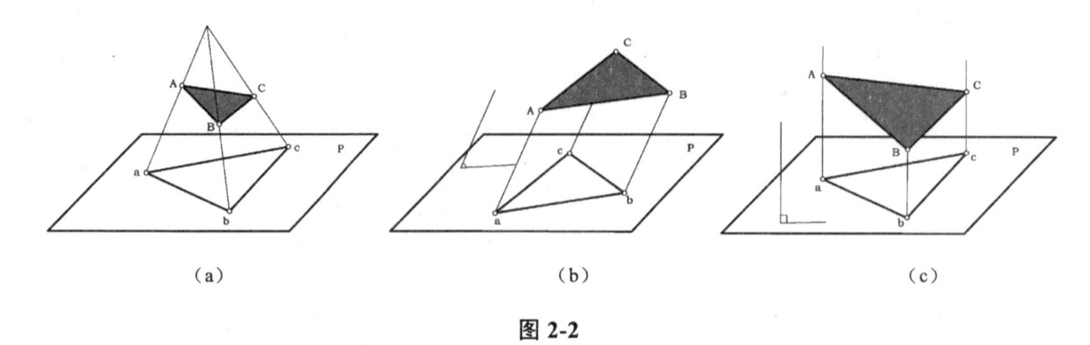

图 2-2

2.1.2.2　平行投影法

投射线相互平行，称为平行投影法，如图 2-2（b）、（c）所示。根据投射线与投影面的相对位置，平行投影法又可分为直角投影与斜投影。

（1）直角投影：当投射线垂直于投影面时，所得的平行投影称为直角投影，简称正投影，如图 2-2（c）所示。

（2）斜投影：当投射线倾斜于投影面时，所得的平行投影称为斜投影，如图 2-2（b）所示。

由于正投影能真实地表达空间形体的形状和大小，作图方便，因此，在工程图样的绘制中得到广泛的应用。正投影图简称正投影或正视图。

2.1.3　正投影的特性

（1）平行于投影面的直线，正投影为直线，与原直线平行等长。如图 2-3（a）所示，直线 AB 平行于投影面 P，过 A 点作平面 P 的垂线，交点为 a，过 B 点作平面 P 的垂线，交点为 b，连接 Aa、Bb、ab，即 ab 为直线 AB 的正投影，因为 ABba 为矩形，所以 ab 和 AB 平行等长。

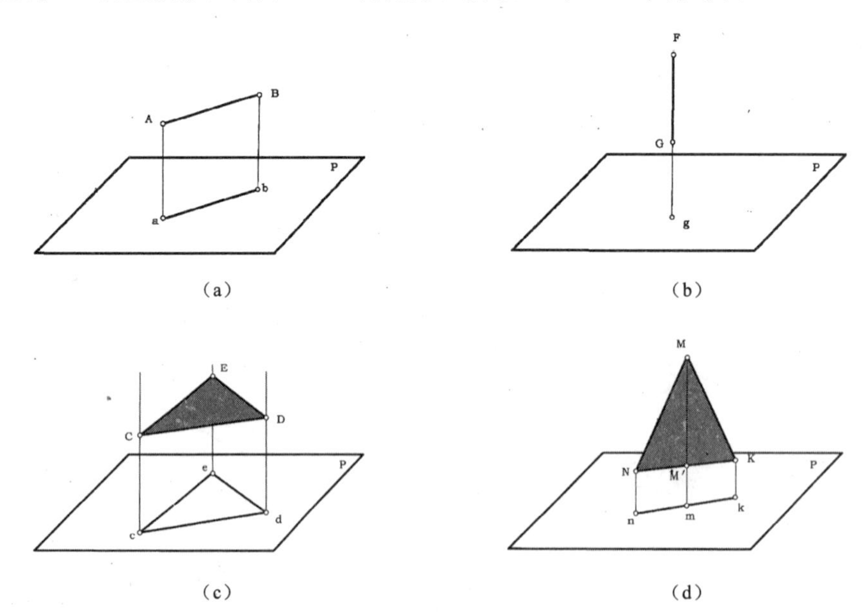

图 2-3

（2）垂直于投影面的直线，正投影是一点。如图 2-3（b）所示，直线 FG 垂直于投影面 P。F、G 两点在 P 的正投影是自 F、G 分别作垂直于 P 的直线，它们必和 FG 重合为一线，与 P 相交于一点，即 g 点，该点是直线在投影面上的正投影。

（3）平行于投影面的平面，正投影和原平面全同。如图 2-3（c）所示，平面 CDE 平行于投影面 P，自 C、D、E 分别作垂直于 P 的直线，和 P 各相交于 c、d、e，连接 c、d、e，所得图形为 CDE 在 P 面的正投影，因为 CD 和 cd、DE 和 de、EC 和 ec 平行且等长，故 △CDE 和△cde 全同。

（4）垂直于投影面的平面，正投影为一直线如图 2-3（d）所示，平面 MNK 垂直于投影面 P，自 M、N、K 分别作垂直于 P 的直线与 P 各相交于 m、n、k，因△MNK 垂直于 P，Mm 和 NK 必相交于一点 M'，NM'K 是一直线，其投影 nmk 也是直线，Nn、Kk 和平面 MNK 在同一平面内，即 nmk 是和△MNK 在同一平面内的直线。

2.1.4 正投影的基本性质

（1）全等性（或可度量性）。当线段或平面图与投影面平行时，在该投影面上的投影反映实长或实形，这种性质称为全等性或可度量性，线段的长短和平面图形的形状与大小，都可直接从其投影上确定和度量。

（2）积聚性。当线段或平面图形与投影面垂直时，在该投影面的投影积聚成一点或一直线，这种性质称为积聚性。

（3）类似性。当线段或平面图形倾斜于投影面时，在该投影面上的投影小于实长或实形，但仍保留其空间的几何形状，这种性质称为类似性。

（4）从属性。直线上点的投影必在该直线的同名投影上（几何元素在同一投影面上的投影称为同名投影），这种性质称为从属性。

2.2 三　视　图

2.2.1 三视图的形成

如图 2-4 所示，两个不同形状的形体，在同一投影面上的投影却是相同的。这说明在正投影法中，只有一个投影不能反映形体的真实形状和大小，因此，工程图中采用多面正投影来表达物体，多面正投影图又称为视图，基本的表达方法是三视图。

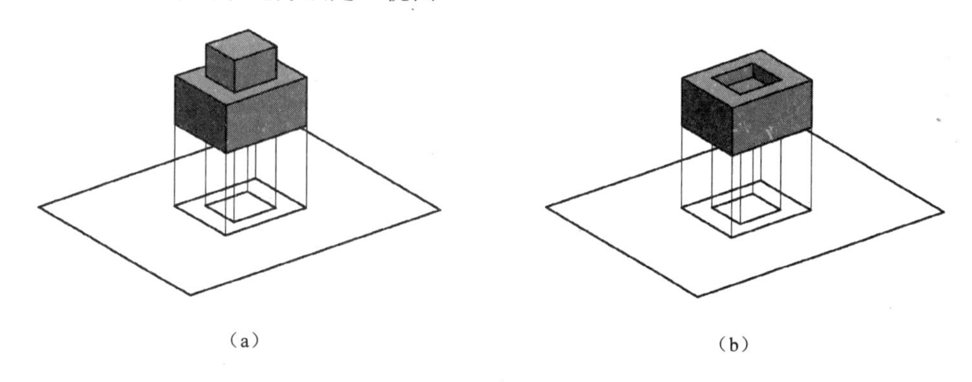

（a）　　　（b）

图 2-4

图 2-5（a）所示是按国家标准规定设立的三个互相垂直的投影面，称为三投影面体系。三个投影面中，位于水平位置的投影面称为水平投影面，标记为“H”；在观察者正前方的投影面称为正立投影面，标记为“V”；位于观察者右方的投影面称为侧立投影面，标记为“W”。这三个投影面两两相交，得三条相互垂直的交线 OX、 OY、OZ 称为投影轴。三条投影轴的交点 O 称为原点。

把形体放在三投影面体系中，位于观察者和投影面之间，使形体的三个主要表面分别平行于三个投影面，然后将形体向各个投影面进行投射，即可得到三个方向的正投影图，即形体的三视图，如图 2-5（b）所示。

从形体的前方向后方投射，在 V 面上得到的视图，称为正投影或 V 面投影。

从形体的上方向下方投射，在 H 面上得到的视图，称为水平投影或 H 面投影。

从形体的左方向右方投射，在 W 面上得到的视图，称为侧面投影或 W 面投影。

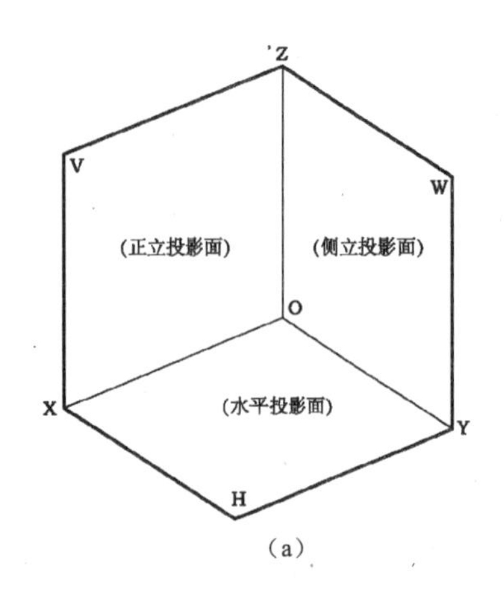

(a)

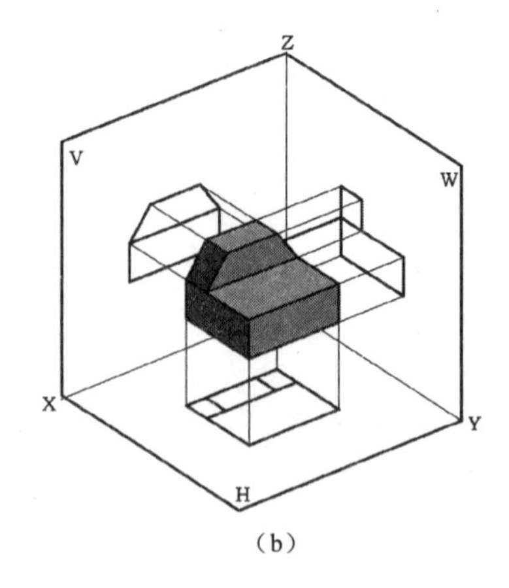

(b)

图 2-5

要把三视图画在一张图纸上，就必须把三个投影面展开成一个平面，其方法如图 2-6（a）所示。规定 V 面不动，将 H 面与 W 面沿 OY 轴分开，H 面绕 OX 轴向下旋转 90°，W 面绕 OZ 轴向右旋转 90°，使 H 面，W 面与 V 面展开在同一平面上。这时 OY 轴分为两条，随 H 面的部分标记为 OY_H，随 W 面的部分标记为 OY_W。

展开后三视图的排列位置是：H 面投影在 V 面投影的下方，W 面投影在 V 投影的右方。由于视图与投影面的大小无关，故在画三视图时可不画出投影面的边界，如图 2-6（b）所示。

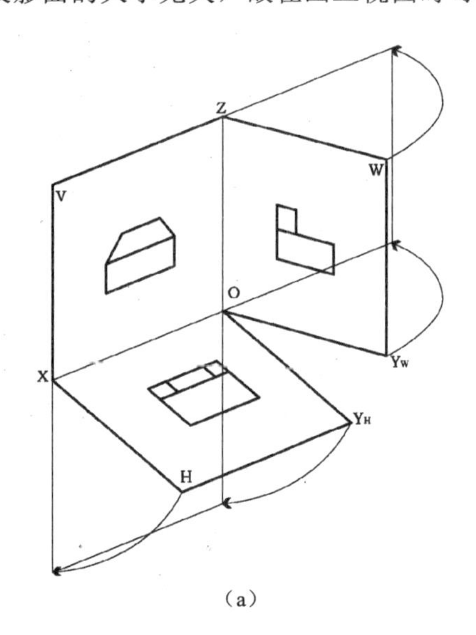

(a)

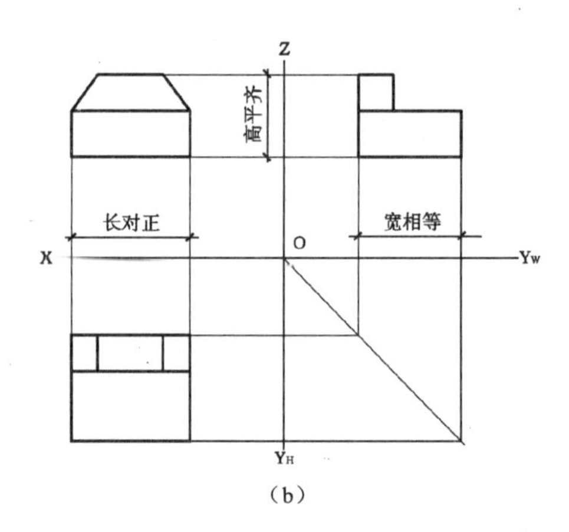

(b)

图 2-6

2.2.2 三视图的分析

从图 2-5（a）和图 2-6（a）可以看出，每个视图都表示形体的四个方位和两个方向：

V 面投影反映了形体上下、左右的相互关系，即形体的高度和长度。

H 面投影反映了形体左右、前后的相互关系，即形体的长度和宽度。

W 面投影反映了形体上下、前后的相互关系，即形体的高度和宽度。

☞**注意**：*H 面投影和 W 面投影中，远离 V 面投影的一边是形体的前面，靠近 V 面投影的一边是形体的后面。*

三视图的投影规律为：

H 面投影和 V 面投影——长对正。

W 面投影和 V 面投影——高平齐。

H 面投影和 W 面投影——宽相等。

“长对正、高平齐、宽相等”是画图和看图必须遵循的投影规律，无论是整个形体还是形体的局部，其三个视图之间都必须符合这条规律，如图 2-6（b）所示。

2.2.3 几何体的三视图

建筑、家具、室内装饰造型，都是由各种简单的几何体按一定的方式组合而成的。通过几何体三视图的分析、绘制，使我们进一步掌握三视图的特性和绘图方法，为复杂的建筑制图和室内设计制图打好基础。常见的几何体可以分为平面几何体和曲面几何体。平面几何体是由若干个平面所围成的几何体，常见的平面几何体有立方体、棱柱体、棱锥体、棱台体，如图 2-7（a）所示。曲面几何体是由曲面和平面所围成的几何体，常见的曲面几何体有球体、圆柱体、圆锥体、环体，如图 2-7（b）所示。

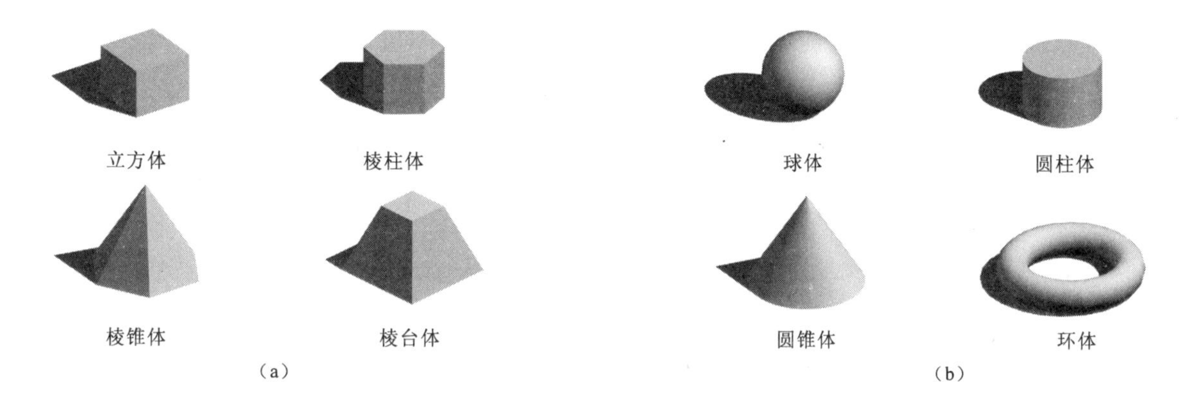

图 2-7

2.2.3.1 棱锥体

棱锥的形体特点是底面为多边形，侧棱面为三角形，侧棱都交于一点（锥顶）。

四棱锥由五个面围成，底面为长方形，四个侧面均为三角形，四侧棱汇交与一点。把四棱锥放在三投影面体系中，使底面平行于 H 面，左右侧面垂直于 V 面，前后侧面垂直于 W 面。

四棱锥的 H 面投影是含有四个三角形的四边形，为特征投影。四边形为底面实形，四个三角形是侧棱面在该投影面上的类似形投影，与底面投影重合，中点为锥顶的投影。

V 面投影为三角形线框，包含了棱锥上五个面的投影。三角形的底边为底面的积聚投影；两腰为左右侧面的积聚投影；两腰的交点为锥顶的投影；三角形为前后两棱面的重合投影。由于前后两个棱面均为侧垂面，则 V 面投影为类似形。侧面投影同理。

画图时，一般先画反映棱锥底面实形的特征投影，然后再根据投影关系和锥高画出其他投影，四棱锥三视图的作图步骤如图 2-8（b）所示。

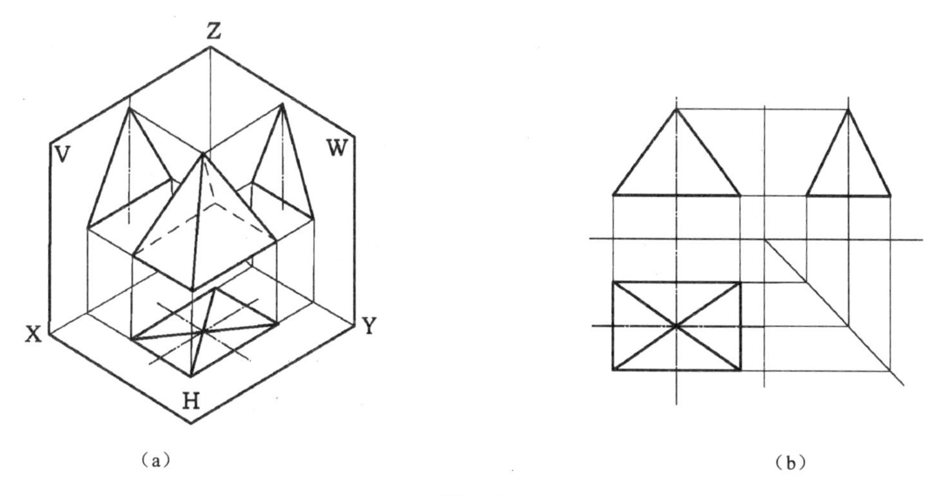

图 2-8

（a）立体图；（b）根据“高平齐、宽相等”画出 W 面投影并加深全图

2.2.3.2 棱台体

棱台的形体特点是两个底面为大小不同相互平行且形状相似的多边形。各侧面均为等腰梯形，如图 2-9 所示，其画法思路同四棱锥。应当注意的是，画每个视图都应先画上、下底边，然后画出各侧棱。其他平面几何体，如立方体、棱柱体和前面所讲的棱锥体、棱台体的画图、读图方法类似，读者可自行分析。

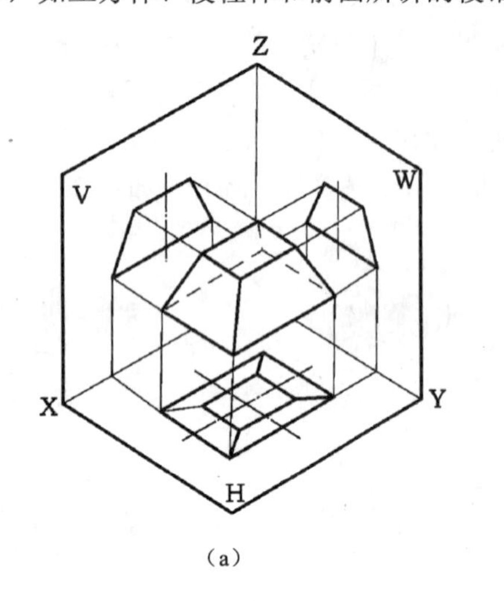

（a）

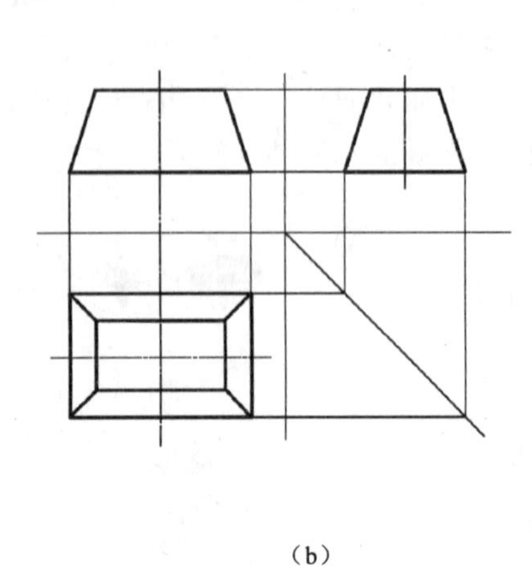
（b）

图 2-9

2.2.3.3 圆柱体

圆柱体是曲面立体，它的形体特点是由三个面围成，其中一个是柱面，两个底面是平行且全等的圆，轴线与底面垂直并通过圆心，柱面上的素线与轴线平行，如图 2-10 所示。

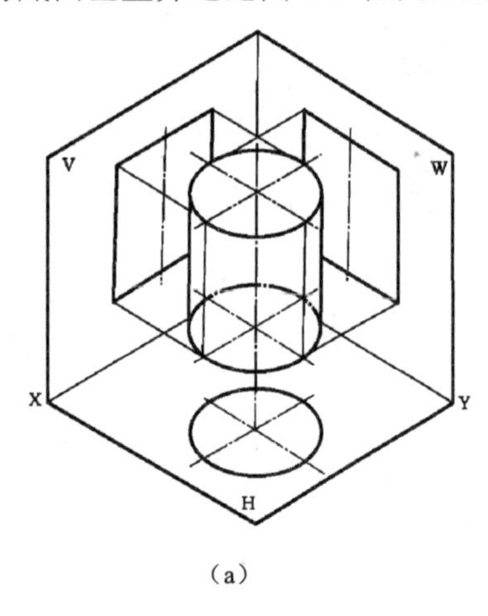

（a）

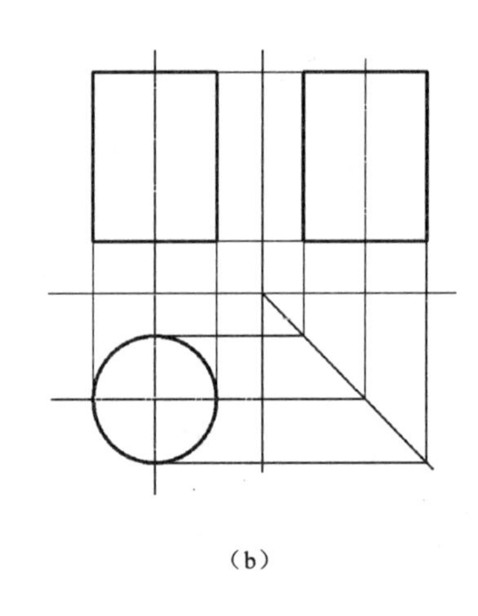
（b）

图 2-10

圆柱的轴线垂直于 H 面，柱面上四条素线位于圆柱体最左、最右、最前、最后位置，称为圆柱体的轮廓素线，其中两条（正向轮廓素线）只在 V 面投影中画出，另外两条（侧向轮廓素线），只在 W 面投影中画出。

圆柱体的 H 面投影为圆，是上下两个底圆的重合投影，并反映实形。圆柱面垂直于 H 面，在 H 面上的投影积聚在圆周上，该投影是圆柱体的特征投影。圆柱的 V 面投影为矩形，矩形的上下边是圆柱上下底面的积聚投影，矩形的左右边是正向轮廓素线的投影，单点长划线表示轴线的位置。矩形面表示前后两半个圆柱面的重合投影，以正轮廓素线为界，前半圆柱面可见，后半圆柱面不可见。圆柱的 W 面投影是与 V 面投影全等的矩形线框，但意义不同。矩形的上下边线是上下底面的积聚投影，其左右边线是侧向轮廓素线的投影，单点长划线表示轴线的位置。矩形面表示左右两半个圆柱面的重合投影，以侧向轮廓线为界，左半个柱面可见，右半个柱面不可见。圆柱三视图的图形特征为一个投影是圆，另两个投影是全等的矩形线框。画圆柱的三视图时，应先画出轴线，再画反映底面实形的特征投影图。而后根据投影关系和柱高画出其他投影，圆柱三视图的画图步骤如图 2-10 所示。

2.2.4　建筑体的三视图

建筑体是建筑制图与室内设计制图的重要研究对象，为了方便我们的学习，将一般的建筑体归纳为四种建筑单元体，如图 2-11 所示。

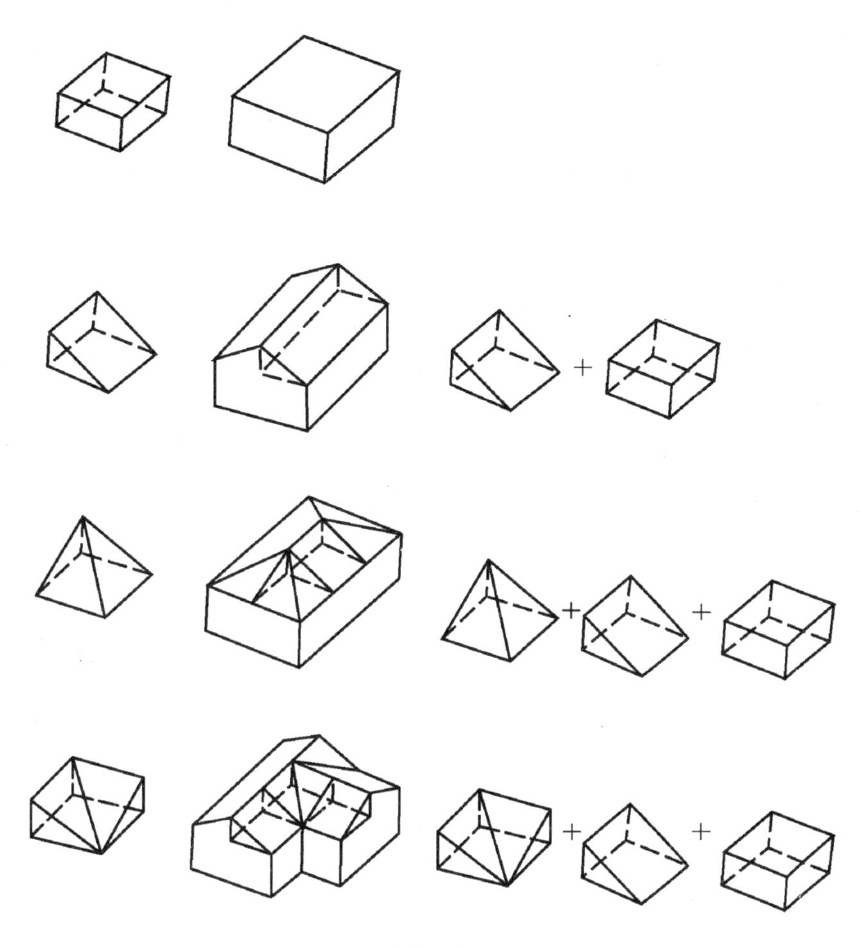

图 2-11

2.2.4.1　四坡屋面建筑型体正投影作图

图 2-12 表示的是一个四坡屋面建筑型体正投影关系图。

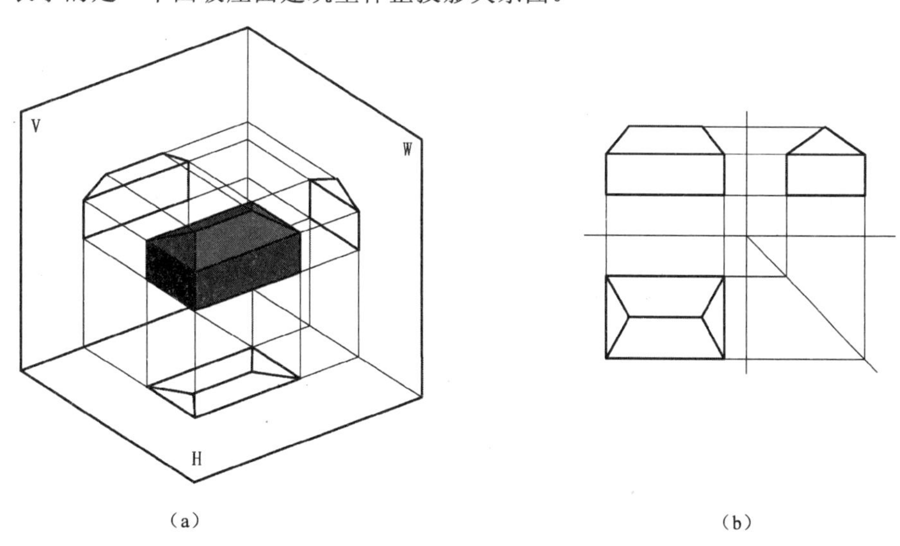

图 2-12

（1）H 面投影。看到屋面、正脊、斜脊和屋檐，正脊和屋檐都平行于 H，它们的 H 面投影表示实长，四个墙面的投影和屋檐的投影相重合，表示各墙面的长度。

（2）V 面投影。看到檐墙面、屋面，檐墙面平行于 V 面，它的 V 投影和原墙面相同。正脊与屋檐平行于 V，它们的投影为水平线，长度等于实长。侧墙面的投影是垂直线，和檐墙两垂边的投影相重合，两侧屋面的投影是斜线，和斜脊的投影相重叠，表示侧屋面的坡宽。

（3）W 面投影。看到侧墙面、屋面，因为侧墙面平行于 W 面，它的 W 投影和原侧墙面相同，侧屋檐平行于 W，它的投影为一水平线，长度等于实长，两檐墙面的投影是垂直线，和侧墙面两垂直边投影相重合，前后两屋面点为屋檐在 W 面的投影，表示屋脊和屋檐高度。

2.2.4.2 两个两坡屋面相交建筑型体正投影作图

图 2-13（a）为一个两个两坡屋面相交建筑型体，图 2-13（b）、（c）、（d）分别是其 H、V、W 面投影示意图。

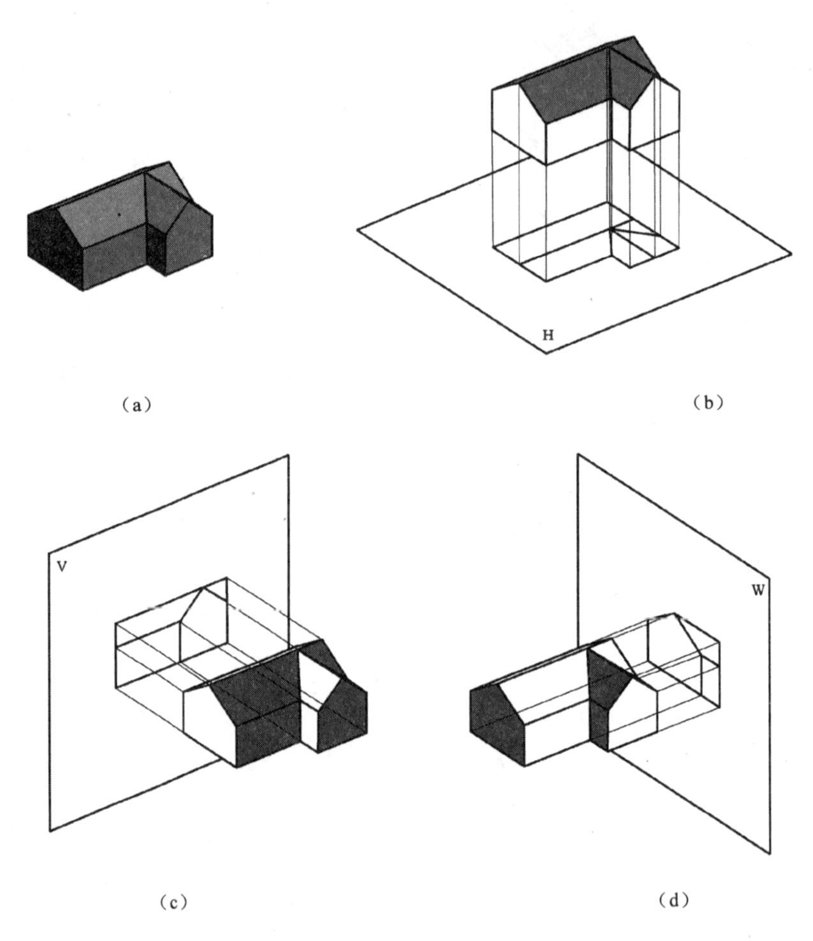

图 2-13

（1）H 面投影。看到屋面、屋脊和斜沟，屋脊和屋檐平行于 H 面，它们的 H 面投影等于实长，山墙屋檐斜沟和 H 面倾斜。各墙面都垂直于 H 面，它们的 H 投影是直线，和屋面投形的外轮廓线重合。

（2）V、W 面投影。看到和投影面平行的墙面和面向投影面的屋面，墙面的投影面的屋面，墙面的投影表示真实形状平行于投影面的屋脊、屋檐等于实长，并表示距地面的高度。垂直于投影面的墙面的投影为垂直线和平行于投影面的墙面投影为斜线，它和水平线的交角表示屋面坡度。

2.2.5 CAD 绘制建筑三视图

CAD 软件绘制三视图和手绘原理完全一样，但软件绘制更加准确、快捷、方便。其步骤如下：

（1）图层设置。为了方便我们管理图形，需要按表 2-1 设置图层，也可以根据自己的习惯设置。

在画三视图时，外轮廓线用粗实线绘制，可见棱线用中实线绘制，不可见棱线用中虚线绘制，轴线用细点划线设置。相关线型设置可参见第5章5.3节“线型”内容。

表2-1　　图层设置

图层名	色号	线　型	线宽（mm）	内　容
中轴线	8号（深灰）	（ACAD_IS004W100）点划线	0.25	表示物体中轴线
外轮廓线	2号（黄色）	实线	1.00	表示出物体的轮廓
结构	5号（蓝色）	实线	0.50	表示物体表面可见棱线
不可见线	6号（洋红）	（ACAD_IS002W100）虚线	0.25	表示出隐性棱线
辅助线	8号（深灰）	实线	0.25	表示辅助线

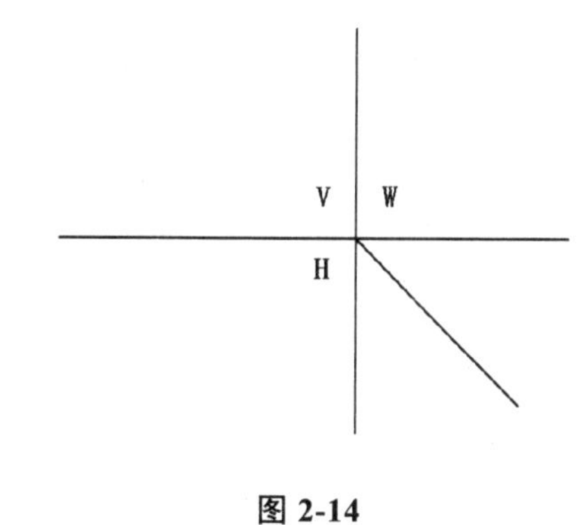

图2-14

（2）执行l命令，同时打开F8，绘制两条正交的线段，把绘图平面分割为四个部分，分别对应H、V、W视图。键入l命令、r命令，过交点绘制-45°线段，如图2-14所示。

（3）执行l命令，同时打开F8，在图中位置绘制两条正交的线段，如图2-15（a）所示。再执行o命令偏移，绘制出H视图的外围轮廓，如图2-15（b）所示。

（4）执行l命令，同时打开F3，绘制出H视图的可见棱线。执行tr命令，将相交的线段剪除、整理，完成H视图。再执行l命令，在图2-16（a）中位置绘制水平线段和垂直线段，得出V视图的基本轮廓，然后补齐相关棱线。

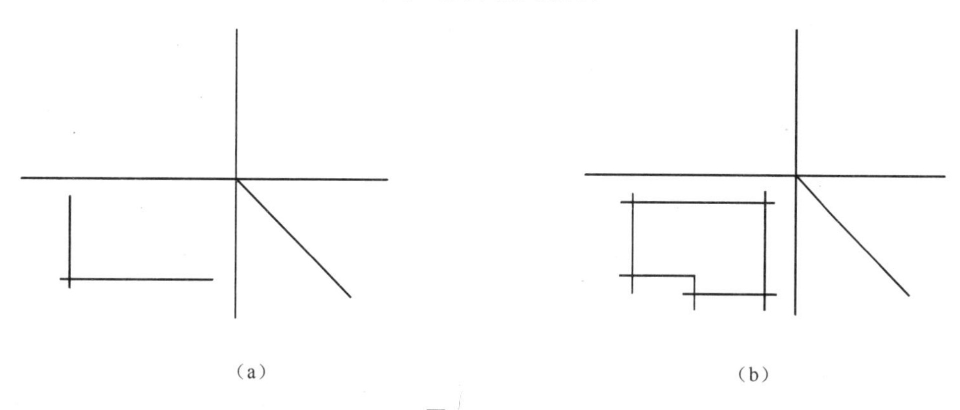

（a）　　　　（b）

图2-15

（a）绘两条正交线段；（b）绘制出H视图的外围轮廓

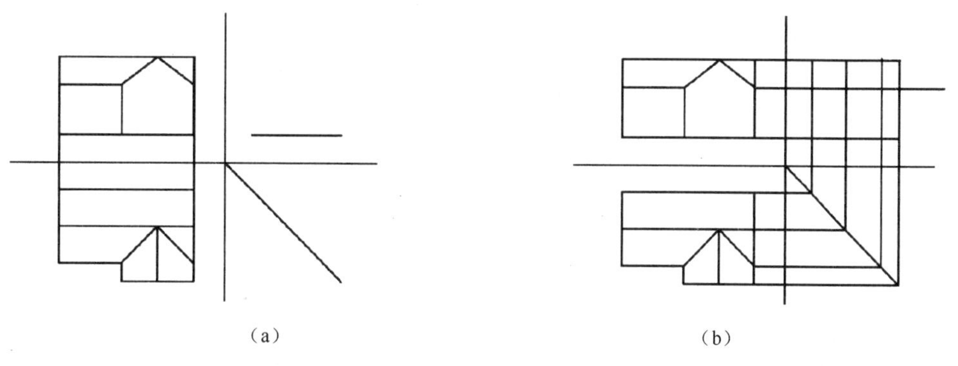

（a）　　　　（b）

图2-16

（a）绘制出H视图可见棱线；（b）绘制水平线段和垂直线段

（5）过 H 视图关键点引水平线，与 45° 线相交，过交点向上引垂线。过 V 视图关键点引水平线，和垂线相交，用 tr 命令整理，完成 W 视图，如图 2-16（b）所示。

（6）整理图层，将外轮廓线，可见棱线、辅助线调整到相应的图层上，完成全图，如图 2-17 所示。

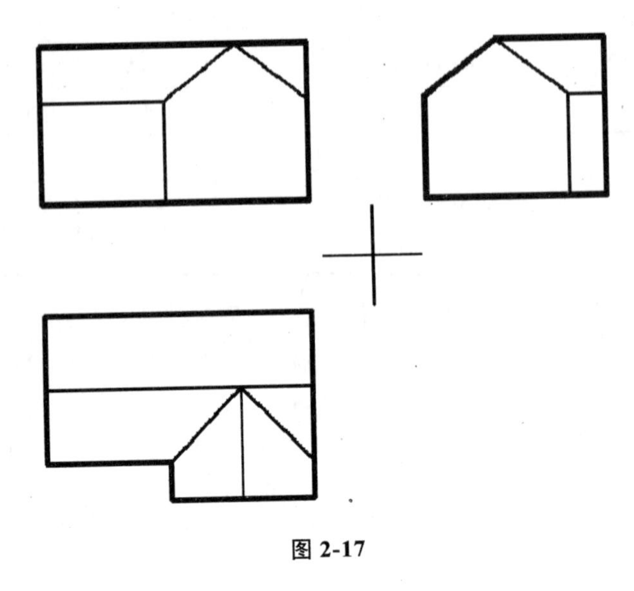

图 2-17

2.3 剖　面　图

2.3.1 剖面图的形成

对于复杂的形体，光靠视图无法完全表达形体的内外结构。由于建筑的内外结构比较复杂，视图中往往有较多的虚线，使画面虚实线交错，混淆不清给识图带来不便。为了清楚地表达形体的内部结构，我们引入剖面图的概念。假想用剖切面切开形体，移去剖切面和观察者之间的形体部分，将剩余部分向投影面投射，所得图形即为剖面图。

2.3.1.1 剖面图概念图解

图 2-18（a）是一个较为复杂的形体 A，图 2-18（b）为此形体的形体三视图。假设用平行于 V 视图投影面的平面 P，切开物体移去前半个形体，后半个形体在 V 视图投影面上的正投影就是物体 A 的正剖面图，如图 2-19 所示。假设用平行于 W 视图的平面 Q，切开物体，同理，在 W 视图投影面上的正投影为物体 A 的侧剖面图，如图 2-20 所示。

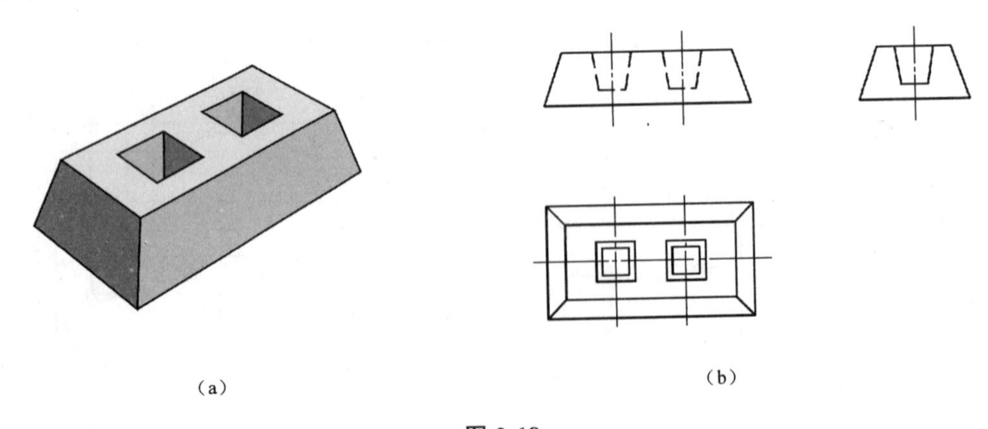

（a）　　（b）

图 2-18

（a）形体图；（b）三视图

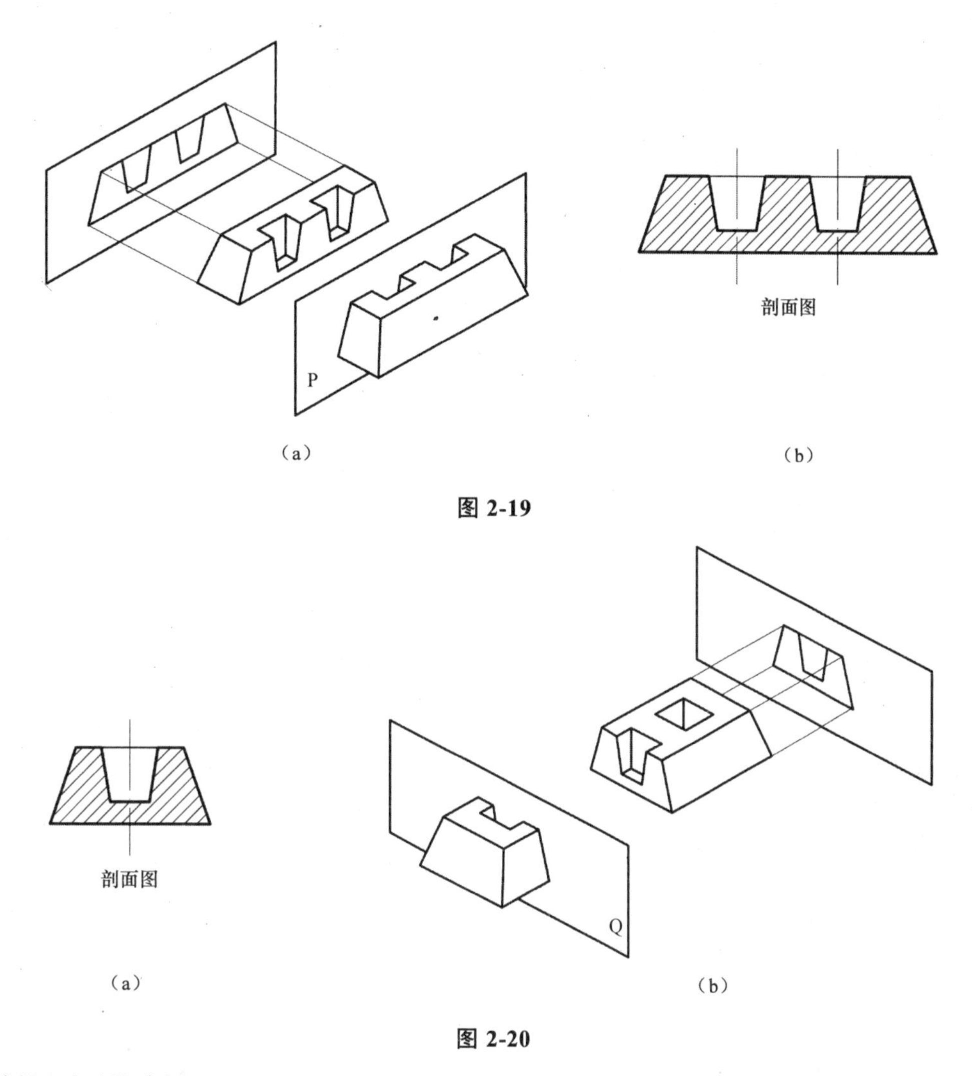

图 2-19

图 2-20

2.3.1.2　剖切平面的选择

为了表达形体内部结构的真实形状，剖切平面一般平行于某一基本投影面，如图 2-19、图 2-20 所示，分别用正平面，侧平面剖切。同时，为了表达清晰，应尽量使剖切平面通过形体的对称面或主要轴线，以及形体上的孔、洞、槽等结构的轴线或对称中心线剖切，如图 2-19 所示，剖切平面为基础的前后对称面，图 2-21 所示为剖切平面通过基础杯口的中心线所得剖面图。

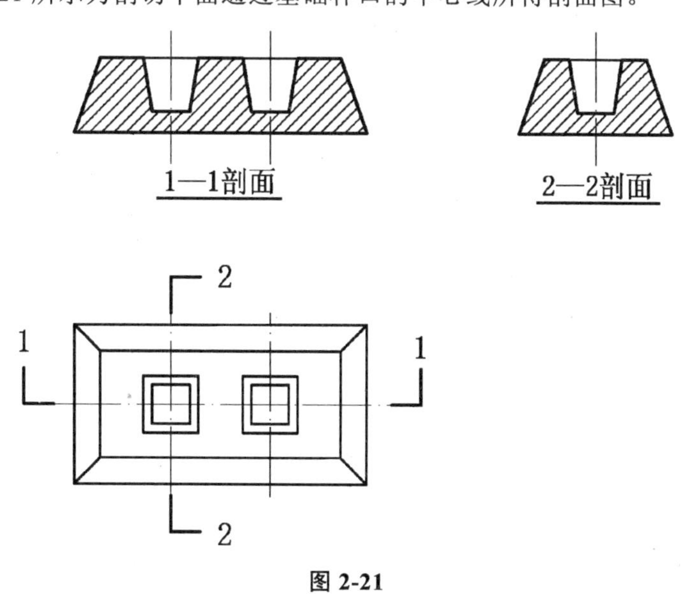

图 2-21

2.3.1.3 剖面图的标注

（1）剖面图的剖切符号。剖面图的剖切符号由剖切位置线和剖视方向线组成，均应以粗实线绘制。剖切位置线实质上是剖切平面的积聚投影，标准规定用两小段粗实线表示，每段长度宜为 6～8mm，如图 2-22 所示。剖切位置线有时需要转折，具体标注方法见图 2-22。剖视方向线表明剖面图的投射方向，画在剖切位置线的两端同一侧且与其垂直，长度短于剖切位置线，宜为 4～6mm，如图 2-22 所示。绘图时，剖切符号应画在与剖面图有明显联系的视图上，且不宜与图面上的图线相接触。

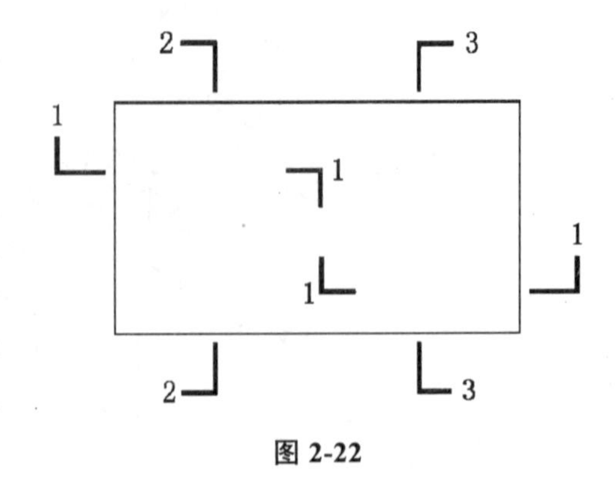

图 2-22

（2）剖切符号的编号及剖面图的图名。剖切符号的编号，宜采用阿拉伯数字，按顺序由左至右、由下至上连续编排，并注写在剖视方向线的端部，如图 2-22 所示。剖面图的图名以剖切符号的编号命名，如剖切符号编号为“1”，则相应的剖面图命名为“1—1 剖面图”，也可简称作“1—1”，其他剖面图的图名，也应同样依次命名和标注。图名一般标注在剖面图的下方或一侧，并在图名下绘一与图名长度相等的粗横线，如图 2-21 所示。

2.3.1.4 材料图例

在剖面图中，形体被剖切后得到的断面轮廓线用粗实线绘制，并规定要在断面上画出建筑材料图例（图例可参见第 6 章表 6-5），以区分断面部分和非断面部分，同时表明建筑形体的选材用料。如果不需要指明材料，可用间隔均匀倾斜 45° 的细实线（相当于砖的材料图例）表示。画图例线时应注意，图例线可以向左也可以向右倾斜，但在同一形体的各个剖面图中，断面上的图例线的倾斜方向和间距要一致。

2.3.2 剖面图的画图步骤

作剖面图就是作形体被剖切后的正投影图，一般情况下剖面图就是将原来未剖切之前的投影图中的虚线改成实线，再在断面上画出材料图例即可。鉴于此，画剖面图可采用如下步骤。

（1）先画出形体的三面投影图，如图 2-18（b）所示，图 2-23 为其中的 V 面视图。

（2）根据剖切位置和剖视方向将相应的视图改成剖面图。先确定断面部分，利用图层中的线宽设置，将断面轮廓设置为粗实线，将形体上的可见轮廓线设为中粗实线，如图 2-24 所示。

（3）用 h 命令，在断面上填充出材料图案，如图 2-25 所示。

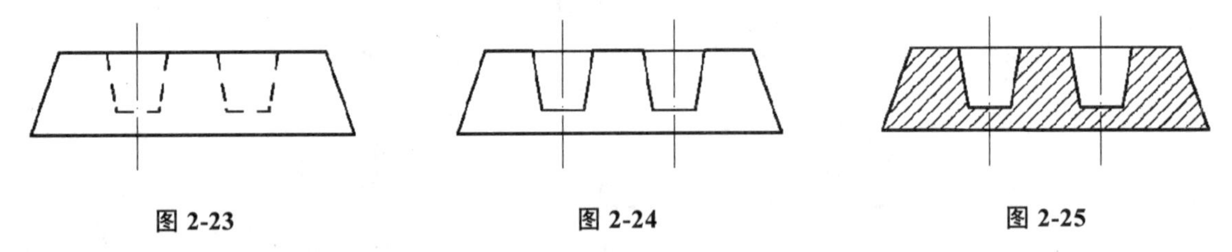

图 2-23　　图 2-24　　图 2-25

2.3.3 画剖面图应注意的问题

（1）剖切面是假想的，只在画剖面图时才假想将形体切去一部分，其他视图仍应完整画出，如图 2-21 中的平面图。此外，若一个形体需要进行两次以上剖切，在每次剖切前，都应按整个形体进行考虑，如图 2-21 所示，作第一次剖切时，假想把形体的前半部分切去，作第二次剖切时，假想把形体的左半部分剖去。

（2）剖面图中不可见的虚线，当配合其他图形能够表达清楚时，一般省略不画。若因省略虚线而影响读图，则不可省略。

（3）剖面图的位置一般按投影关系配置。剖面图可代替原有的基本视图，如图 2-21 所示。当剖面图按投影关系配置，且剖切平面为形体对称面时，可全部省略标注。必要时也允许配置在其他适宜位置，此时不可省略标注。

2.4 断　面　图

用一个假想剖切平面剖开形体，将剖得的断面向与其平行的投影面投射，所得的图形称为断面或断面图。

断面图常用于表达建筑物中梁、板、柱的某一部位的断面形状，也用于表达建筑形体的内部形状。如图 2-26（a）所示为一根钢筋混凝土牛腿柱，从图 2-26（a）中可见，断面图与剖面图有许多共同之处，如都是用假想的剖切平面剖开形体，断面轮廓线都用粗实线绘制，断面轮廓范围内都画材料图例等。

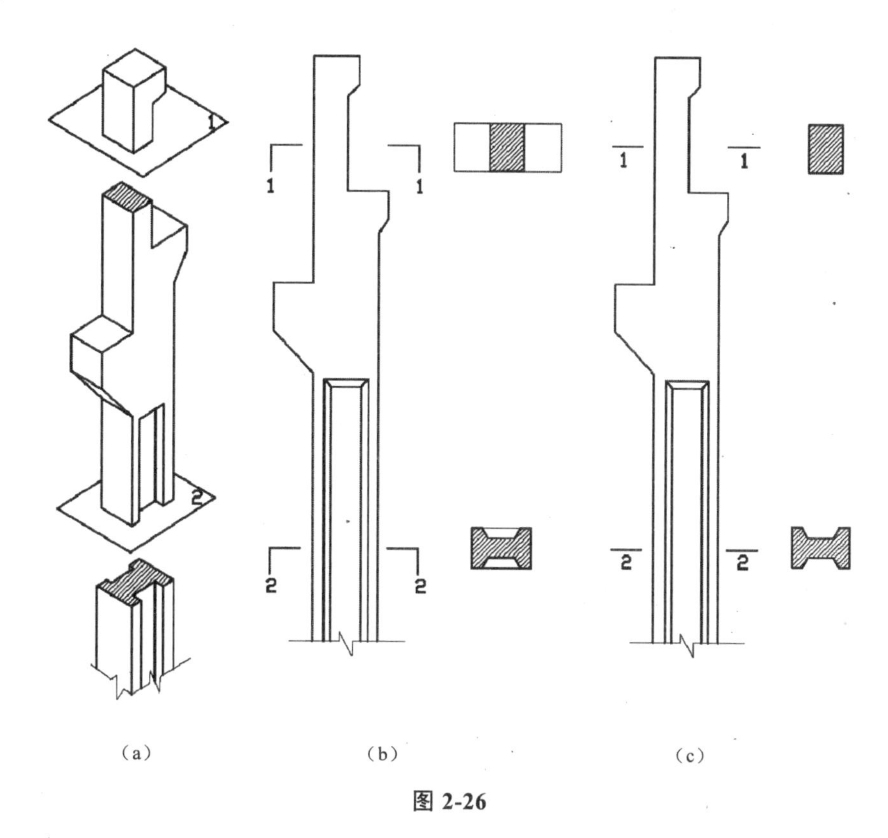

图 2-26

断面图与剖面图的区别主要有两点：

（1）表达的内容不同。断面图只画出被剖切到的断面实形，即断面图是平面图形的投影，如图 2-26（c）所示。而剖面图是将被剖切到的断面连同断面后面剩余形体一起画出，是体的投影，如图 2-26（b）所示。实际上，剖面图中包含着断面图。

（2）标注不同。断面图的剖视剖切符号只画剖切位置线，用粗实线绘制，长度为 6～10mm，不画剖视方向线，而用剖切符号编号的注写位置来表示投射方向，编号所在一侧应为该断面的剖视方向，图 2-26（c）中 1—1 断面和 2—2 断面表示的剖视方向都是由上向下。

2.5　基本视图与辅助视图

2.5.1　基本视图

物体形状的表达一般可用三面投影进行表示，但是当物体的形状比较复杂时，再用三面投影表达就会使图形变得繁杂不清，不便阅读与绘制。为此国家有关标准规定：可在原来的三面投影的基础上，再增加三个投影，即在原来三面投影体系 H、V、W 的基础上，再增设三个与之对应平行的新投影面 H_1、V_1、W_1，构成一个箱形六面投影体系，并假想把物体放在其中，仍使用正投影法，分别向六个基本投影面进行投影，然后再按图 2-27（a）所示，将六个投影面展开到同一平面内（V 面内），这六个投影图一般只画出形体表面可见棱线的投影，而将不可见棱线的投影省去，因此国标将这样的投影图改称为视图并分别命名为：主视图（A）、俯视图（B）、左视图（C）、右视图（D）、仰视图（E）及后视图（F），如图 2-27（b）所示。这六个视图如按上述方法展开排放时视图名称可省去不必标明（后视图除外），否则应标明视图名称。在建筑制图中根据专业的习惯，上述六个视图被命名为：正立面图、平面图、左侧立面图、右侧立面图、底面图及背立面图，并按图 2-28 所示位置排放。

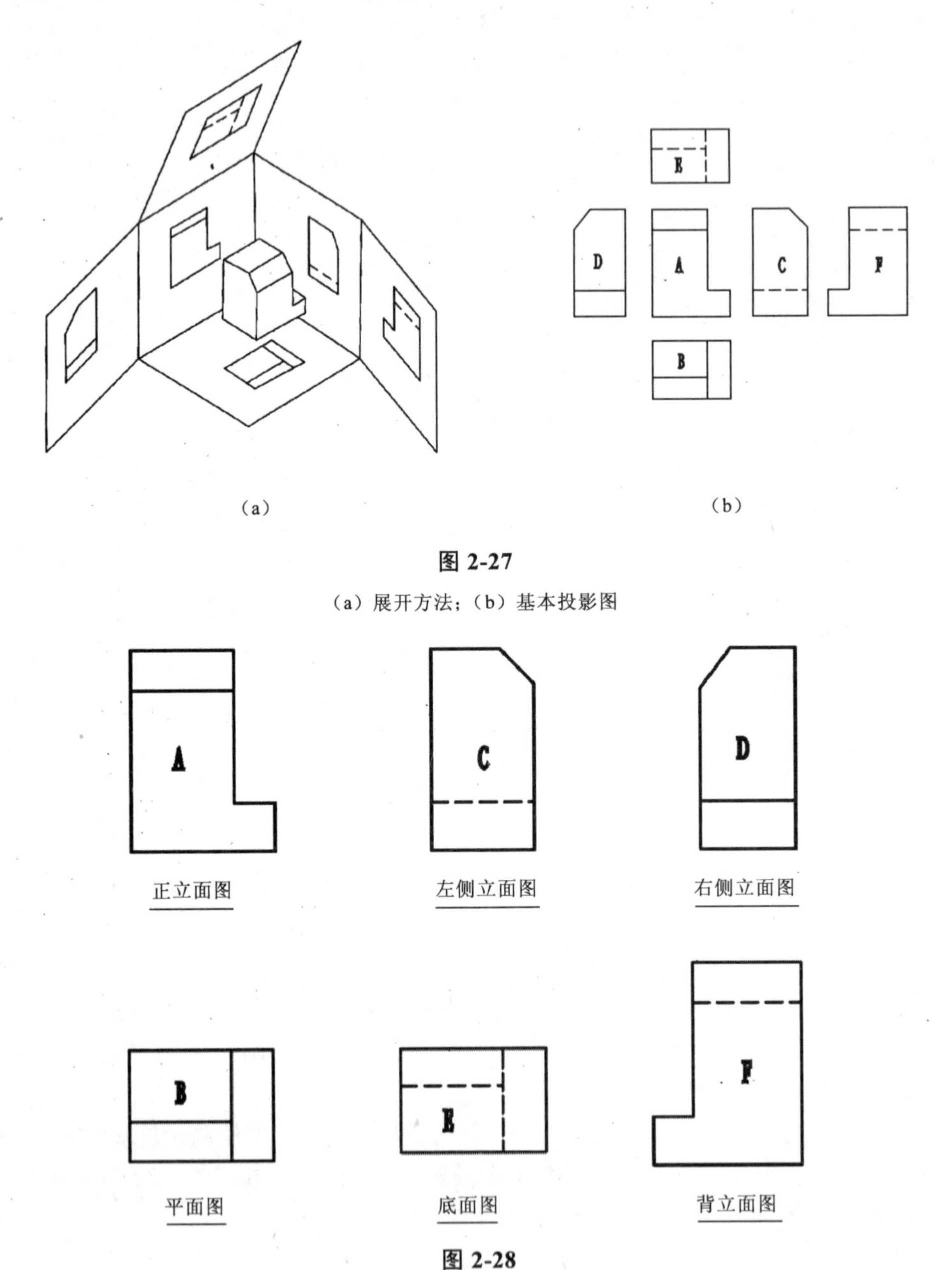

图 2-27

（a）展开方法；（b）基本投影图

图 2-28

2.5.2 辅助视图

上述方法所得到的视图称基本视图，是表达形体的基本手段，但在某些特定条件下也可采用与基本视图不同的辅助视图进行表达。

2.5.2.1 斜视图

形体向不平行于任何基本投影面的平面上投影所得出的视图称为斜视图或方向视图。如图 2-29 所示的形体右侧结构倾斜于基本投影面，在六个基本视图中均不可能反映真形，因此给画图与读图增加不少困难。为此可设一个与该结构表面平行的辅助投影面，然后再把该部位垂直投影到辅助平面上，这样所得出的视图称斜视图，就可以反映该结构的真实形状。

斜视图只表示形体的某一局部形状，其表达的范围要以折断线或波浪线分开。斜视图的方向要用箭头指明，并用大写字母标明其名称。斜视图可以配置在箭头所指的方向上，也可以旋转摆正，如图2-29中右边图例表示。

2.5.2.2 局部视图

将形体的某一局部向基本投影面投影所得到的视图称为局部视图，即局部视图是基本视图的一部分。如图2-30中所示，用主视图与俯视图已将形体整体的形状基本表达清楚，只有左侧突出部位形状尚不清楚，如用整个形体的左视图表达则显得有些重复，对此可只画出左侧突出部位的局部形状。画局部视图时要用波浪线标明其范围（当轮廓范围明确时可省去波浪线），并用箭头指明投影方向，用大写字母标出该局部视图名称。

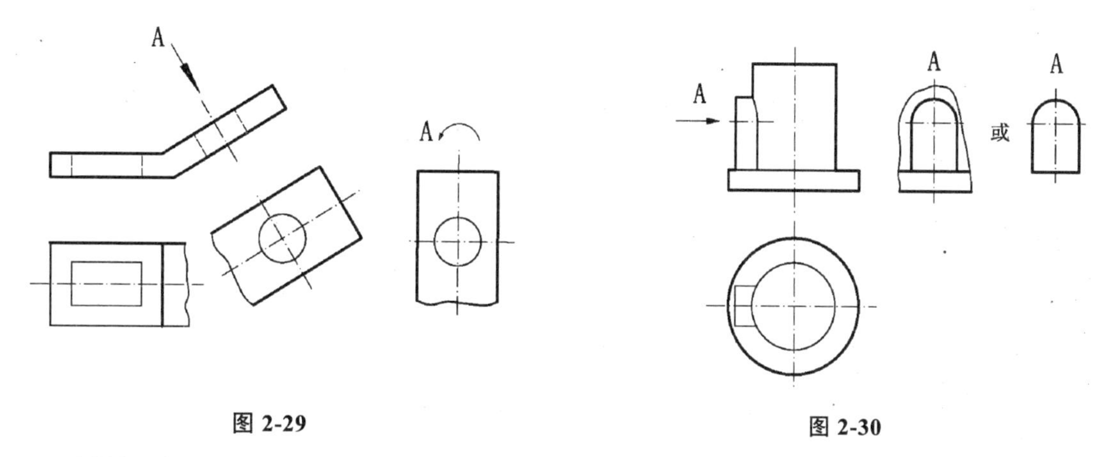

图 2-29　　　　图 2-30

2.5.2.3 旋转视图

当形体某些表面与基本投影面不平行时，可假想把形体上的倾斜表面旋转到与基本投影面平行的位置上，然后再进行投影，这样所得出的视图称旋转视图，如图2-31所示，旋转视图应注以展开字样。

2.5.2.4 镜像视图

镜像视图是假想用镜面作为投影面而得出形体在镜面中的垂直映像，如图2-32所示。当用这种镜像视图时，应在图名旁边加注“镜像”二字。用镜像视图表达天花、藻井的平面布置时画图比较简便。

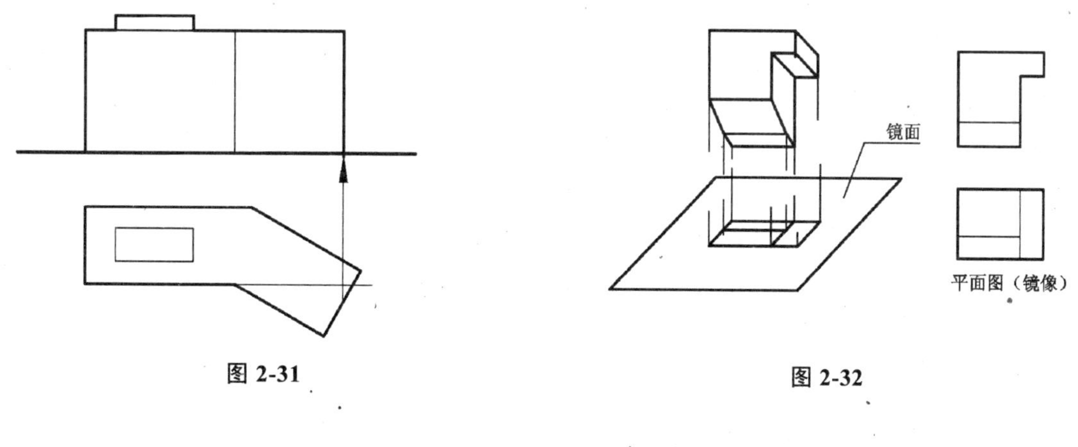

图 2-31　　　　图 2-32

2.6 习　题

（1）绘制教室课桌椅的三视图，尺寸可在实物上量取，比例自定（上机操作）。

（2）绘制教室课桌椅的剖面图，桌、椅各绘制两个方向的剖面（上机操作）。

第3章

建筑施工图

室内设计是在已建房屋初装饰的基础上进行的二次装饰设计，因此进行室内设计的实质是建筑设计的延续与深化。所以室内设计的设计师必须具备绘制、阅读与室内设计密切相关的各类建筑工程图样的能力，而且这种能力也是室内装饰设计的基础与前提，为此本章将着重讲述与室内设计与施工联系最为密切的建筑施工图的绘制原理与识读方法。

3.1 概　　述

3.1.1 施工图的形成与作用

在现代工程建设中，任何工程设计都要经过总体规划，方案论证再进行施工图设计，并且在建设过程中还要按图进行施工和监理，因此施工图是施工设计的结果，也是指导施工的依据。

3.1.2 施工图的分类与编号

建造一栋建筑需许多工种密切配合共同完成，因此指导不同工种进行建筑施工的图样也有所不同，主要有：建筑施工图（简称建施）；结构施工图（简称结施）；此外还有有关的各种设备施工图，如给水排水工程图、采暖通风工程图、电器照明工程图等统称设备施工图（简称设施），它们也可分别称为：水施、暖施及电施等。

各种施工图由于数量很大，为方便查找需加以分类编号，如建施—××代表建筑施工图第××页；结施—××代表结构施工图第××页；设施—××即为设备施工图第××页。

施工图中还大量采用标准图册中的标准图或定型图，其编号除按工种区分外，还需加上适合使用的地区名，如陕—J121，陕 G—111 等，即陕西省标准设计院出版的适合陕西省使用的标准图集编号。

3.1.3 建筑施工图及其内容

建筑施工图是指：专门用来表达与建筑设计有关的各种工程图样，即表现房屋建筑的位置、形状、构造、大小尺寸以及有关材料及做法的图样。

主要包括：

（1）建筑总平面图。

（2）图纸目录。

（3）建筑设计说明，门窗明细表。

（4）建筑平、立、剖面图。

（5）建筑详图。

3.2 总 平 面 图

3.2.1 建筑总平面图的概念

建筑总平面图用以表示新建的建筑物落实于基地的具体位置，一般以 1∶500 的比例绘制（也可以用 1∶00 或 1∶1000）。

3.2.2 建筑总平面图的内容

（1）标出测量坐标网（坐标代号用 X、Y 表示）或施工坐标网（坐标代号用 A、B 表示），明确红线范围。

（2）标出新建建筑物的定位坐标尺寸、名称、层数及首层室内标高与基地绝对标高的换算关系。

（3）标明相邻建筑物或将拆除建筑的位置。

（4）画出附近的地形地物，如等高线、道路、水沟、土坡等。

（5）画出指北针。

（6）标出绿化规划、管道布置、供电线路等。

上述所列内容根据工程的具体情况而定，图 3-1 是某独院式住宅的建筑总平面图，读者可结合表 3-1 总平面图图例阅读。

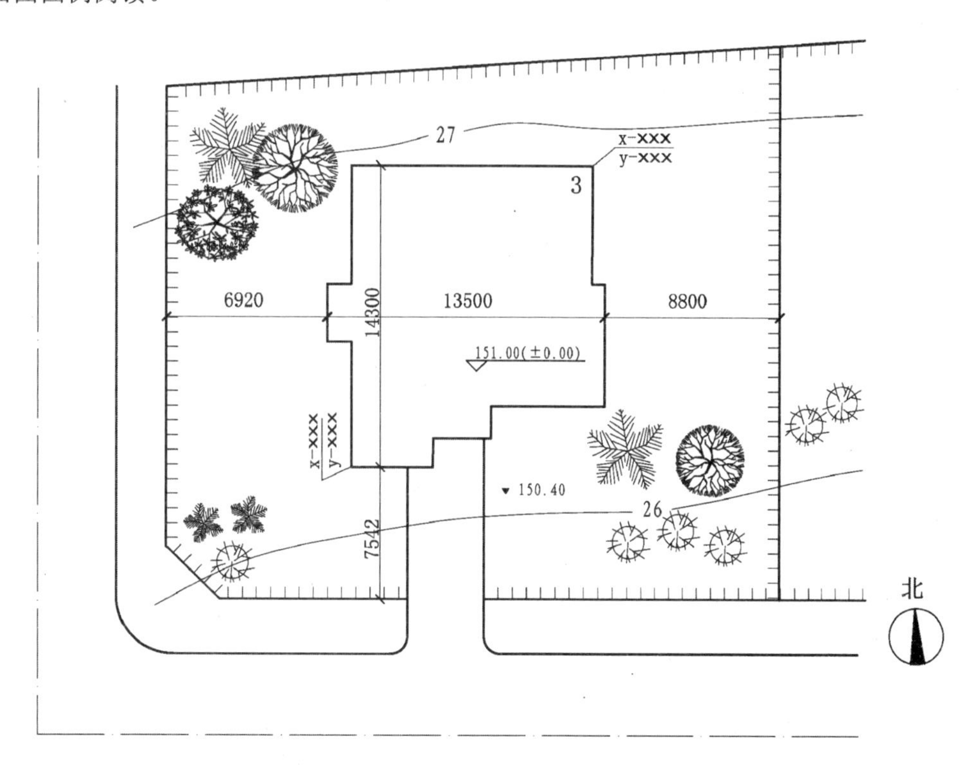

总平面图 1:200

图 3-1 某住宅建筑的总平面图

表 3-1 总 平 面 图 图 例

图　例	名　称	图　例	名　称
8	新设计的建筑物，右上角的数字表示层数		原有建筑物

续表

图　　例	名　　称	图　　例	名　　称
	计划扩建的建筑物或预留地		其他材料露天堆场或作业场
	拆除的建筑物		围墙和大门
151.00(±0.00)	室内标高	X 105.00 Y 425.00	坐标
	原有道路	▼143.00	室外整平标高
	植草砖铺地		公路桥
	落叶阔叶乔木		草坪
	散状材料，露天堆场		常绿阔叶乔木

3.3 平　　面　　图

3.3.1　建筑平面图的概念

建筑平面图是房屋的水平剖面图，也就是假想用一个水平剖切平面，沿门窗洞的位置剖开整幢房屋，将剖切平面以下部分向水平投影面作正投影所得到的图样，如图3-2所示。

建筑平面图是建筑施工图中最基本的图样之一，它主要用来表示房屋的平面形状大小和房间布置，墙、柱的位置、厚度和材料，门窗的类型和位置等情况。

对于多层建筑，原则上应画出每一层的平面图，并在图的下方标注图名，图名通常按层次来命名，例如底层平面图（图3-3）、二层平面图（图3-4）等。习惯上，如果有两层或更多层的平面布置完全相同，则可用一个平面图表示，图名用×层—×层平面图，也可称为标准层平面图；如果房屋的平面布置左右对称，则可将两层平面图合并为一图，左边画一层的一半，右边画另一层的一半，中间用对称线分界，在对称线的两端画上对称符号（对称符号的概念可见第5章5.15节“中心对称符号”内容），并在图的下方分别注明它们的图名。需要注意的是，底层平面图必须单独画出。

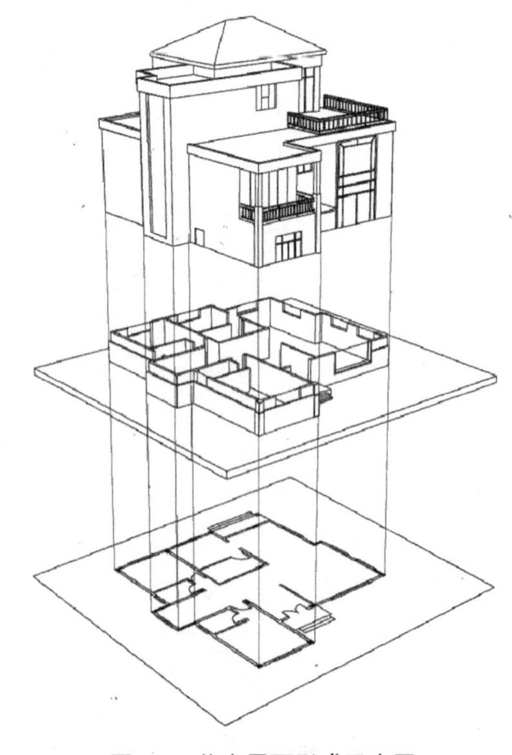

图3-2　住宅平面形成示意图

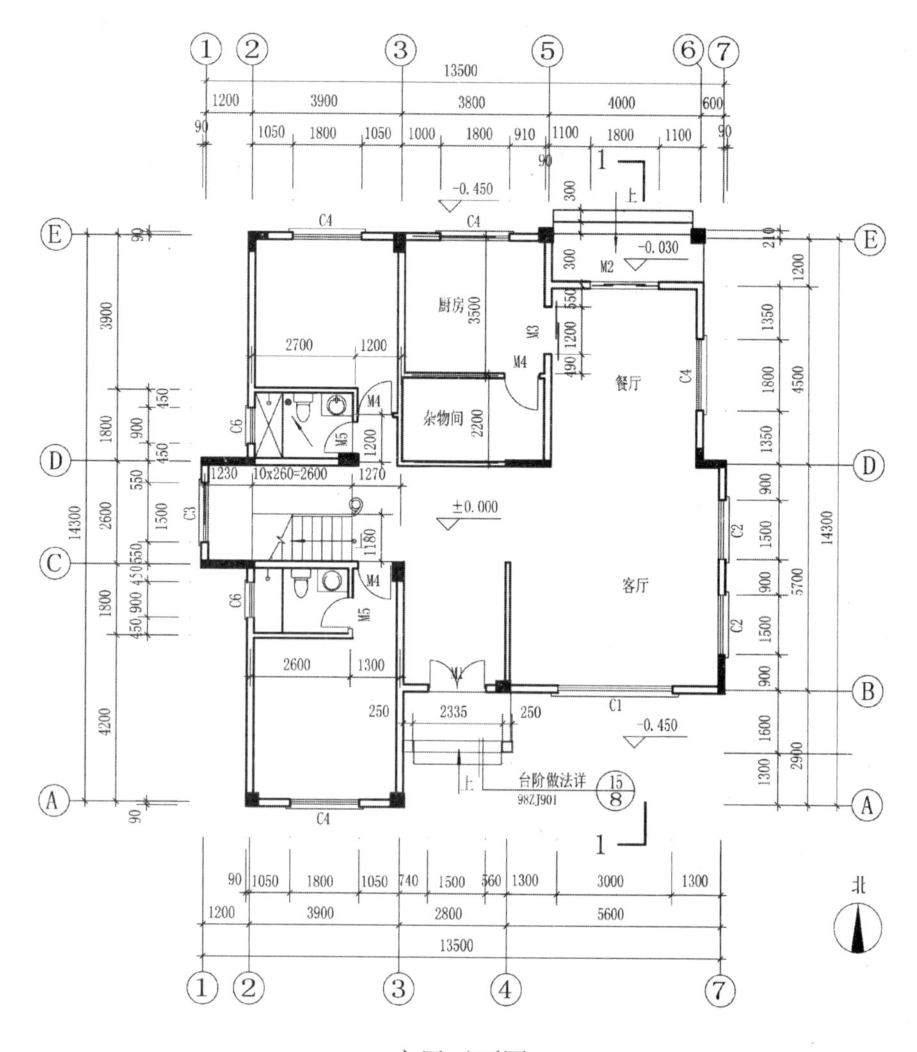

图 3-3　某住宅底层平面图

建筑平面图除了上述各层平面图外，还有局部平面图、屋顶平面图等。局部平面图就是将平面图中的某个局部以较大的比例单独画出，例如高窗、预留洞、顶棚等，以便能较清晰地表示它们的形状和标注它们的定型尺寸和定位尺寸，屋顶平面图将在“3.4 屋顶平面图”中介绍。

3.3.2　建筑平面图的内容

（1）图名、比例、朝向。图名要表示出平面图的类型或层次，如底层平面图、三层平面图、标准平面图等。图名的右侧标示出比例，平面图一般采用 1∶100，这是根据房屋的大小和复杂程度选自《房屋建筑制图统一标准》（GB / T 50001—2001）。在底层平面图上用指北针表示房屋的朝向。

（2）定位轴线及编号。平面图上要标注定位轴线及编号，由此可以了解墙、柱的位置和数量。定位轴线及编号的绘制方法见第 5 章 5.7 节定位轴号。

（3）墙、柱的断面，房间的平面布置。在平面图上要绘制墙、柱的断面，并清晰反映出房间的平面布置。《房屋建筑制图统一标准》规定，在建筑平面图中，当比例大于 1∶100 时，墙、柱的断面绘制建筑材料图例（可见第 6 章表 6-5）；当比例为 1∶100～1∶200 时，墙、柱的断面绘制简化的材料图例（砖墙涂红色，钢筋混凝土涂黑色）；比例小于 1∶200 时，墙、柱的断面可不绘材料图例；比例大于 1∶50 时，应绘出抹灰层的面层线：比例等于 1∶50 时，抹灰层的面层线应根据需要而定；比例小于 1∶50 时，可不绘抹灰层的面层线。在本书中，为了图形清晰起见，只涂黑了钢筋混凝土构件的断面，没有涂红砖墙的断面。

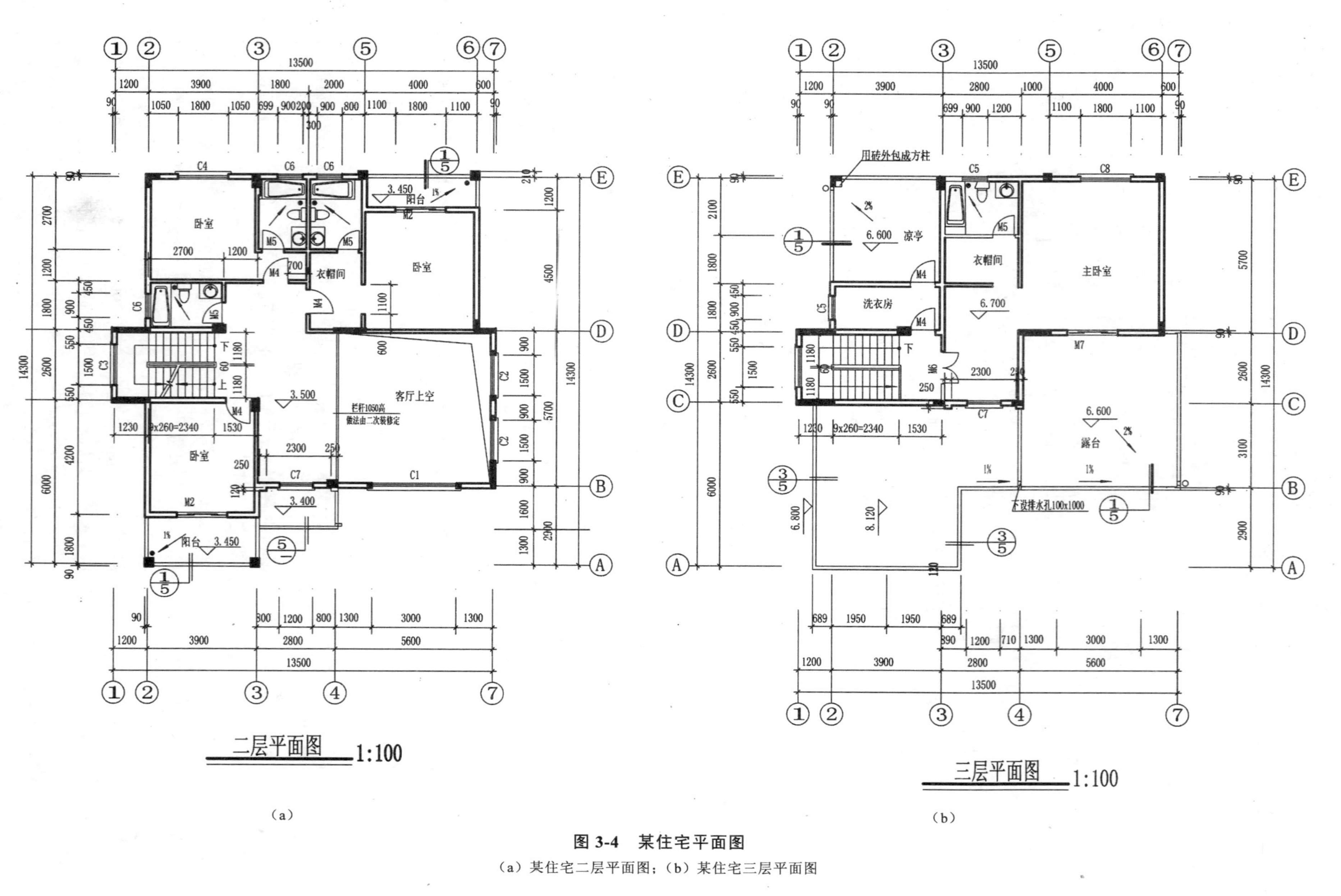

图 3-4 某住宅平面图

(a) 某住宅二层平面图；(b) 某住宅三层平面图

（4）标示出门窗的位置、编号及门窗表。在建筑平面图中，标示出门窗的位置并按规定的图例表示。在图例的一侧还要注写门窗的编号如 M1、M2、C1、C2 等，其中 M 是门的代号，C 是窗的代号，具有相同编号的门窗，表示它们的构造和尺寸完全相同。为了便于施工，在首页图或建筑平面图中列有门窗表，表中列出门窗的编号、名称、数量、尺寸及所选标准图集的编号等内容。至于门窗的细部尺寸和做法，则要看门窗的构造详图。

（5）其他构配件和固定设施。在建筑平面图中，除了墙、柱、门窗外，还应画出其他构配件和固定设施的图例或轮廓形状，如阳台、雨篷、楼梯、通风道、厨房和卫生间的固定设施、卫生器具等。

（6）室内外的有关尺寸，地面、平台的标高。在建筑平面图中，要标注相关的尺寸，并在室内外地面、楼面、阳台、平台等处标注标高。

（7）有关的符号、文字。在底层平面图中，除了应画出指北针外，在需要绘制建筑剖面图的部位，还需画出剖切符号，在需要另画详图的局部或构件处，画出索引符号，以便与剖面图和详图对照查阅。另外用文字标示建筑的功能、施工方法、材料等。

3.3.3 建筑构配件图例

建筑施工图中对门、窗等配件及楼梯等构件应该按国标中规定的图例绘制，如表 3-2 所示。

表 3-2　　　　构造及配件图例

序号	名　称	图　例	说　明
1	楼梯	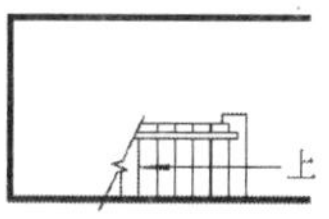 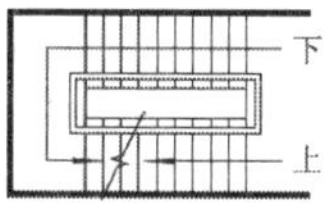 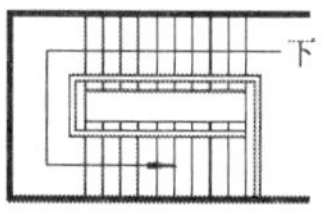 上 下 上 下	（1）上图为底层楼梯平面，中间为中间层楼梯平面，下图为顶层楼梯平面。 （2）楼梯的形式及步数应按实际情况绘制
2	孔洞	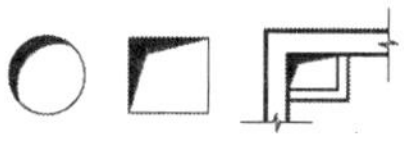	
3	坑槽	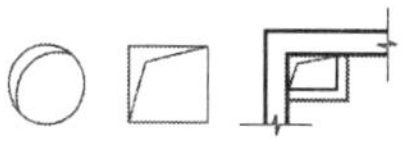	
4	通风道	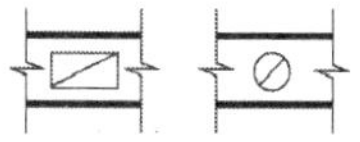	
5	烟道	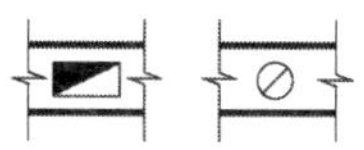	

续表

序号	名　称	图　例	说　明
6	外开平开窗	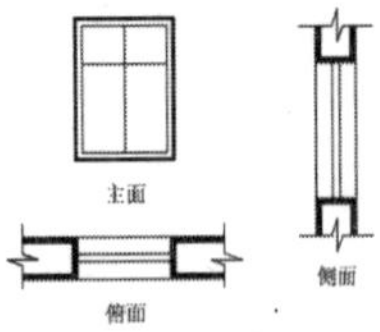	（1）窗的名称代号用 C 表示。 （2）本图例包括窗的平面、正立面和侧立面图。 （3）立面形式应按实际形式绘制
7	单层悬窗	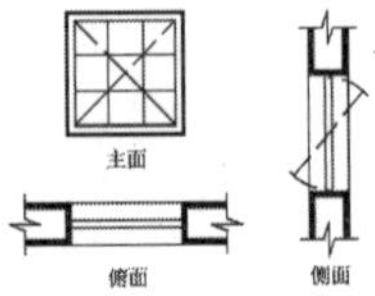	
8	单扇门	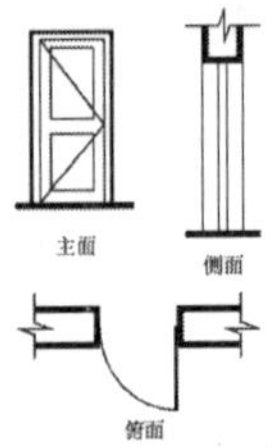	（1）门的名称代号用 M 表示。 （2）本图例包括门的平面、正立面和侧立面图。 （3）立面形式应按实际形式绘制
9	双扇双面弹簧门	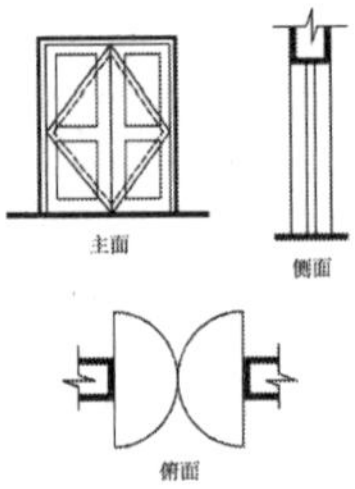	
10	双扇移门	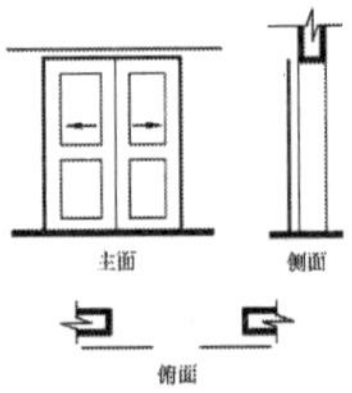	

3.3.4　建筑平面图的图线要求

（1）剖到的建筑的墙、柱子用粗实线绘制，未被剖到的建筑构件用中粗实线绘制。

（2）台阶、阳台和雨篷等构件用中粗线绘制。

（3）抹灰层或用图例表示的门、窗用细实线绘制。

（4）尺寸标注、符号的线型遵循制图标准（参见第 5 章内容）。

3.3.5　CAD 绘制建筑平面图

CAD 绘制建筑平面图和手绘步骤相似，比较重要的是对线型的设置。CAD 是通过图层设置来设置线型的，因此要将图层设置好，主要绘图步骤如下。

（1）设置图层。执行 la 命令，建立若干个图层，分别命名为："中轴、墙体、门、窗、尺寸、文字、建筑构件、家具、装饰线、柱子"，也可根据习惯用英文命名，并给各图层分配颜色，如图 3-5 所示。

设置线宽。根据制图规范，设置粗实线、中粗线、细实线。本例中将"墙体"层线宽设为 1.0，窗门建筑构件层设为 0.5，其他图层设为 0.25。单击图层中的线宽栏，会跳出如图 3-6（a）对话框，选择相应的线宽，单击"确定"，线宽设置完成。

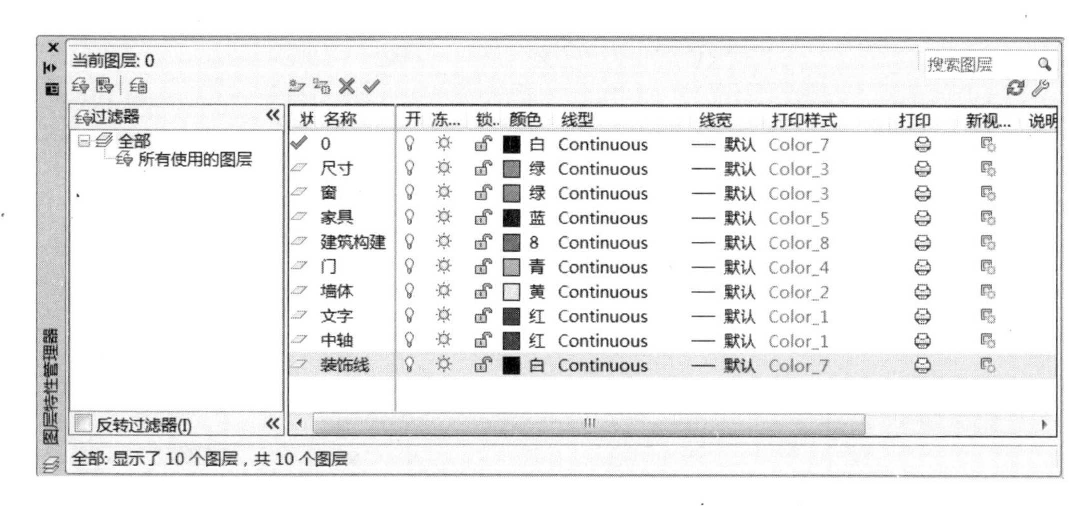

图 3-5　“图层特性管理器”对话框

设置线型。本例中，中轴线应设置为单点长划线。单击图层对话框中的线型栏，会弹出如图 3-6（b）对话框，单击“加载”，弹出对话框，在对话框中，选择“ACAD_IS004W100”，然后单击“确定”按钮完成。

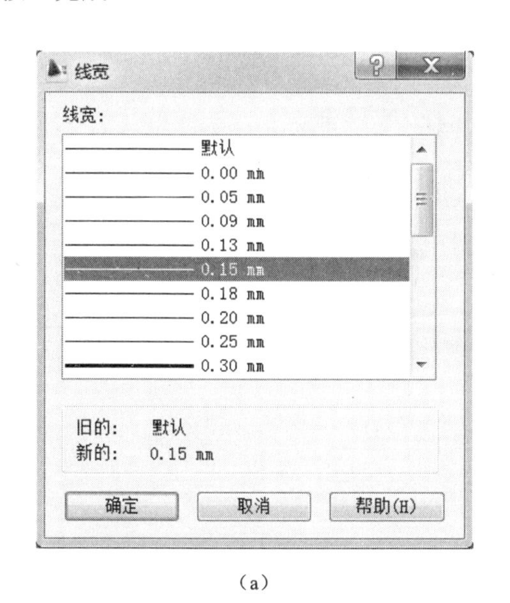

（a）

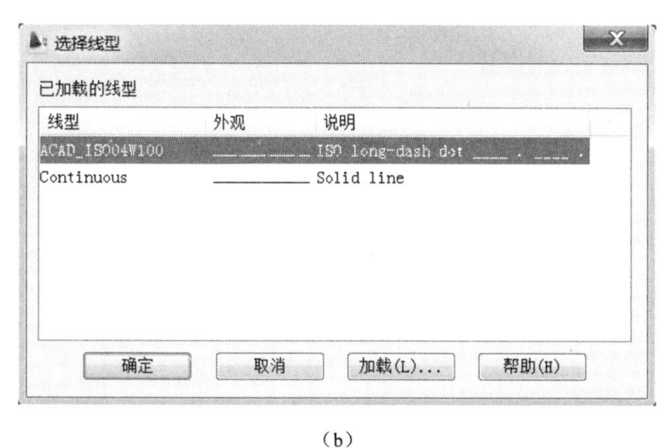

（b）

图 3-6

（a）图层线宽设置对话框；（b）图层线型设置对话框

（2）绘轴线。把“中轴”层设为当前层，执行 l 命令，绘制水平和垂直的两条直线，再执行 o 命令，输入轴中距，或墙中距，复制并绘出轴线网，如图 3-7（a）所示。

（3）绘墙体。执行 o 命令，输入墙的厚度的 1/2 数值（120），向中轴两侧偏移出墙体，如图 3-7（b）所示。再选择墙体线，键入 Ctrl+1 打开“属性对话框”（图 3-8），将“图层”一栏改为“墙体”层。

执行 tr 命令，整理墙体线，完成墙体的轮廓。执行 h 命令，打开“图案填充和渐变色”对话框，如图 3-9（b）所示，在图案一栏选择 Soltd，单击“添加拾取点”按钮，再单击柱子或承重墙，将柱子或承重墙填充成实心色块，如图 3-9（a）所示。

（4）绘门窗。隐藏“中轴”层，在墙体上截取窗子和门，并执行 tr 命令，将门洞和窗洞画出，如图 3-10（a）、（b）所示。

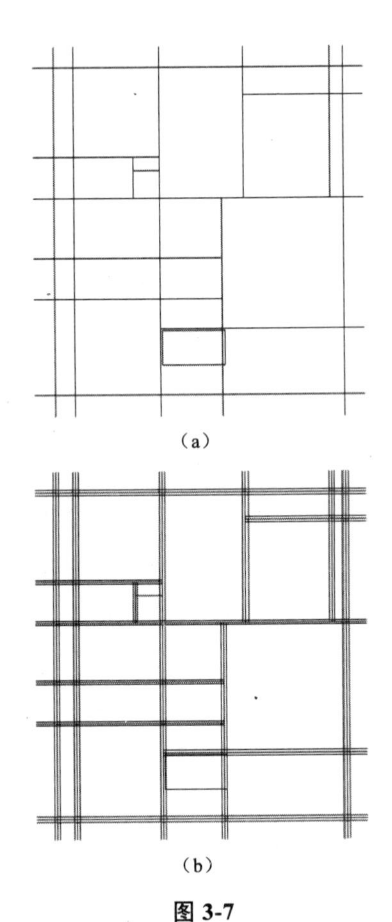

(a)

(b)

图 3-7

(a) 绘轴线；(b) 绘墙体

图 3-8　“属性”对话框

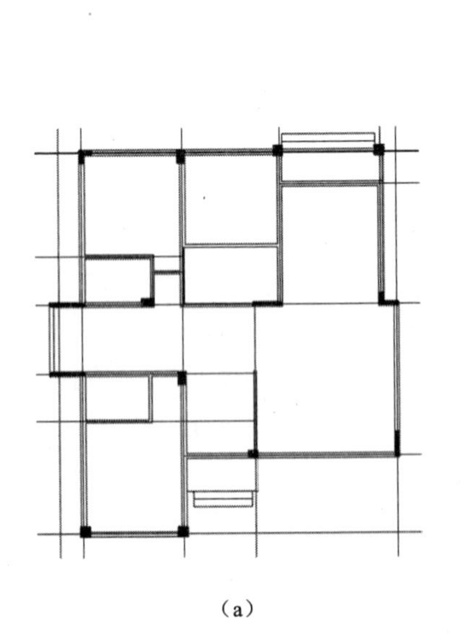

(a)

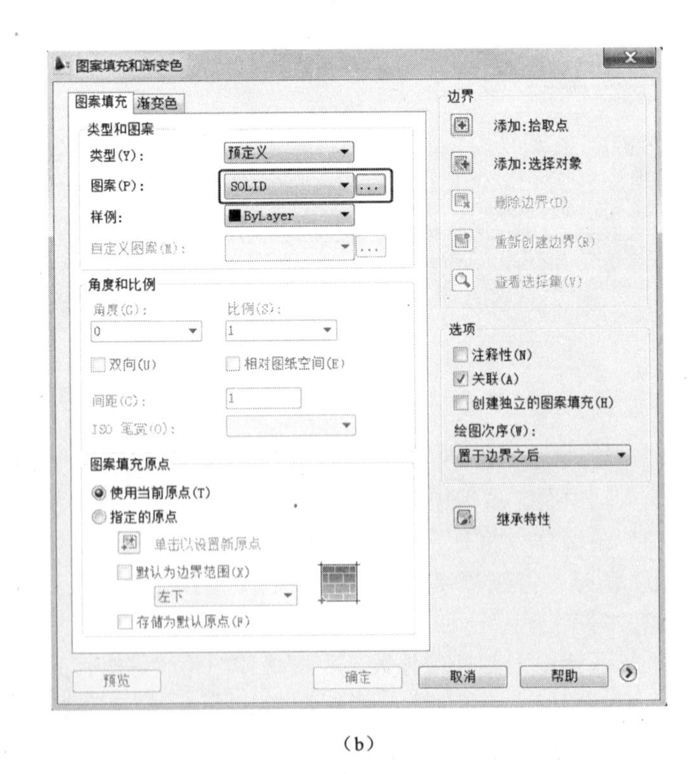

(b)

图 3-9

(a) 填充柱子或承重墙；(b) 图案填充和渐变色对话框

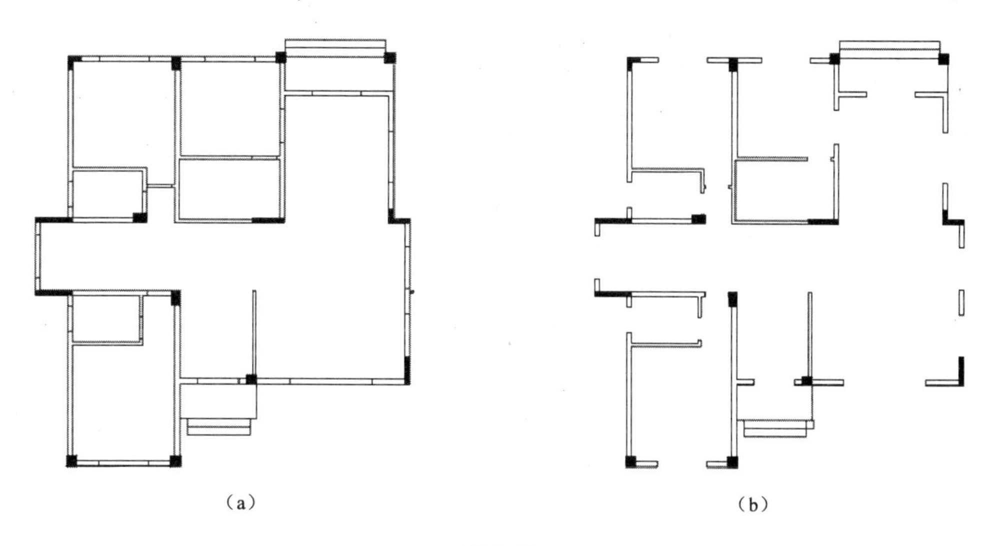

（a）　　　　　　（b）

图 3-10

将图层“门”设为当前层，执行常用的绘图命令，绘制出门和门弧。用同样的方法在图层“窗”上，绘制出窗子的图形。如果窗子和门的图形重复，可以先定义块，然后插入块，能节省绘图的时间，如图 3-11（a）所示。

（5）绘制其他建筑构件与家具。在图层“建筑构件”上绘制出楼梯，在图层“家具”上绘制出卫生间的洁具，如图 3-11（b）所示。

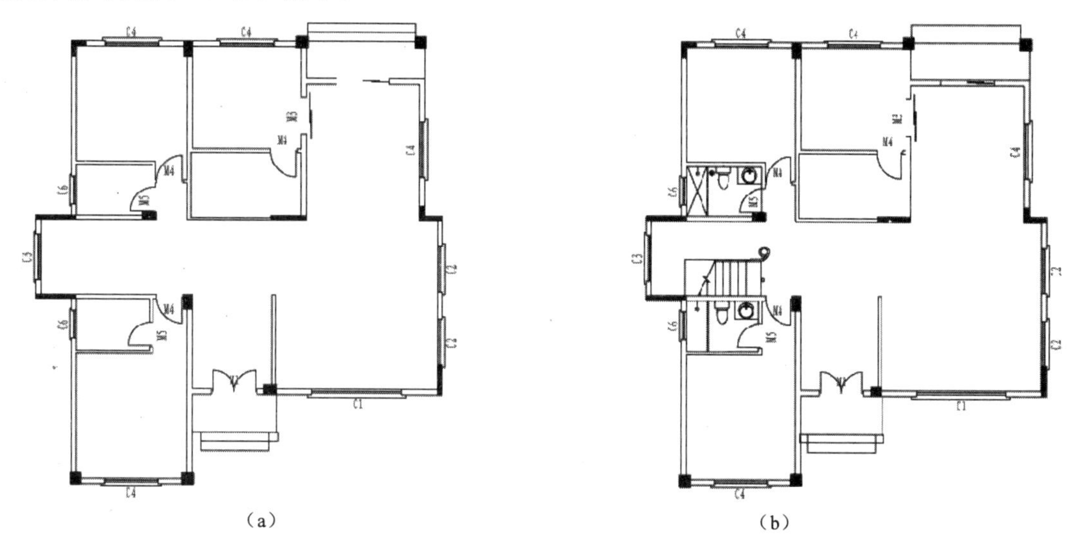

（a）　　　　　　（b）

图 3-11

（6）在中轴线上标上尺寸，并写上说明文字，完成如图 3-3 所示。尺寸标注，可参见第 5 章和第 6 章内容。

3.4 屋顶平面图

3.4.1 屋顶平面图的概念

建筑的屋顶平面图也称屋顶排水图，它是将房屋直接向水平投影面作正投影所得到的图样。

3.4.2 屋顶平面图的内容

（1）建筑屋顶的形状、大小、基本构造。

（2）屋顶平面图要表示出屋面的排水方向和坡度、檐沟和雨水管的位置，因此屋顶平面图也称屋面排水图。

（3）表示出水箱、烟道、上人孔的位置和大小。由于屋顶平面图比较简单，因此可以根据实际情况采用与其他平面图相同或更小的比例绘制。屋顶平面图是建筑制图重要的制图内容，但在室内设计制图中，因为表达的对象在建筑的内部，屋顶平面图往往被忽略。

3.4.3 屋顶平面图的图线要求

（1）建筑外轮廓和主要轮廓用粗实线绘制。

（2）外轮廓之内的墙面轮廓以及水箱、烟道、上人孔等构件用中粗线绘制。

（3）较小的构配件的轮廓用细实线绘制，如雨水管，墙面引条线等。

（4）尺寸标注、符号的线型遵循制图标准（参见第 5 章内容）。屋顶平面图如图 3-12 所示。

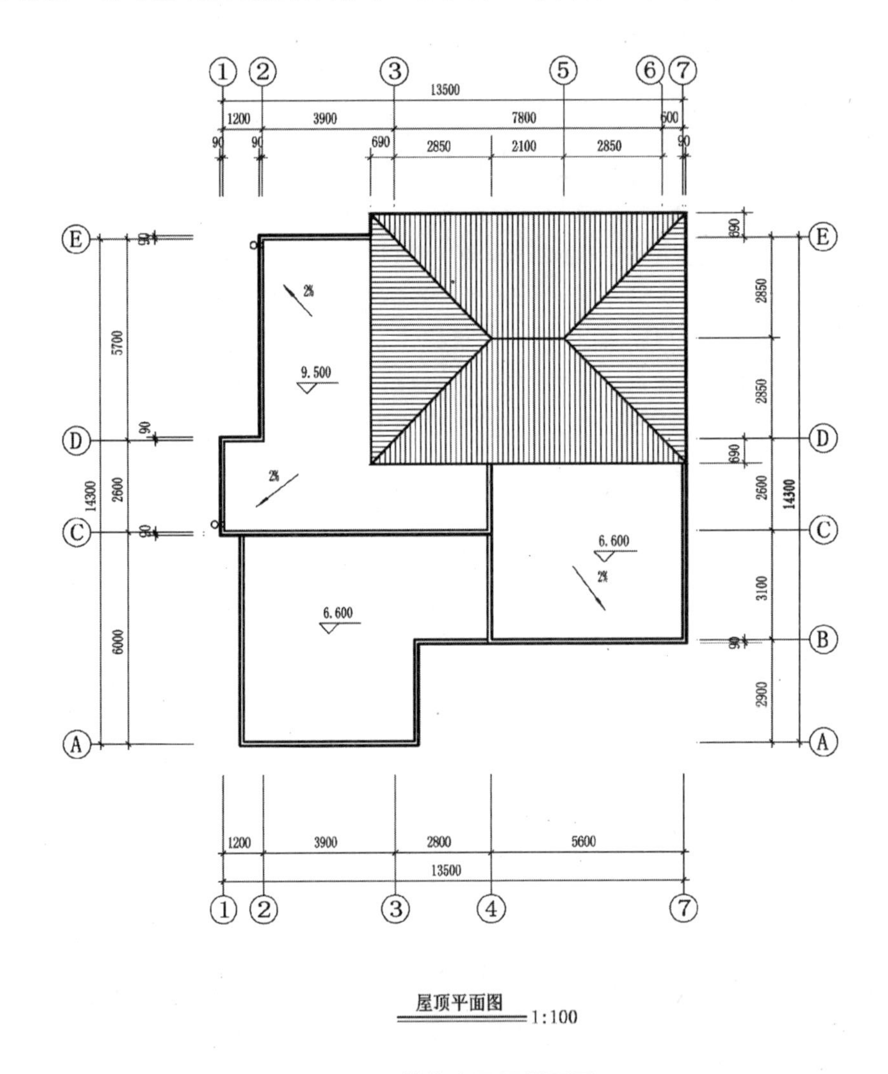

图 3-12 某住宅屋顶平面图

3.5 建筑立面图

3.5.1 建筑立面图的概念

建筑立面图是在与房屋的立面平行的投影面上所作的房屋的正投影，它主要表示房屋的外貌、外墙面装修及立面上构配件的标高和必要的尺寸，也是建筑施工图中最基本的图样之一。

由于建筑立面图按规定只画可见面，所以，若房屋的前后、左右四个立面都不相同，就要画四个立面图。立面图的图名宜根据两端定位轴线编号来命名，对于那些简单的无定位轴线的建筑物，则可按房屋立面的朝向来命名，如图 3-13 所示。

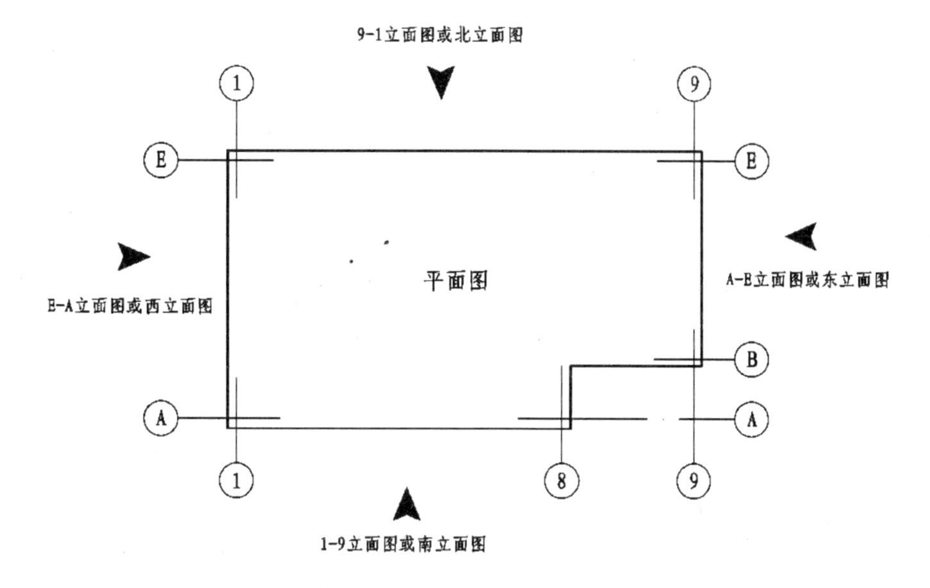

图 3-13　某住宅屋顶平面图

较简单的对称房屋，在不影响表达构造处理和施工的情况下，立面图可绘制一半，并在对称轴线处画对称符号。平面形状曲折的建筑物，可绘制展开立面图，圆形或多边形平面的建筑物可分段展开绘制立面图，但均应在图名后加注“展开”二字。

3.5.2　建筑立面图的内容

（1）图名和比例。在图样的下方标注出立面图的图名，如①～⑦立面或南立面。建筑立面图通常采用与建筑平面图相同的比例，所以立面图的比例一般是 1∶100，如图 3-14 所示。

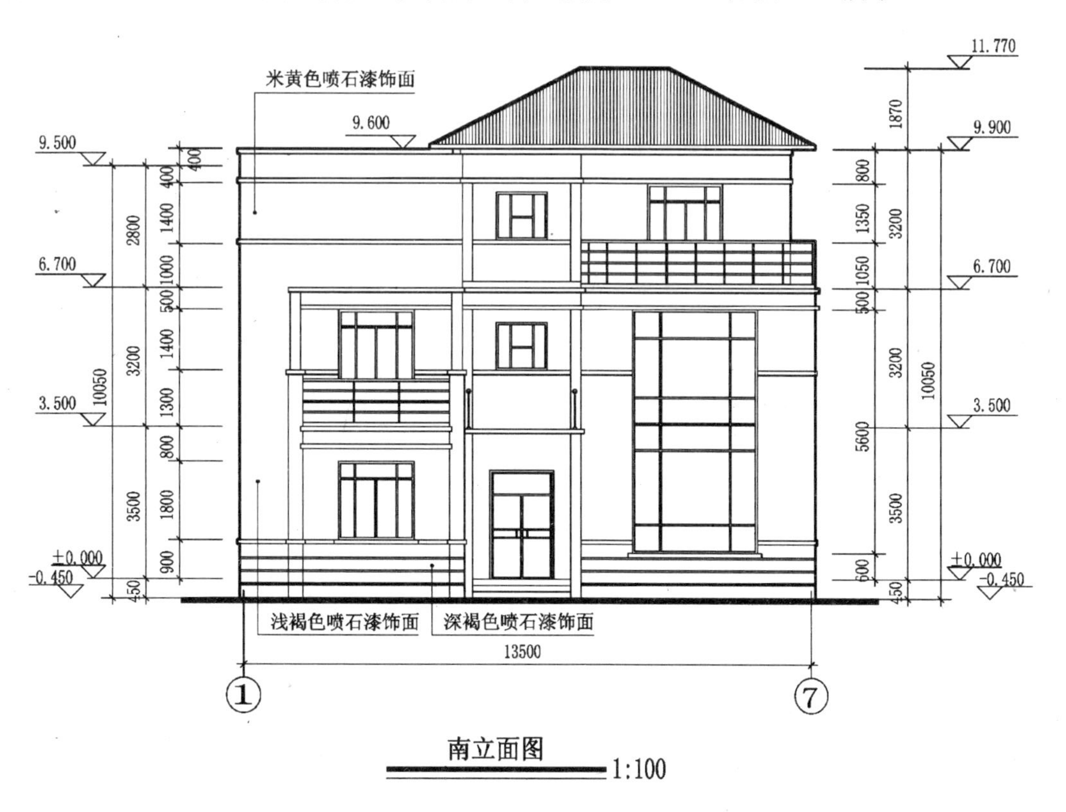

图 3-14　某住宅立面图

（2）房屋的外貌。建筑立面图反映了房屋立面的造型及构配件的形式、位置以及门窗的开启方向。图 3-15 为某住宅北、东、西立面图。外墙面的装修常用指引线作出文字说明，包括外墙面的装修材料、色彩和作法。

（3）标高尺寸。在建筑立面图上，应标注外墙上各主要构配件的标高，如室外地面、台阶、门窗洞、雨篷、阳台、屋顶、墙面上的引条线等。若外墙上有预留孔洞，除标注标高外，还应注出其定形尺寸和定位尺寸。为方便读图，常将各层相同构造的标高注写在一起，排列在同一铅垂线上，如图 3-14 所示。需要指出的是，在立面图上标注标高时，除门窗洞顶面和底面的标高都不包括抹灰层外，其他构配件的上顶面标高是包括抹灰层在内的装修完成后的标高，又称为建筑标高，如阳台栏板顶面等。而构配件下底面的标高是不包括抹灰层在内的结构底面标高，又称为结构标高，如阳台底面。

（4）索引符号。在建筑立面图中需要索引出详图的位置，应加索引符号（参见第 5 章 5.12 节、5.13 节内容）。

图 3-15　某住宅北、东、西立面图（省略了标注）

3.5.3　建筑立面图的图线要求

（1）建筑立面图的外轮廓线用粗实线表示，室外地面线也可用宽度为 1.4*b*（设粗实线宽度为 *b*）的加粗实线。

（2）建筑立面图外轮廓之内的墙面轮廓线以及门窗洞、阳台、雨篷等构配件的轮廓用中实线。

（3）一些较小的构配件的轮廓线用细实线，如雨水管、墙面引条线、门窗扇等。

（4）尺寸标注、符号的线型遵循制图标准（参见第 5 章内容）。

3.6　建 筑 剖 面 图

3.6.1　建筑剖面图的概念

建筑剖面图是房屋的垂直剖面图，即假想用一个或多个平行于房屋立面的垂直剖切平面剖开房屋，移去剖切平面与观察者之间的部分，将留下的部分向投影面作正投影所得到的图样。

建筑剖面图主要用来表示房屋内部的结构形式、分层情况和各部位的联系、材料、高度等。建筑剖面图也是建筑施工图中最基本的图样之一，它与建筑平面图、建筑立面图相互配合，表示房屋的全局。

建筑剖面图的数量应按房屋的复杂程度和施工中的实际需要确定。剖切的位置应选在房屋内部结构比较复杂或典型的部位，并应通过门窗洞的位置，如房屋的入口处、多层房屋的楼梯间或层高不同、层数不同的部位。建筑剖面图的图名应与底层平面图上所标注剖切符号的编号一致，如 1—1 剖面图。

3.6.2　建筑剖面图的内容

（1）图名、比例和定位轴线。剖面图图名是 X—X 剖面图，由此编号可在底层平面图中找到相应的剖切符号。建筑剖面图通常视房屋的大小和复杂程度选用与建筑平面图相同的或较大一些的比例。

在建筑剖面图中，凡是被剖切到的墙、柱都要画出定位轴线并标注定位轴线间的距离以便与建筑平面图对照阅读。

（2）剖切到的建筑构配件。在建筑剖面图中，应画出房屋基础以上部分被剖切到的建筑构配件，从而了解这些建筑构配件的位置、断面形状、材料和相互关系。国家标准中规定，当剖面图的比例大于或等于 1∶200 时，宜画出楼地面的面层线；当比例小于 1∶200 时，楼地面的面层线可根据需要而定。图中抹灰层和材料图例的画法与建筑平面图的规定相同。

（3）未剖切到的可见构配件。在建筑剖面图中还应画出未剖切到但按投影方向能看到的建筑构配件，从而了解它们的位置和形状。

（4）房屋垂直方向的尺寸及标高。在建筑剖面图中应标注房屋沿垂直方向的内外部尺寸和各部位的主要标高（图 3-16）。外部通常标注三道尺寸，称为外部尺寸，从外到内依次为：总高尺寸、层高尺寸、外墙细部尺寸。剖面图图中还应注明了室内外地面、楼面、楼梯平台、阳台地面、屋面、雨篷底面等处的标高。同建筑立面图一样，门窗洞的上下面和构配件的底面为结构标高，其余为建筑标高。

（5）索引符号。在建筑剖面图中，凡需绘制详图的部位均应画上详图索引符号（参见第 5 章 5.12 节、5.13 节内容）。

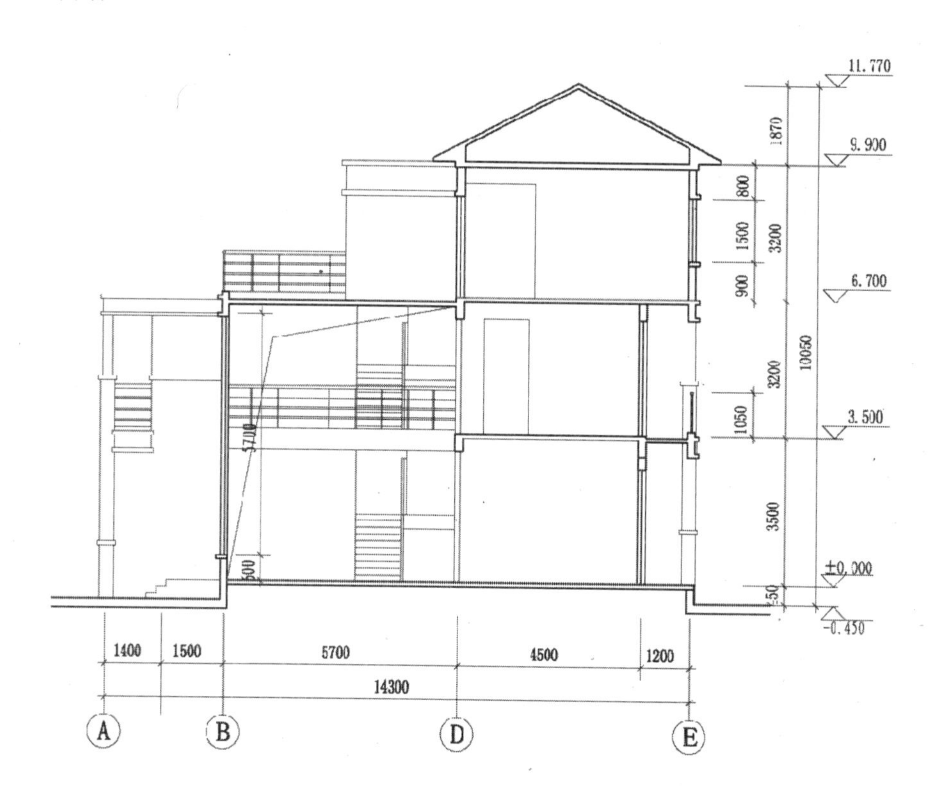

图 3-16　某住宅剖立面图

3.6.3　建筑剖面图的图线要求

（1）剖到的建筑墙、柱子及其他构件用粗实线绘制。

（2）未剖到的建筑墙、柱子以及台阶、阳台和雨篷等构件用中粗线绘制。

（3）抹灰层或用图例表示的门、窗用细实线绘制。

（4）尺寸标注、符号的线型遵循制图标准。

3.7 建 筑 详 图

3.7.1 建筑详图的概念

虽然建筑平面图、建筑立面图和建筑剖面图三图配合表达了房屋的全貌，但由于所用的比例比较小，房屋上的一些细部构造不能清楚地表示出来，因此在建筑施工图中，除了上述三种基本图样外，还应当把房屋上的一些细部构造，采用较大的比例将其形状、大小、材料和做法详细地表达出来，以满足施工的要求，这种图样称为建筑详图，又称为大样图或节点图。

建筑详图的数量视房屋的复杂程度和平、立、剖面图的比例确定，一般有墙身详图、楼梯详图、阳台详图、门窗详图等。建筑详图通常采用详图符号作为图名，与被索引的图样上的索引符号相对应，并在详图符号的右下侧注写绘图比例。若详图中的某一部位还需要另画详图时，则在其相应部位画上索引符号。若详图采用标准图，只要注明所选用图集的名称、标准图的图名和图号或页次，就不必再画详图。例如，门窗通常都是由工厂制作，然后运往工地安装，因此，只需要在建筑平、立面图中表示门窗的外形尺寸和开启方向，其他细部构造（截面形状、用料尺寸、安装位置、门窗扇与框的连接关系等）则可查阅标准图集，而不必再画门窗详图。在建筑详图中，对多种材料分层构成的多层构造，如地面、楼面、屋面、墙面、散水等，除了画出各层的材料图例外，还要用文字说明各层的厚度、材料和做法，其方法是用引出线指向被说明的位置，引出线的一端通过被引出的各构造层，另一端画若干条与其垂直的横线，将文字说明注写在水平线的上方或端部，文字说明的次序应与构造的层次一致，如层次为横向排列，则由上至下的说明顺序应与由左至右的层次相互一致，如图 3-17 所示。

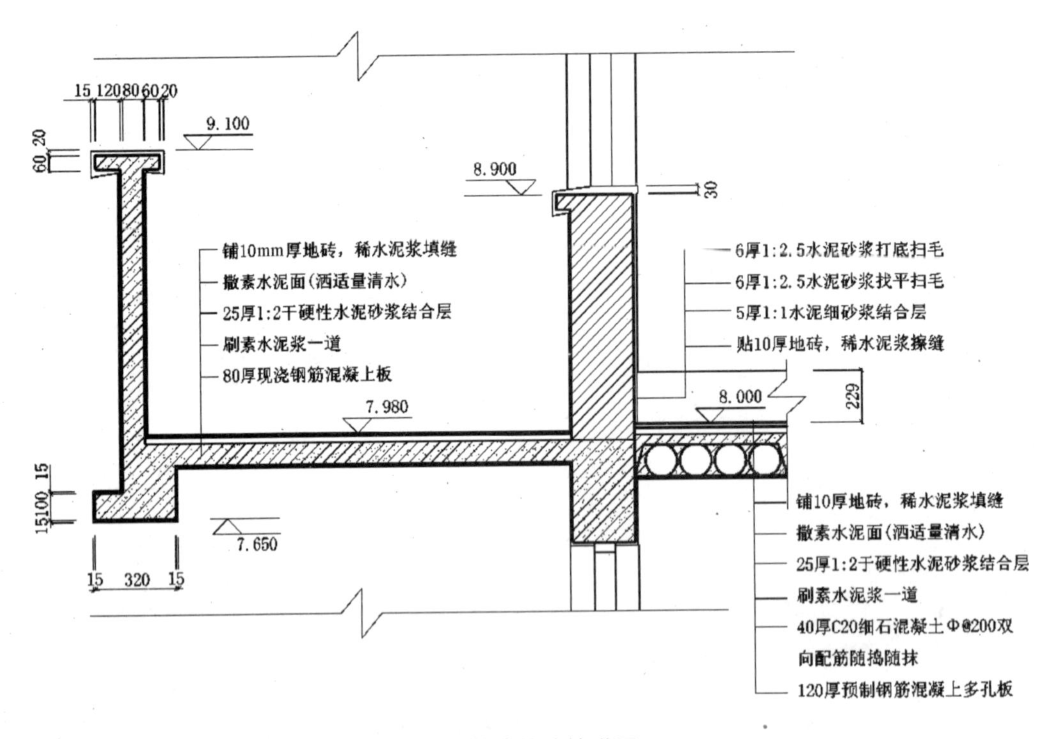

图 3-17 某建筑外墙详图

3.7.2 建筑详图案例说明

3.7.2.1 外墙身详图

外墙身详图实际上是建筑剖面图的局部放大图，主要表达墙身从防潮层到屋顶各主要节点的构造和做法，当多层房屋的中间各节点构造相同时，可只画出底层、顶层和一个中间层。图 3-17 是中间节点，它表明中间层的阳台、窗台、窗顶、楼面以及室内、外墙面的构造和做法。从图 3-17 中可以看到，阳台的地面和栏板都是现浇钢筋混凝土板，与阳台地面下面的过梁、窗顶上的圈梁浇筑为一个整体，阳台地面和楼面的做法均采用多层结构说明的方式，中间各层楼面、内外墙面的构造和做法同顶层节点。从图中还可以看出窗台和窗顶的做法是外窗台顶面和底面都用抹灰层做成一定的排水坡度，内窗台是水平的上加白色水磨石面板。

3.7.2.2 楼梯详图

楼梯是多层建筑上下交通的主要设施，一般由楼梯段、楼梯平台和栏杆等组成，建造楼梯常用钢材、木材、钢筋混凝土等材料。目前木楼梯很少应用，钢楼梯大多用于工业厂房，在房屋建筑中应用最多的是预制或现浇钢筋混凝土楼梯。

楼梯详图一般包括楼梯平面图、楼梯剖面图和踏步、栏杆等节点详图。楼梯平面图、楼梯剖面图比例要一致，并尽可能画在同一张图纸内，以便对照阅读。踏步等节点详图比例要大些，以便将这些部分的构造表达清楚。楼梯详图主要表示楼梯的类型、结构形式、各部位的尺寸及装修做法等。下面分别介绍楼梯详图的内容及其图示方法。

1. 楼梯平面图

楼梯平面图是楼梯间的水平剖面图，一般应画出每一层的楼梯平面图。三层以上的房屋若中间各层的楼梯位置以及梯段数、步级数（每上一个台阶为一步级）和大小都相同时，可以只画底层、中间层和顶层三个平面图。楼梯平面图的剖切位置在该层往上走的第一梯段的任一位置处，剖切后从上向下投射，并规定被剖切到的梯段用一根45°折断线断开。在每一梯段处画一长箭头，注有上或下和步级数，表示从下一层到上一层或从上一层到下一层的步级数。图3-18是某住宅底层、二层、三层楼梯平面图，在底层平面图中，画出了到折断线为止的上行第一梯段，箭头表示上行方向，注明往上走21个步级到达二层楼面；在二层平面图中，折断线的一边是该层的上行第一梯段，注明往上走20个步级

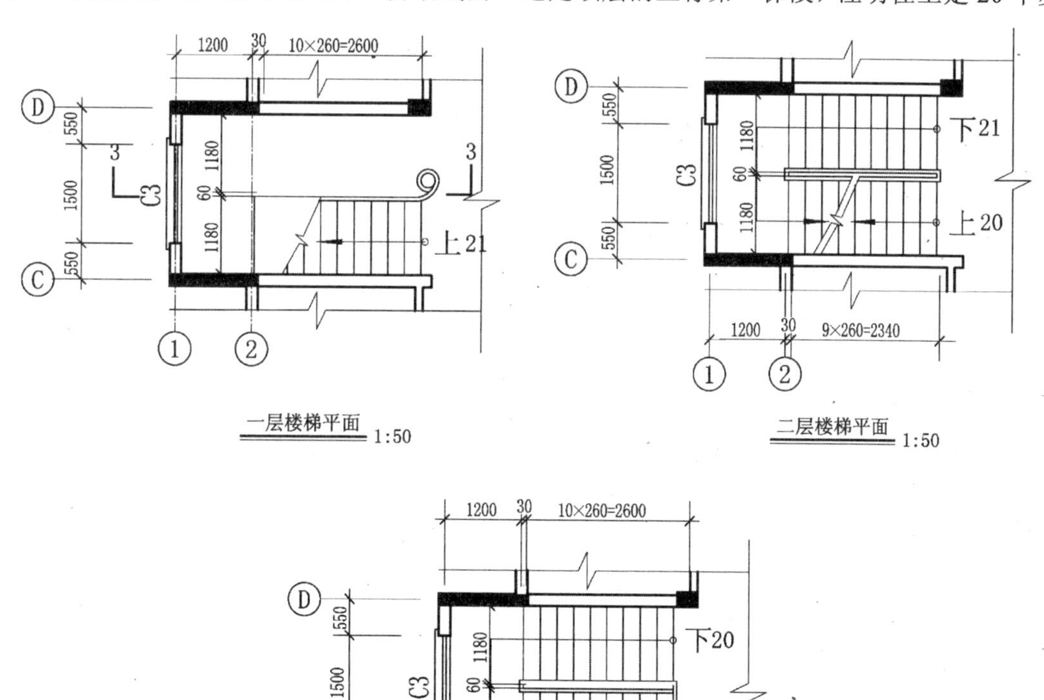

图3-18　某住宅楼梯平面图

到达三层楼面，而折断线的另一边是该层的下行第二梯段，在该平面图中，还画出了未剖切到的该层下行第一梯段和楼梯进口处地面，并用箭头表示下行方向，注明往下走 21 个步级到达底层地面；在顶层平面图中，由于水平剖切面剖切不到楼梯段，图中画出的是从顶层下行到 6 层楼面的两个完整的楼梯段和楼梯段间的楼梯平台。从图 3-18 中还可以看到，楼梯段上的栏杆和扶手到达顶层后，就在这个位置处转弯，沿楼面边缘继续做栏杆和扶手，一直到墙壁为止。

在楼梯平面图中，除注出楼梯间的定位轴线和定位轴线间的尺寸以及楼面、地面和楼梯平台的标高外，还要注出各细部的详细尺寸，通常把楼梯段的长度尺寸与踏面数、踏面宽的尺寸合并写在一起，如底层平面图中的 10×260＝2600，表示该楼梯段有 10 个踏面，每个踏面宽 260mm，楼梯段的长度为 2600mm。

2. 楼梯剖面图

楼梯剖面图是楼梯间的垂直剖面图，即假想用一个铅垂的剖切平面，通过各层的一个楼梯段。将楼梯间剖开，向没有被剖到的楼梯段方向投射所得的图样，其剖切符号画在楼梯的底层平面图中。特殊之处，一般可不画。这个楼梯剖面图画出了除屋面之外各层的楼梯段和楼梯平台，从图 3-19 中可以看出，每层有两个楼梯段，称为双跑式楼梯，楼梯段是现浇钢筋混凝土板式楼梯，与楼面、楼梯平台的钢筋混凝土现浇板浇筑成一个整体。在楼梯剖面图中，应注明地面、楼面、楼梯平台等的标高。通常把楼梯段的高度尺寸与踏面数、踏面高的尺寸合并写在一起，如图 3-19 中底层上行第一梯段处的 11×166，表示该楼梯段有 11 个踏面，每个踏面高 166mm。从图中的索引符号可知，楼梯栏杆、扶手、踏步面层和楼梯节点的构造另有详图，用更大的比例表达它们的细部构造、大小、材料、做法等情况。

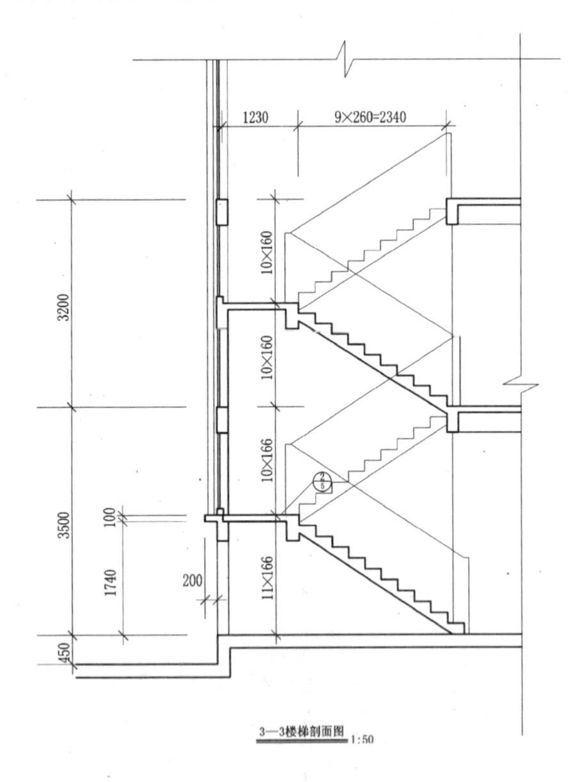

图 3-19　某住宅楼梯剖面图

3. 楼梯节点详图

如图 3-20 所示，编号为 2 的楼梯节点详图是从图 3—3 楼梯剖面图（图 3-19）索引过来的。它表明了楼梯段、楼梯平台、栏杆等的构造、细部尺寸和作法。从图中可以看出，楼梯段是现浇钢筋混凝土板式楼梯，楼梯平台是 80 厚现浇钢筋混凝土板，楼梯段、楼梯梁和楼梯平台浇筑为一体，它们的面层采用 20 厚水泥砂浆找平，其上粘贴 15 厚磨光花岗岩板饰面。栏杆由边长为 18mm 的方钢焊成，其定位尺寸和高度如图 3-20 中所示。在这个详图的扶手处有一编号为 4 的索引符号，表明在本张图纸上有编号为 4 的扶手断面详图。从 4 号详图中，可以看出扶手的断面形状、尺寸、材料以及与栏杆的连接情况。

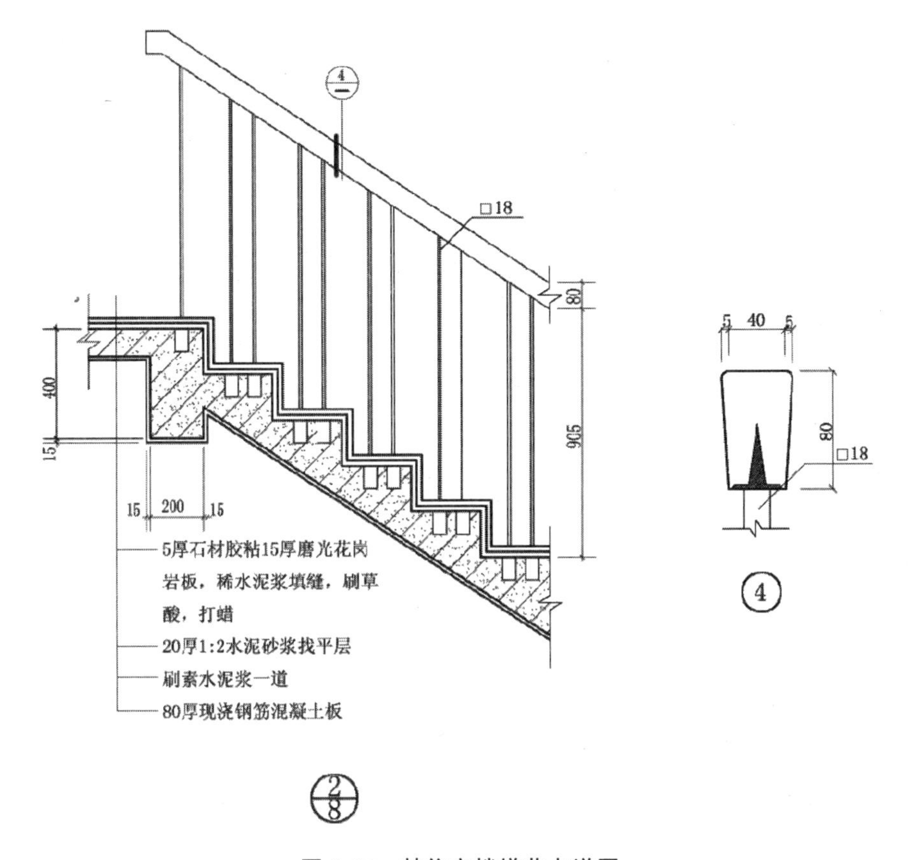

图 3-20　某住宅楼梯节点详图

3.8　习　　题

（1）请任课老师准备一套完整的建筑施工图，提供给学生阅读。

（2）请任课老师带领学生参观校园里结构较为简单的教学楼或办公楼，并测量或估算建筑的尺度，然后绘制这座建筑的平面图、立面图、剖面图，如果建筑过于复杂，可绘制局部（上机操作）。

第4章

透视图与轴测图

透视图和轴测图都是室内设计中的重要图样，也分别称为中心投影和斜平行投影。透视图最接近于人眼的所见，因此不具备制图知识的人也能看懂，在室内设计中一般用于辅助绘制效果图。轴测图既有立体感又可以度量，是构造、家具、室内布置常用的图示手段。本章将讲述有关这两种图样的一些基本原理与作图方法。

4.1 透视图的基本知识

透视图是采用中心投影法作出的单面投影，其形成过程大致如图 4-1 所示。从投射中心（相当于人的眼睛）向表达对象引一系列投射线（相当于人的视线），这些投射线与投影面的交点所组成的图形即为该表达对象的中心投影——透视图。

从图 4-1 中可见，透视图是一种比较接近于人眼直接观察的视觉效果，具有近大远小特点的图形。

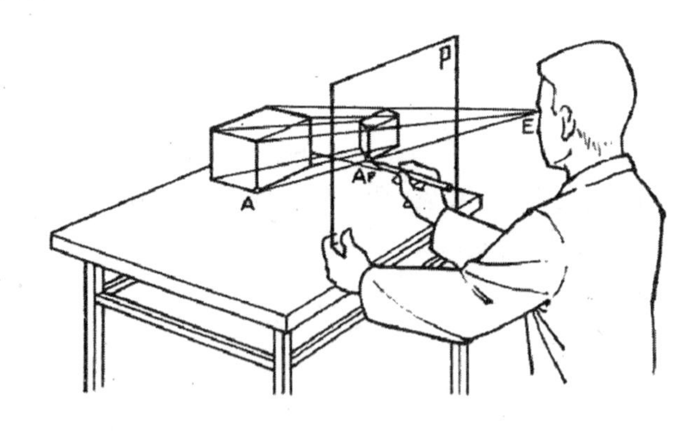

图 4-1

4.1.1 基本术语和符号

为了便于说明和使读者易于理解透视原理，掌握透视图的作图方法，下面先介绍有关的术语和符号（见图 4-2）。

（1）画面 P——绘画透视图的平面。

（2）基面 H——放置空间形体的水平面（即地平面）。

（3）基线 p—p——画面与基面的交线。

（4）视点 S——投射中心（相当于人的眼睛），从视点出发的投射线称为视线。

（5）站点 s——视点在基面上的投影（相当于人站立的位置）。

（6）主点 s′——视点在画面上的投影，即过视点所作的主视线 Ss′在画面上的垂足。

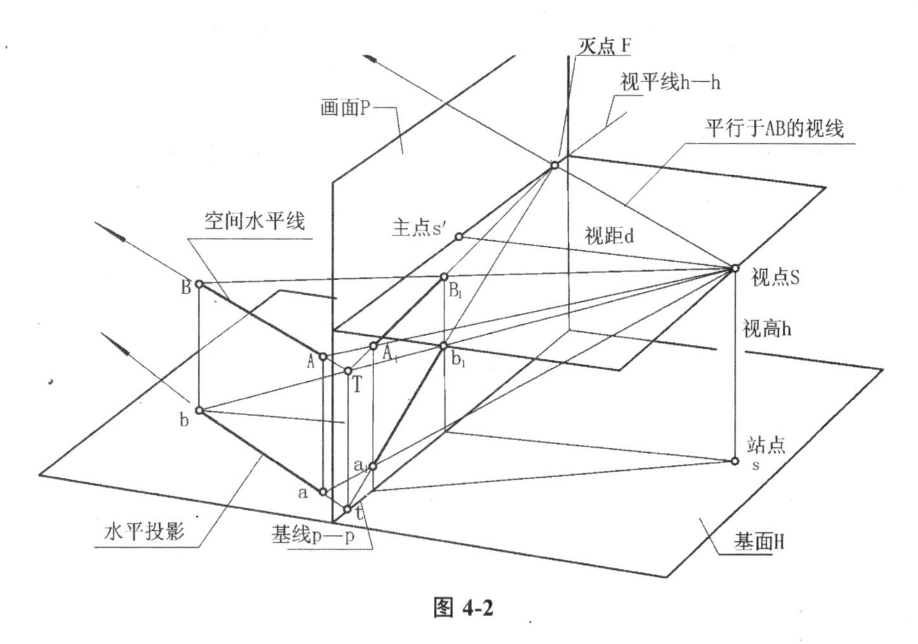

图 4-2

（7）视平线 h—h——过视点的视平面与画面的交线，即过主点 s′所作的水平线。

（8）视距 d——视点到画面的距离，即主视线 Ss′的实长。

（9）视高 h——视点到基面的距离（相当于人眼睛离地平面的高度）。

（10）灭点 F——直线上无穷远点的透视称为灭点。它可由过视点作平行该直线的视线与画面相交而求得。当空间直线为水平线时，其灭点在视平线上。

（11）点的透视——通过任一空间点的视线与画面的交点，如点 A 的透视 A_1。

（12）基透视——空间几何元素或形体的水平投影（即平面图）的透视，如水平投影 ab 的透视 a_1b_1。

（13）真高线——画面 p 上的铅垂线。画面 p 上的直线的透视是其自身，故画面上的直线的透视反映其长。因此，利用真高线可方便地确定某一点处铅垂线的高度或某一点的透视高度，如 Tt 即为真高线。

（14）全长透视——直线 TF 是空间直线 AB 上所有点的透视结合，因此称 TF 是 AB 的全长透视或透视方向。

4.1.2 建筑透视图的分类

根据视点、建筑形体、画面三者之间相对位置的不同，建筑形体的透视形象也就有所不同。建筑设计、室内设计经常使用的透视图大体上可分为三类。

（1）一点透视。当画面垂直于基面，建筑形体有一主立面平行于画面而视点位于画面的前方时，所得的透视图因为只在宽度（进深）的方向上有一个灭点，所以称之为一点透视，如图 4-3、图 4-4 所示。

一点透视的特点是建筑形体的主面不变形，纵深感强，作图相对简易。适合于表现庄重、严肃的空间，缺点是比较呆板，不太符合人的一般视觉习惯。

（2）两点透视。当画面垂直于基面，建筑形体两相邻主立面与画面倾斜成某种角度而视点位于画面的前方时，所得的透视图因为在长度和宽度两个方向上各有一个灭点，所以称之为两点透视，如图 4-5、图 4-6 所示。

两点透视的特点是图面效果较活泼、自由，比较接近人的一般视觉习惯，所以在建筑设计、室内设计中获得广泛应用，但作图相对一点透视而言比较复杂。

（3）三点透视。三点透视的形成类似于两点透视的情况，但画面倾斜于基面，如图 4-7、图 4-8 所示。在这种情况下，建筑形体的长、宽、高三全方向上都有灭点，所以称之为三点透视。三点透视的画面效果更活泼、自由，符合人的视觉习惯。它适宜用来表现高大建筑的仰视或俯视效果。三点透视作图相对复杂，在设计工作中只在想取得某种特殊效果时才采用。

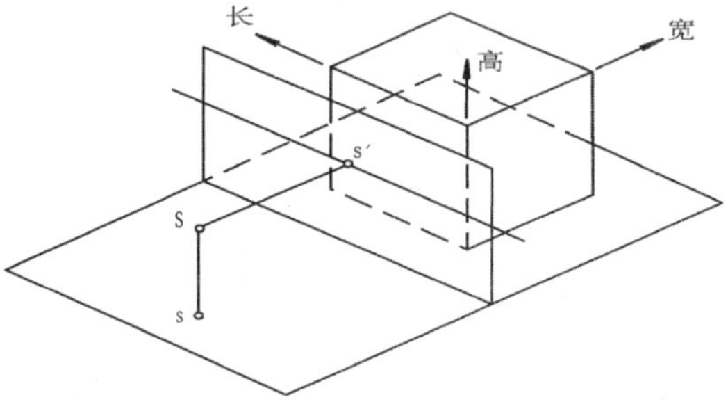

图 4-3　一点透视

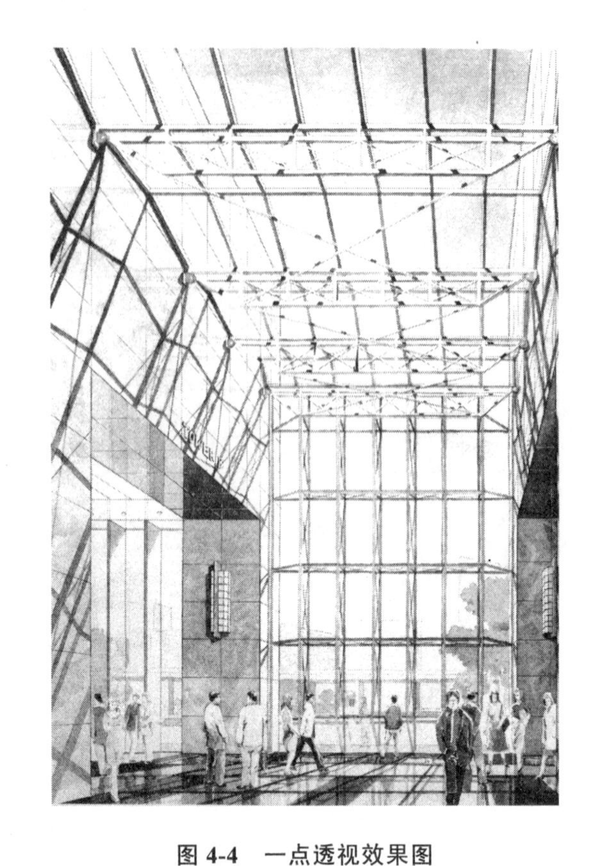

图 4-4　一点透视效果图

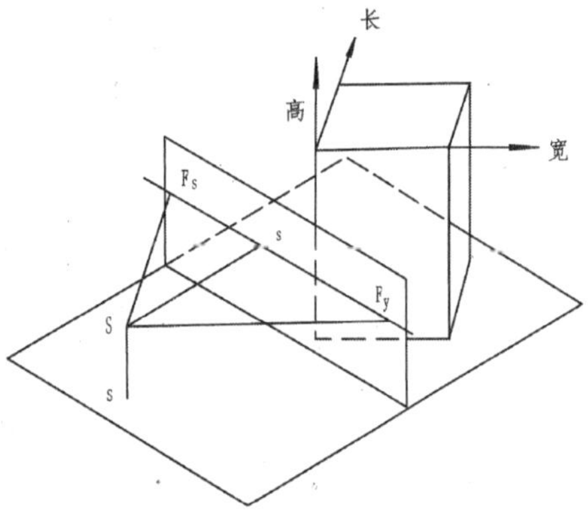

图 4-5　两点透视

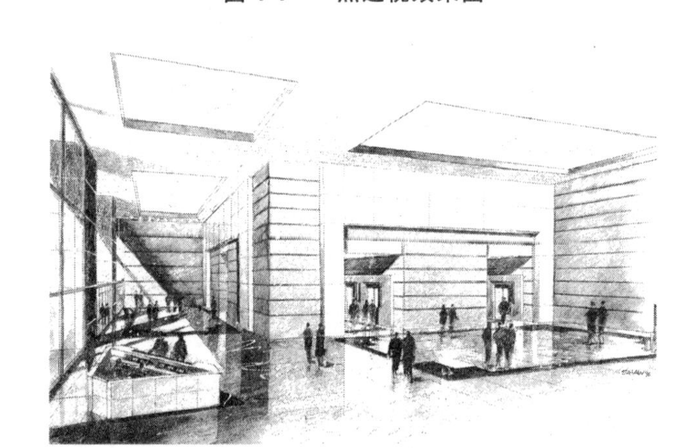

图 4-6　两点透视效果图

4.1.3　视点的选择

为了获得表现效果满意的透视图，在绘图之前必须先根据建筑形体的特点和表现要求考虑好采用哪一种透视图，然后再根据实际情况选择好视点的空间位置。视点的空间位置的选择实际上体现为站点的位置和视高的选择。

4.1.3.1　站点的位置选择

站点位置的选择一般在平面图中进行，包括视距和站位两个问题。其选择原则是：

（1）当画面（即基线 p—p）设定在建筑室内的前方即所画为室内透视时，如图 4-9 所示，视距 d 的大小以大致上等于画幅的宽度 k 为宜。这是因为当人以一只眼睛凝视前方景物时，一般认为视阅清晰范围对应的水平视角大致上等于 60°。

（2）尽可能使站位落在画幅宽度 k 的中部 1/3 范围内，即尽量使过站点 s 所作的中视线的垂足落在基线 p—p 上的点 1 与点 2 之间，如图 4-9 所示。

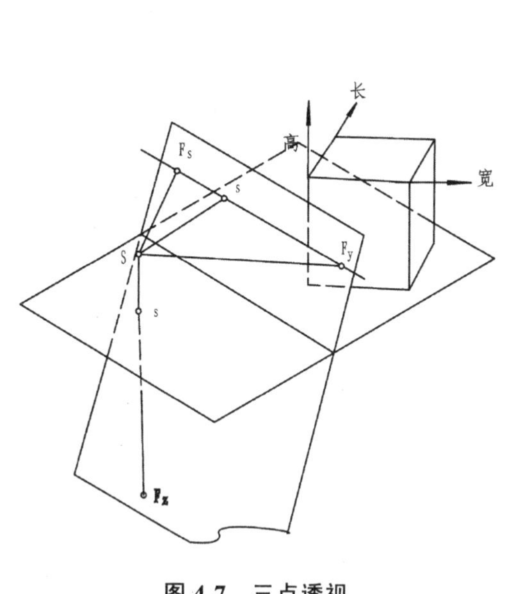

图 4-7　三点透视

图 4-8　三点透视效果图

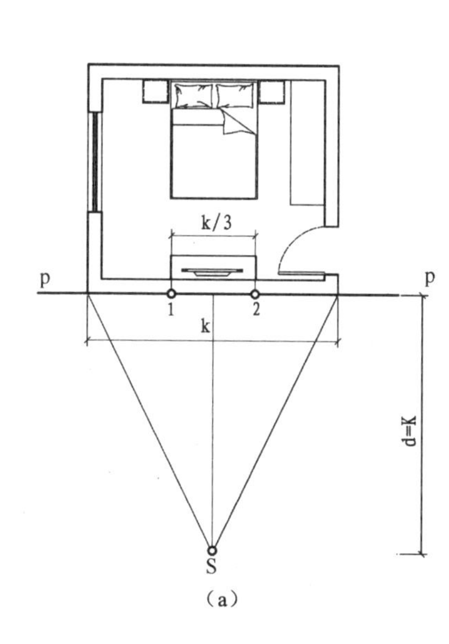

k/3
p
p
1
2
k
d=k
S
(b)

图 4-9

以上原则只是对一般而言，如果为了获得某种特殊效果，也可以突破这个规律。

4.1.3.2　视高的选择

视高的选择即视平线位置的选择，比较灵活。一般来说，室内透视以人的身高 1.6～1.8m 确定视高为宜，但为了取得某种特殊效果，也可将视高适当提高，例如 3～5m 或以上，或将视高适当降低。

4.2　CAD 绘制透视图

常用的绘制透视图的方法有视线法、量点法、距点法、方格网法等多种方法。和手工绘制相比，

CAD 软件绘制更加方便，其桌面可以无限延展，解决了手绘中的图纸幅面不够的问题，再结合 CAD 的绘图命令使得绘图的过程大大简化了，本书重点介绍常用视线法和量点法。由于三点透视在室内设计中运用较少，本书就不再介绍其画法了。

4.2.1 视线法绘制透视图

4.2.1.1 视线法原理

视线法实质也就是视线迹点法，它是利用视线在基面上的水平投影为辅助线来绘制透视图的作图方法。

作图原理：如图 4-10 所示，在基面内给出一直线 AB 及站点 s 与画面的位置，求 AB 的透视，首先在基面上将 AB 向前延伸与画面基线 p—p 相交于 t，点 t 即直线迹点的水平投影；然后过站点 s 引 AB 的平行视线 sf 与 p—p 交于 f，f 即是 AB 直线灭点 F 的水平投影。再将站点 s 与 A、B 相连，则 sA、sB 与 p—p 交于 a_p、b_p，点 a_p、b_p 即是 A、B 两点透视 A_0、B_0 的水平投影。

如图 4-11 所示，根据基面上作出的 t、f 点，在画面上求出 AB 直线的全长透视 TF，然后再过 a_p、b_p 向下引垂线交 tf 于 A_0、B_0 点，则 A_0B_0 即是直线 AB 的透视。从作图中不难看出直线 AB 的透视是通过 A 点及 B 点视线的水平投影与画面交点 a_p、b_p 得出的。点 A 的透视 A_0 与 a_p 位于同一垂线上，同样 B 点的透视 B_0 与 b_p 也在同一垂线上。

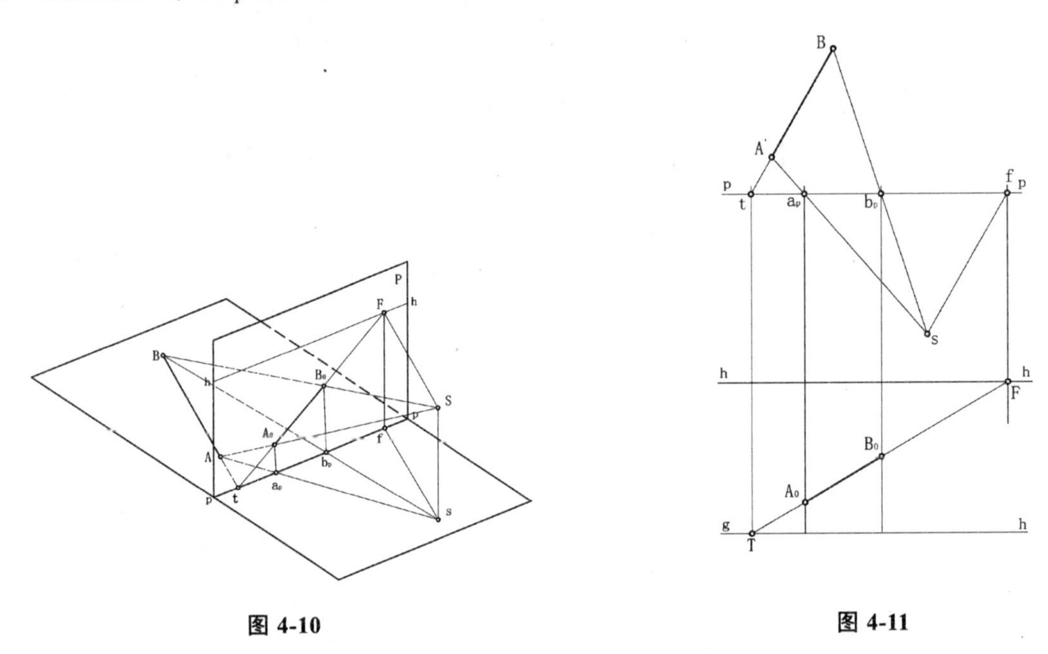

图 4-10　　　　图 4-11

4.2.1.2 视线法绘制一点透视图的案例

图 4-12 为某建筑的平面图局部和剖面图局部，利用视线法绘制这个局部的一点透视图，步骤如下。

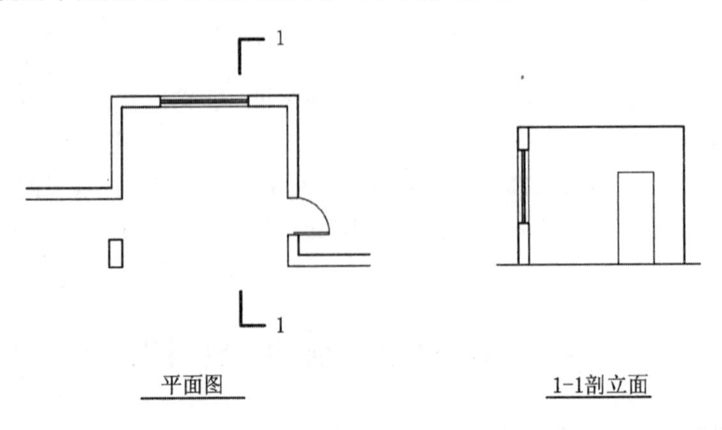

图 4-12

（1）执行 l 命令，绘制两条水平直线，标为 p—p、g—g。执行 o 命令，设置偏移值 1700，选取 g—g 向上偏移，得出 h—h 水平直线。将平面图叠放在 p—p 之上，剖立面图叠放在 g—g 以上。根据视点选择原则，设立 s 点，并得出 s′点，如图 4-13 所示。

（2）执行 l 命令，过 s 点向平面图中墙体的转折点引直线，捕捉这些直线与 p—p 的交点，再向 g—g 引垂直线，如图 4-14 所示。

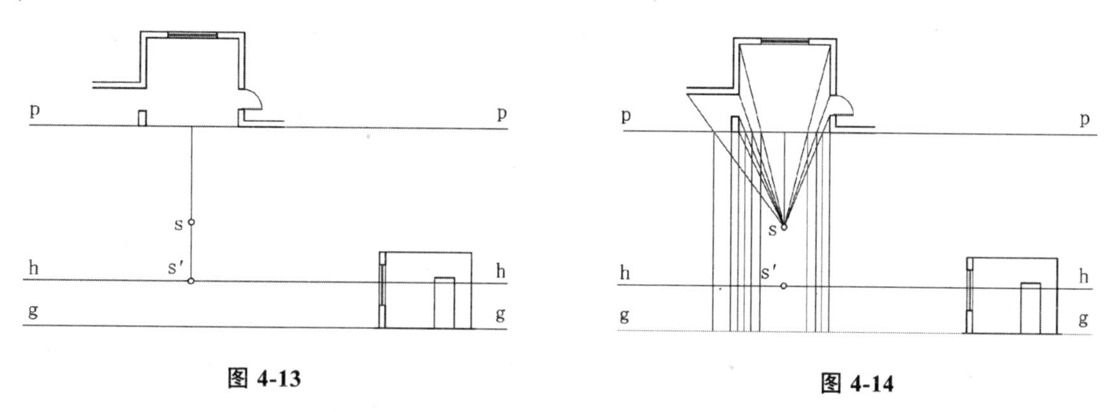

图 4-13　　图 4-14

（3）连接点 B、C 与 s′得出 Bs′、Cs′两条线段，过它们与垂线的交点作水平线，得出地面轮廓线，如图 4-15 所示。

（4）执行 tr、e 命令修剪整理图形，完成地面轮廓，如图 4-16 所示。这一步实质是作出了基透视，只要求出透视高就可以完成全图。

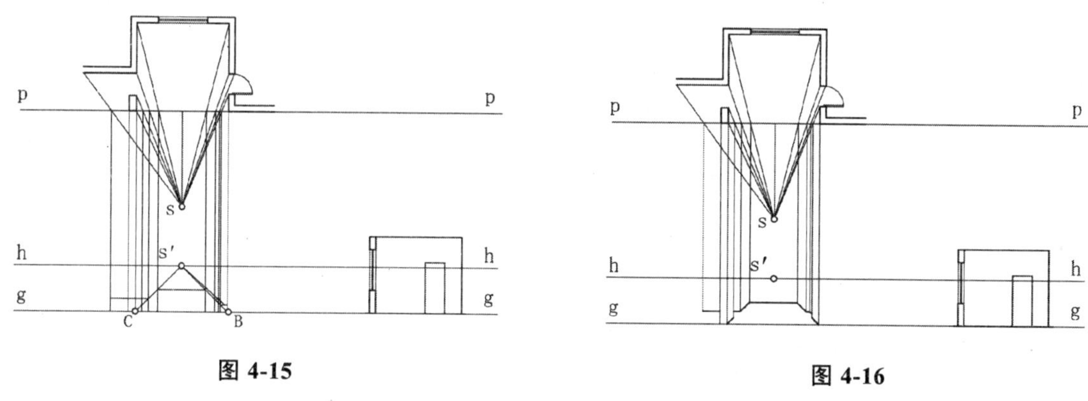

图 4-15　　图 4-16

（5）执行 l 命令，过剖立面图上沿线引水平线，得出 A 点，AB 为真高线，可利用 AB 求出透视图上其他的高，如图 4-17 所示。注意：在透视图上，所有结构的高度，都只能在和 p—p 重叠部分相对应的铅垂直线上量取，如直线 AB，再通过和 s′连线，求出透视图上的高度。

（6）执行 e、tr 命令，将图形整理，绘制出墙体透视轮廓。同时确定门的透视高度，并补齐门的结构线，如图 4-18 所示。

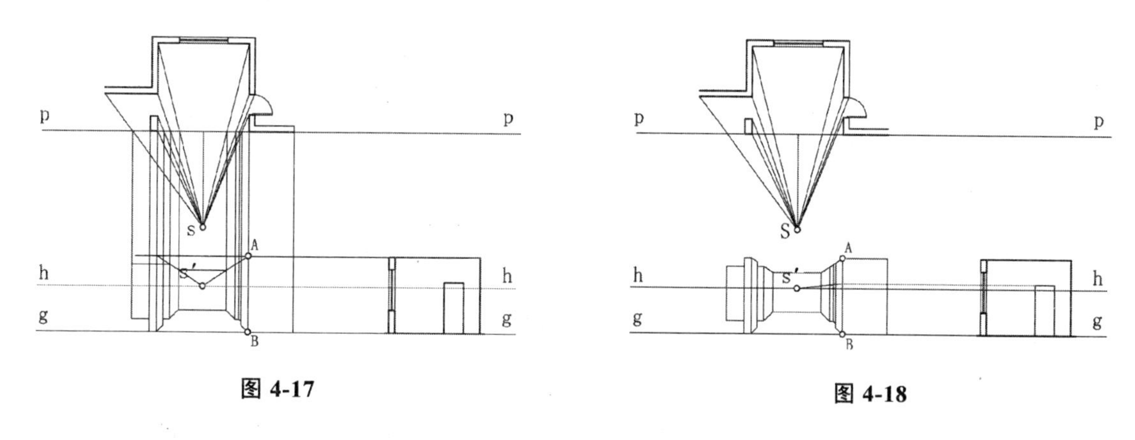

图 4-17　　图 4-18

（7）执行 e、tr 命令，删除透视图中看不见的线，如图 4-19 所示。

（8）绘制窗子。在 AB 上量取窗子的高度，得出交点 E、F。过 E、F 向 s′引直线，得交点 E′、F′，过 E′、F′引水平线，得出窗子的高度。过 s 点向平面图中的窗子两端引直线，过它们与 p—p 的交点向下引垂线，得出窗子的宽度，注意也要绘制出窗子的厚度，如图 4-20 所示。

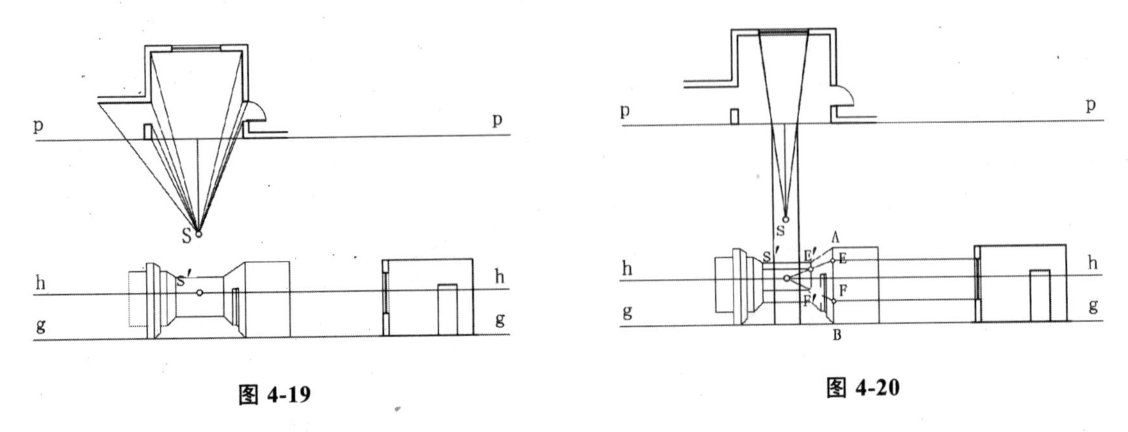

图 4-19　　　　图 4-20

（9）执行 e、tr 命令，删除透视图中看不见的线，如图 4-21 所示。

（10）整理完成，如图 4-22 所示。

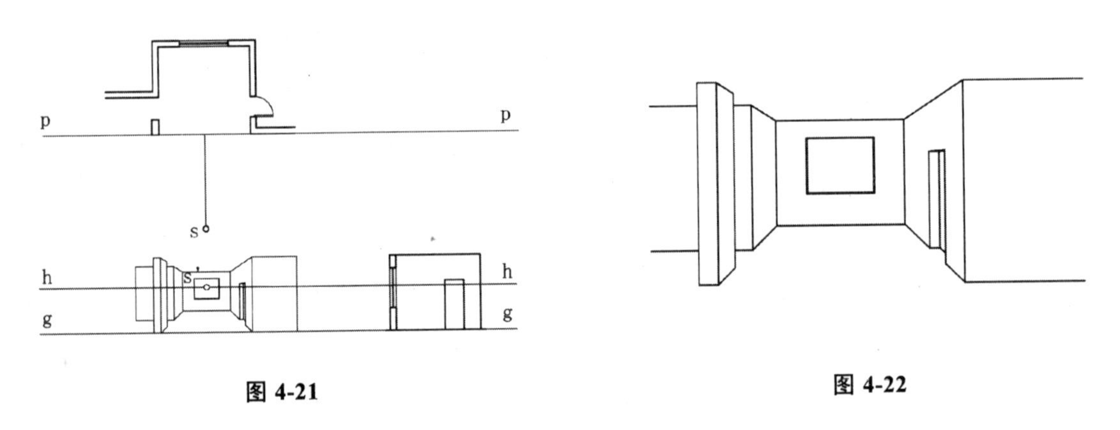

图 4-21　　　　图 4-22

4.2.1.3　视线法绘制两点透视图的案例

图 4-23 为某建筑的平面图局部和剖面图局部，利用视线法绘制这个局部的两点透视图，步骤如下。

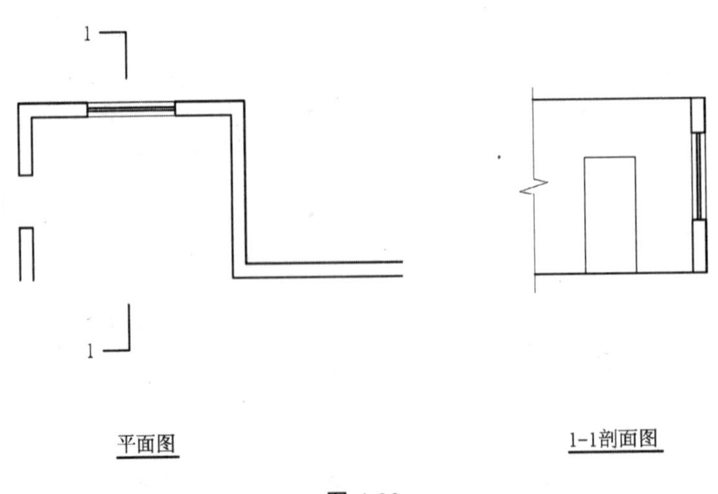

图 4-23

（1）绘图准备。如图 4-24 所示，执行 l 命令，绘制出三根水平直线，分别标为 p—p、h—h、g—g。

其中 h—h 与 g—g 的距离为 1700，为视高，p—p 与 h—h 距离适量。将剖立面图，按图中的位置叠放在 g—g 上。平面图逆时针旋转 30°，并按图 4-24 中的位置放好，使得 c 点在 h—h 上。根据视点选择原则，设立 s 点。提示：在绘制两点透视图时，其视角一般选择 45° 或 30° ～60° 特殊角。

（2）设定灭点。执行 l 命令，过 s 点作直线平行于直线 ab，交 p—p 于 f_y，过 s 点作直线平行于 bc，交 p—p 于 f_x 点，过 f_x 点、f_y 点向 h—h 引垂线，交于 F_X、F_Y，F_X 为左灭点，F_Y 为右灭点，如图 4-25 所示。

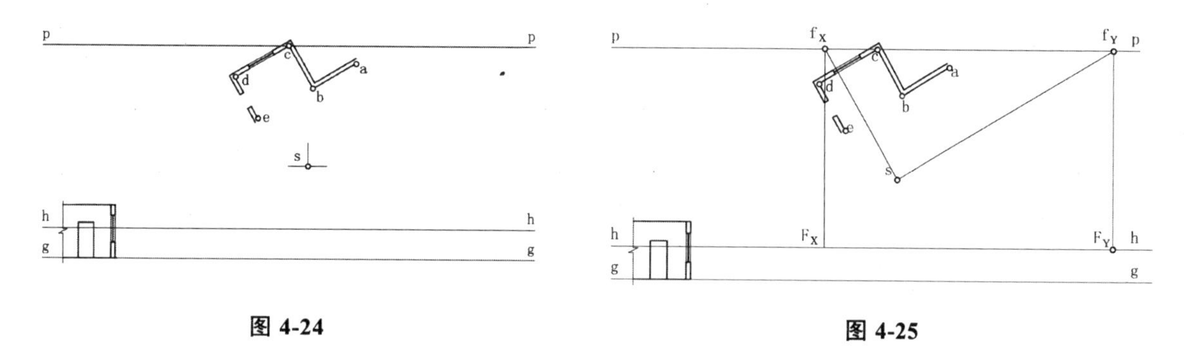

图 4-24

图 4-25

（3）作真高线。过 c 点向 g—g 引垂线，过剖立面图引水平线，取交点为 A、a，则线段 Aa 为真高线，如图 4-26 所示。

（4）绘制墙体。执行 l 命令，连接 sa、sb、sc、sd、se。执行 ex 命令，延长各线至 p—p，得到交点，过各个交点向下引垂线至 g—g。执行 l、ex 命令，分别连接 F_XA、F_Xa、F_YA、F_Ya，得出两面墙体的轮廓，再将两面墙体的关键点依据透视方向和 F_X、F_Y 交叉连接，并延长，得出墙体的轮廓线，如图 4-27、图 4-28 所示。

（5）执行 e、tr 命令。整理线段，得出墙体的基本图形，如图 4-29 所示。

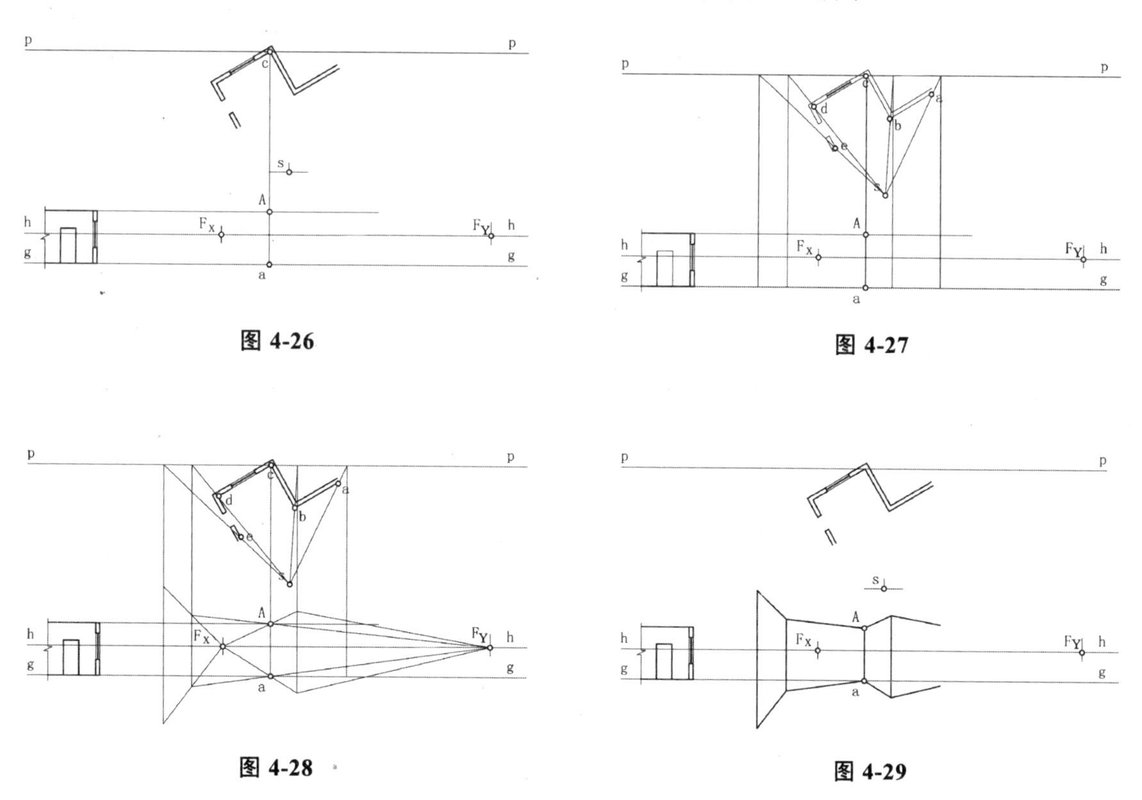

图 4-26

图 4-27

图 4-28

图 4-29

（6）绘制门。同理于绘制墙体的方法，执行 l 命令，连接 s 点与平面图上门的关键点，执行 ex 命令，延长到 p—p，过它们的交点向下引垂线。在 Aa 上量取门的高度，通过与 F_Y 的连接，得出参照点 B，再通过与 F_X 的连接，得出门的透视高度。这样就确立了门的大小和位置，再用同样的方法绘制出门的厚度，补齐结构线并用 tr、e 命令整理图形，如图 4-30 所示。

（7）绘制窗子。同理于门的方法，绘制出窗子的形状及厚度，如图 4-31、图 4-32 所示。

（8）整理图形。将多余的线删除或剪除，绘制出完整的两点透视图，如图 4-33 所示。

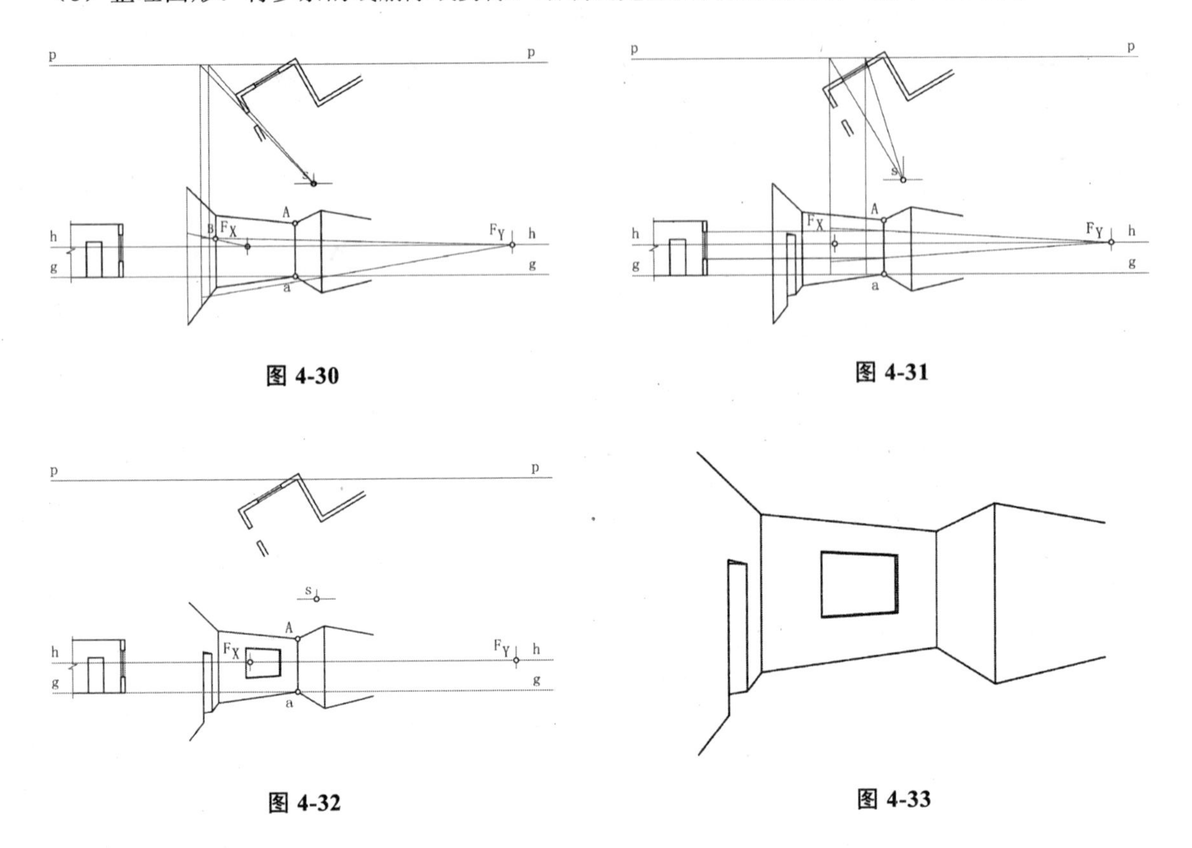

图 4-30　　图 4-31

图 4-32　　图 4-33

4.2.2　量点法绘制透视图

4.2.2.1　量点法原理

量点法是指借助于量点来解决透视图中度量问题的一种作图方法，所谓量点，实质上是专门用来解决形体坐标尺寸在透视图中度量问题的辅助直线的灭点。

（1）一点透视量点法原理。如图 4-34 所示，设在基面上有一矩形平面 abcd，它的 ab 边在基线（即在画面）上，其 ad、bc 边垂直于基线。画它的一点透视时，显然，ab 边的透视 AB 与本身重合，ad、bc 边的透视 AD、BC 的灭点则落在主点 s′上，亦即 ad、bc 边的全长透视为 As′、Bs′。

为了在全长透视 As′、Bs′中截取 AD、BC 的透视长度，图中设点 a 为坐标原点，在基线上点 a 的右侧截取 ad_1=ad 得点 d_1，连接 d_1d 得辅助直线 d_1d；再过视点 S 作视线 SM∥d_1d 而与视平线相交于点 M（根据 4.1.1 小节中基本术语和符号的定义，点 M 实质上是辅助直线 d_1d 的灭点），连接 d_1、M 得辅助直线 d_1d 的全长透视 d_1M，于是 d_1M 与 As′相交的交点 D 便是点 d 的透视；亦即在 ad 的全长透视 As′中截取了 ad 边的透视 AD。

最后，由于 cd 平行于基线，故在透视图中 CD 亦平行于基线，于是得矩形平面 abcd 的一点透视 ABCD，如图 4-34 所示。

我们称辅助直线 d_1d 的灭点 M 为量点，称利用量点 M 去解决透视图中度量问题的方法为量点法。

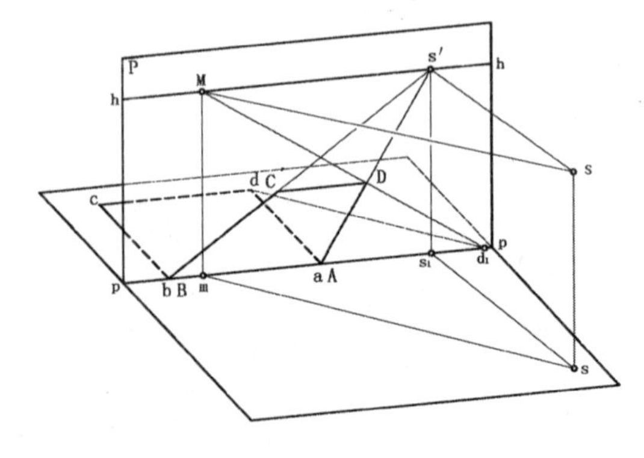

图 4-34

图 4-35（a）、（b）反映了量点法一点透视的作图过程。由于直角边 $ad=ad_1$，故$\triangle dad_1$为等腰直角三角形。又由于 $sm /\!/ d_1d$，故$\triangle ss_1m$也为等腰直角三角形，结合图 4-34，可得出“量点 M 到主点（灭点）s′的距离等于视点 S 到主点 s′的距离”的结论。再据前面“视点的选择”中所说的“视距 d 的大小以大致上等于画幅宽度 K 为宜”的原则，故在作透视图时［图 4-35（b）］，直接在视平线上按 $Ms'=d\approx AB$，便可定出量点 M，而无须借助于如图 4-35（a）所示的方法。

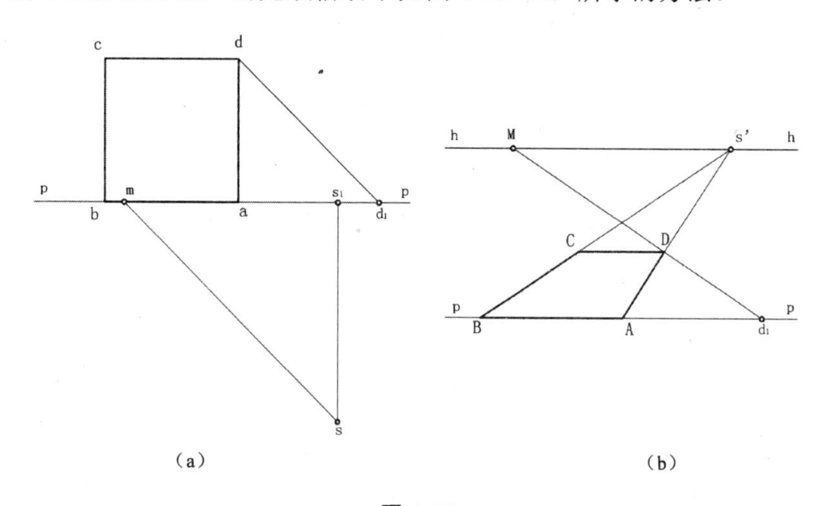

（a）　　　　（b）

图 4-35

（2）两点透视量点法原理。如图 4-36 所示，设在基面上有一矩形平面 abcd，它的 ab、ad 边分别与基线成 α、β 的角度；过视点 S 分别作视线 $SF_X /\!/ ab$、$SF_Y /\!/ ad$，于是在视平线上得两个灭点 F_X、F_Y。

由于图 4-36 中设定点 a 在基线上，即它的透视 A 在画面上，所以分别连接 AF_X、AF_Y 得 ab、ad 边的全长透视。现在问题是怎样根据 ab、ad 边的长度去求出它们在透视图中的长度。

如图 4-36 所示，在点 A 的左侧截取 $Ab_1=ab$ 得点 b_1，连接 b_1、b 得辅助直线 b_1b；再作视线 $SM /\!/ b_1b$ 而与视平线相交于 M，于是得解决 ab 边透视长度用的量点 M；图中连接 bM 与全长透视 AF 相交于 B，这样得 ab 边的透视 AB。

同理，在点 A 的右侧截取 $Ad_1=ad$ 得点 d_1，作 $SM_y /\!/ d_1d$ 而与视平线相交于 M_y，再作 d_1M_y 与 AF_Y 相交与 D，这样得 ad 边的透视 AD。

最后，分别作透视 BF_Y、DF_X，它们相交于 C；于是得矩形平面的两点透视 ABCD。

量点法绘两点透视图的过程，如图 4-37 所示。

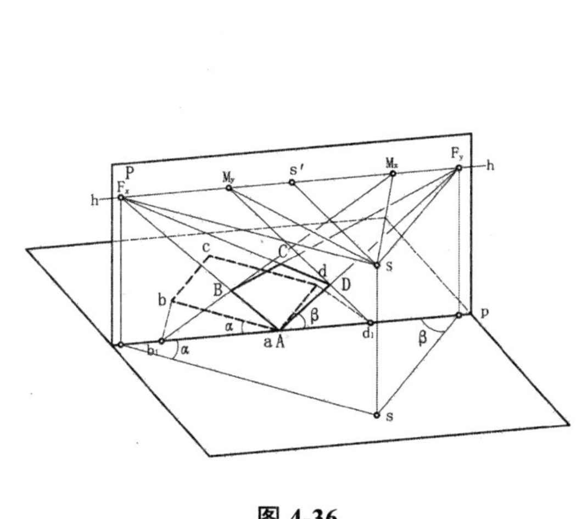

图 4-36

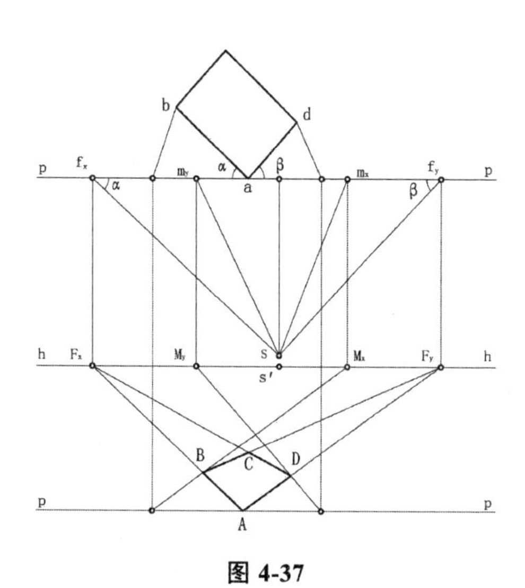

图 4-37

4.2.2.2 量点法绘图案例

图 4-38 为某住宅卧室平面图和剖面图，利用量点法绘制这个局部的一点透视图。本案例较为复杂，可以先求出其基透视，再求出高度的透视，即可完成全图，步骤如下。

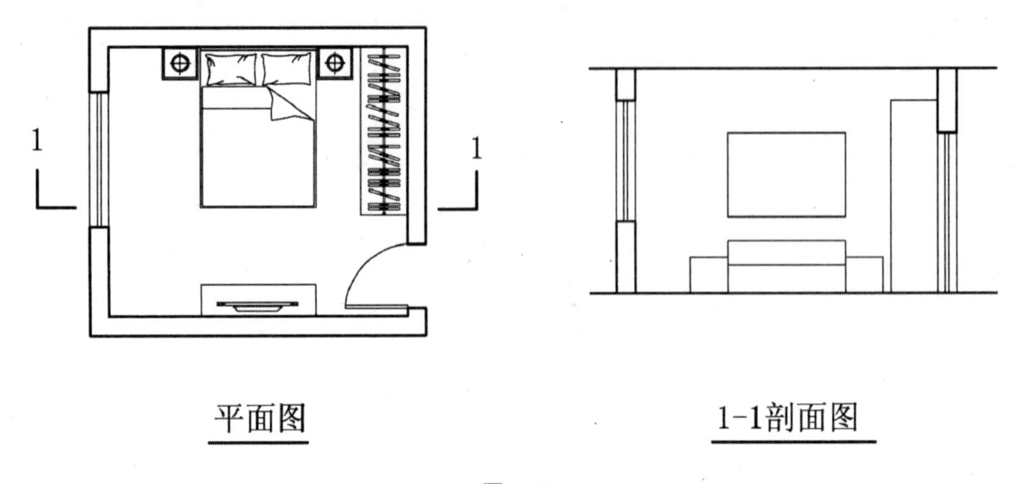

图 4-38

（1）执行 l 命令，绘制两条水平直线，标为 p—p、g—g。执行 o 命令，设置偏移值 1700，选取 g—g 向上偏移，得出 h—h 水平直线。将平面图叠放在 p—p 之上，剖立面图叠放在 g—g 以上，复制平面图置于 g—g 以下，并顺时针旋转 90°，注意平面图的墙线内侧对齐。根据量点法原理，设立 s′点和 M 点，如图 4-39 所示。

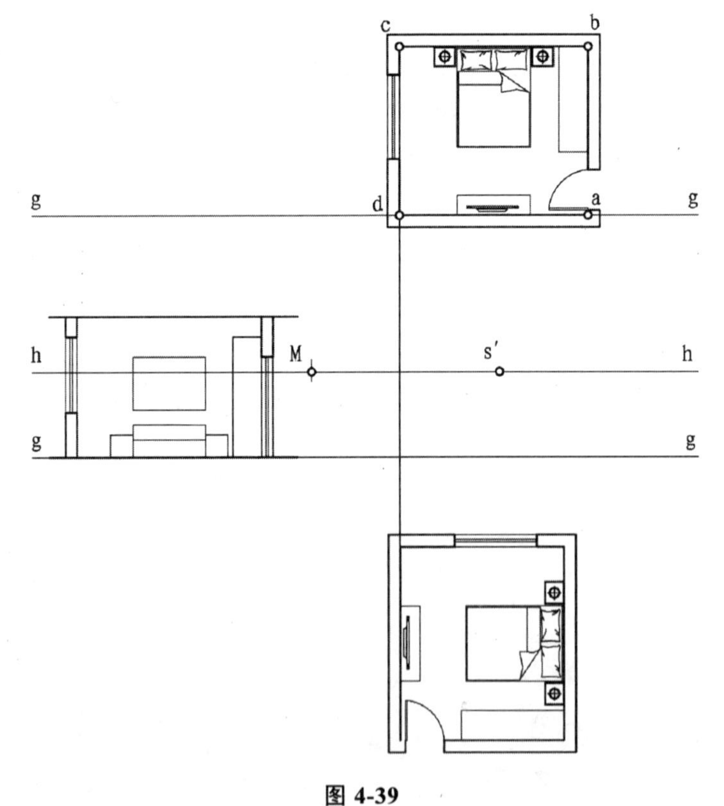

图 4-39

（2）执行 l 命令，过点 a、d，向 g—g 引垂线，交于 a_0、d_0 点。执行 l 命令，过点 1 向上引垂线，交 g—g 于 g_1，连接 M 和 g_1，交线段 d_0s'于 c_0。执行 l 命令，过 c_0 作水平线，交 a_0s'于 b_0 点，并执行 tr 命令修剪图形，则图形 $a_0b_0c_0d_0$ 为房间地面透视，如图 4-40 所示。

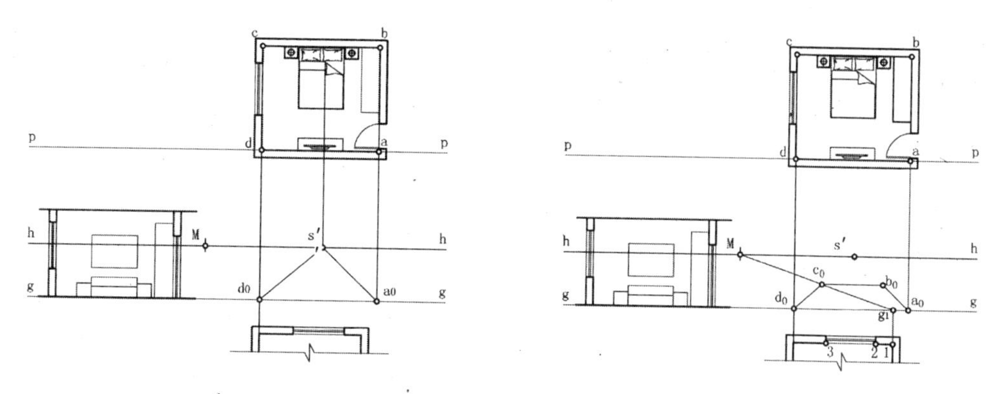

图 4-40

（3）点 2、3 标示了窗子的宽度。过点 2、3 向上引垂线，交 g—g 于 g_2、g_3，连接 M、g_2 和 M、g_3，交 d_0c_0 于 d_2、d_3，过 d_2、d_3 作水平辅助线，可以得出窗子的基透视，如图 4-41 所示。

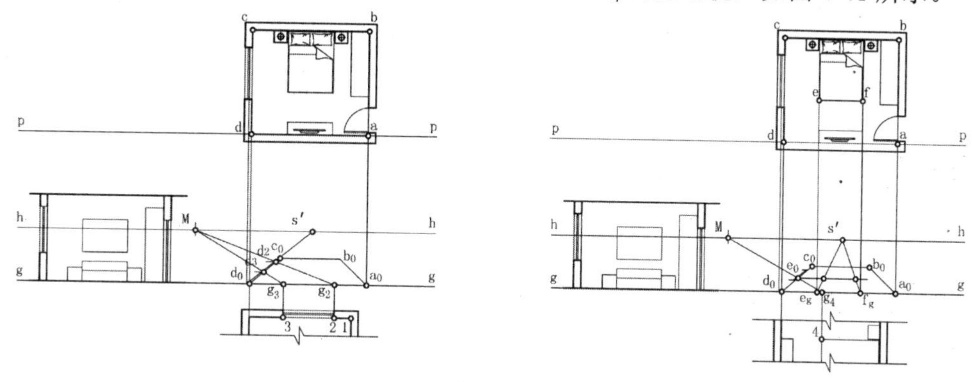

图 4-41

（4）同理的方法绘制床、床头柜、衣橱的基透视，如图 4-41～图 4-43 所示。

（5）绘制出房间的高度。过剖立面图的关键点，作水平线，交 dd_0、aa_0 于 D_0、A_0 点，A_0a_0 为真高线。连接 D_0s'、A_0s'，过点 b_0、c_0 作垂直线，交 A_0s'、D_0s'于 C_0、B_0，执行 tr 命令，整理图形，则室内墙、地、顶的透视基本完成，如图 4-44 所示。

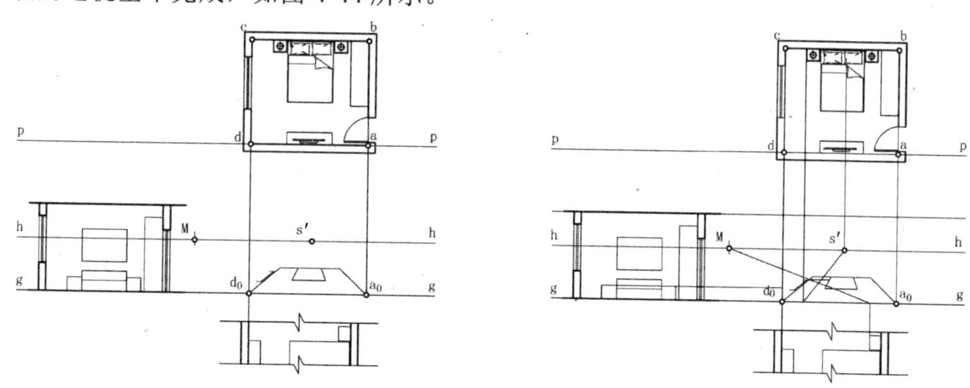

图 4-42

（6）绘制出窗子的高度。在 D_0d_0 上截取窗子的高度 j_0k_0，分别向 s′引直线。过 d_2d_3 等关键点向上引垂线，取它们的交点，再执行 tr、e 等命令，整理图形，得出窗子的透视图，用同样的方法绘制出窗子的厚度，如图 4-44 所示。

（7）同理的方法，在 D_0d_0 上截取床、床头柜的高度，并用同样的方法，绘制出床、床头柜、挂画的透视图，如图 4-45 所示。

（8）利用绘制窗子的画法绘制出门。执行 tr 命令，将不可见的线剪除，如图 4-46 所示。

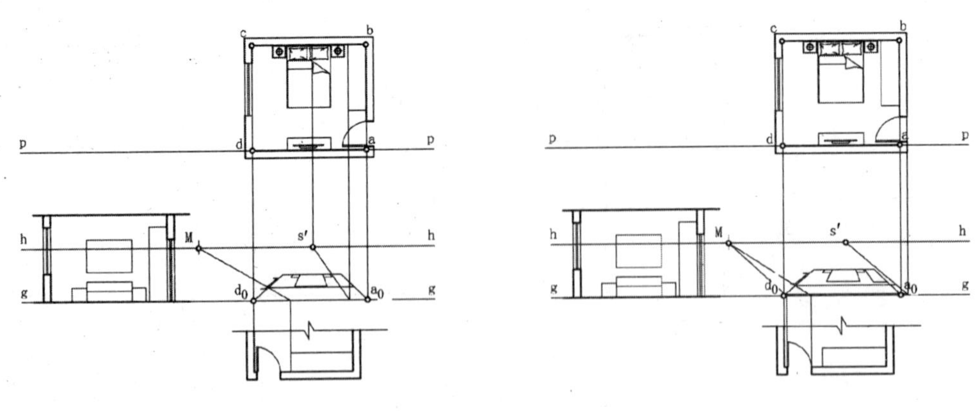

图 4-43

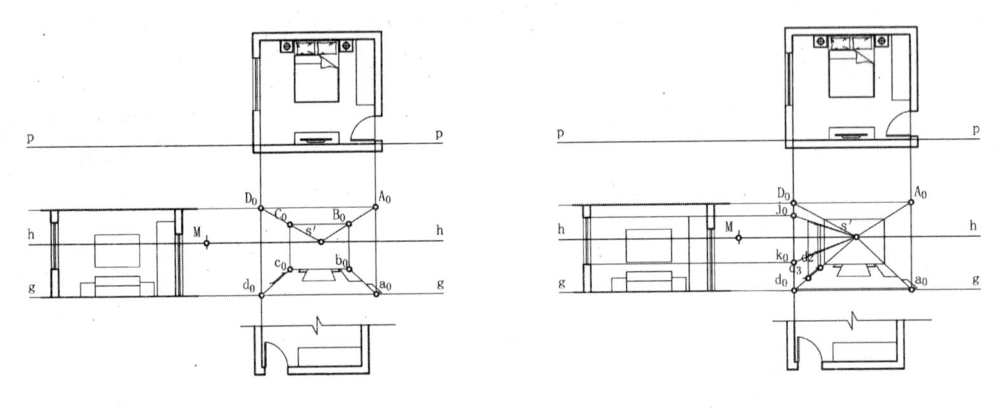

图 4-44

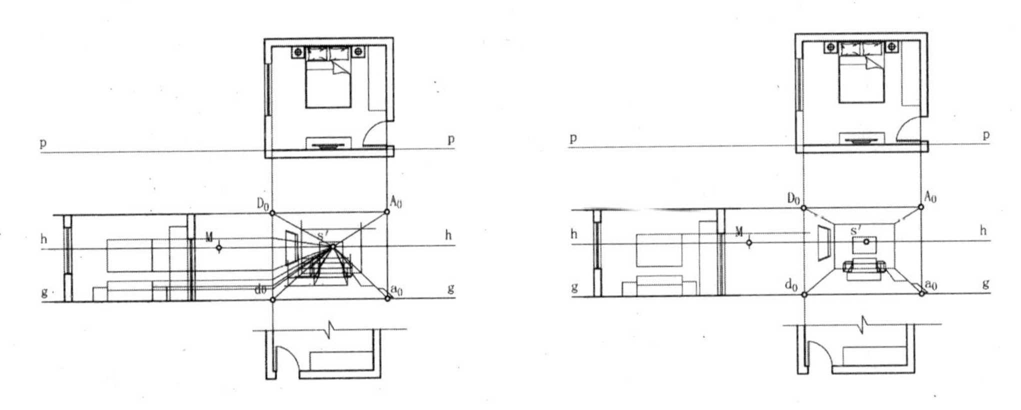

图 4-45

（9）删除辅助线，完成全图，如图 4-47 所示。

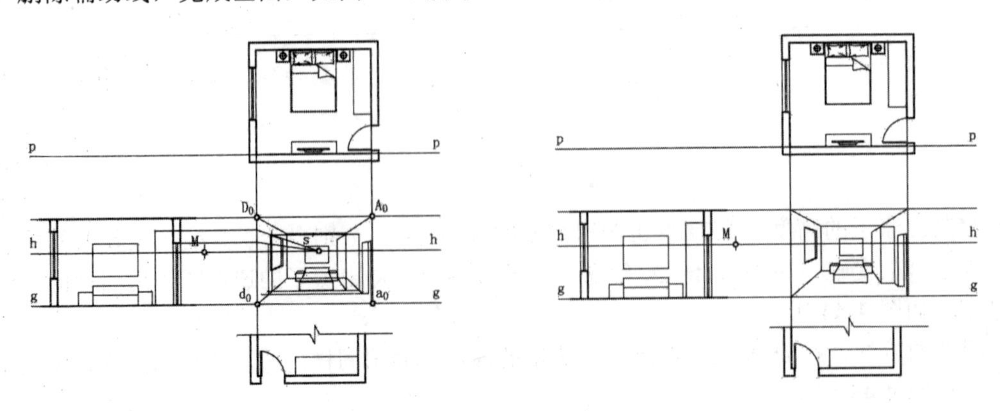

图 4-46

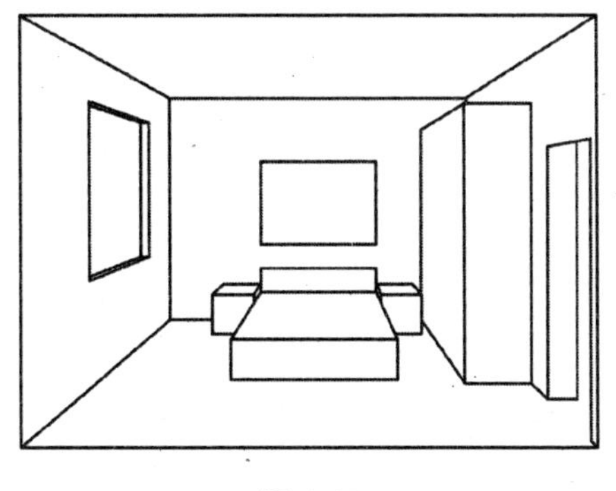

图 4-47

4.3 轴　测　图

4.3.1　轴测图的形成

将形体连同其参考直角坐标系，沿不平行于任一坐标面的方向，用平行投影法将其投射在单一投影面上所得到的图形，称为轴测图，如图 4-48 所示。

投影面 P 称为轴测投影面，空间直角坐标轴（O_1X_1、O_1Y_1、O_1Z_1）在轴测投影面上的投影（OX、OY、OZ）称为轴测轴。

在轴测图中，轴测轴之间的夹角称为轴间角。轴测轴上的单位长度与相应直角坐标轴上的单位长度的比值，称为轴向伸缩系数。X、Y、Z 轴轴向伸缩系数分别用 p_1、q_1、r_1 表示。

4.3.2　轴测图的分类

在一个轴测图上显示形体的三个向度，可采用两种方法。

（1）将形体的三条坐标轴倾斜于投影面放置，利用正投影法所得的轴测图，称为正轴测图，如图 4-48（a）所示。

（2）将形体一个方向的面及其两个坐标轴与轴测投影面平行，投射方向倾斜于轴测投影面，并与形体的外表面倾斜，所得轴测图称为斜轴测图，如图 4-48（b）所示。

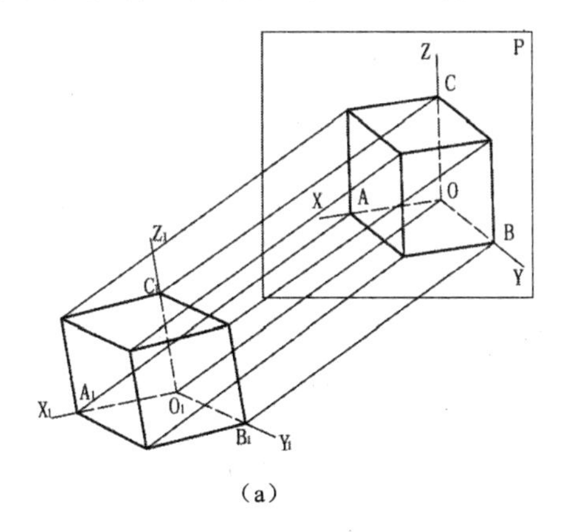

（a）

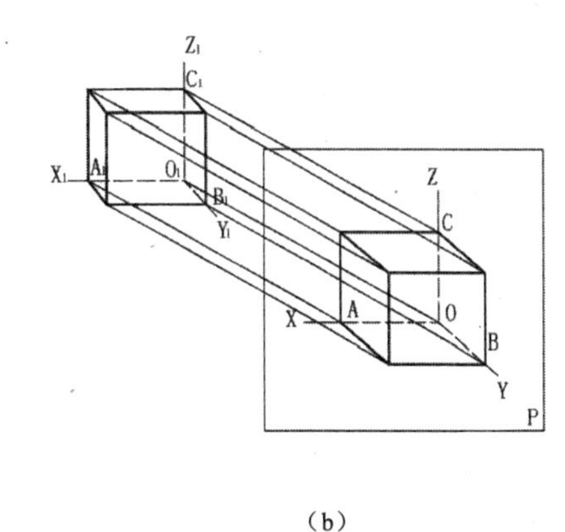

（b）

图 4-48

在上述两类轴测图中，由于形体相对于轴测投影的位置及投影方向不同，轴向伸缩系数也不同。因此，正轴测图和斜轴测图又各分为三种：$p_1=q_1=r_1$ 称为正（斜）等轴测图，简称正（斜）等测；$p_1=q_1\neq r_1$（可任意两个系数数相等），称为正（斜）二等轴测图，简称正（斜）二测；$p_1\neq q_1\neq r_1$ 称为正（斜）三轴测图，简称正（斜）三测。

最常用的轴测图为正等测，本章主要讨论这种轴测图的投影特性和作图方法。

4.3.3　轴测图的特性

轴测图是用平行投影的方法所得的一种投影图，必然具有平行投影的投影特性。

（1）平行性。形体上互相平行的线段，在轴测图中仍然互相平行。

（2）定比性。形体上两个平行线段的长度之比，在轴测图中保持不变。形体上平行于坐标轴的线段，在轴测图中，具有与相应轴测轴相同的轴向伸缩系数，因而可以度量。平行于坐标轴的线段都不能直接测量，这种可量性也是“轴测”二字的含义。

（3）实形性。形体上平行于轴测投影面的平面，在轴测图中反映实形。

4.3.4 正等轴测图轴间角及轴向伸缩系数

4.3.4.1 轴间角

在正等轴测图中，三个轴向伸缩系数相等，则三个直角坐标轴与轴测投影面的倾斜角度必相同，所以投影后三个轴间角宜相等，均为120°。根据习惯画法，OZ轴成竖直位置，X轴和Y轴的位置可以互换，如图4-49（a）所示。

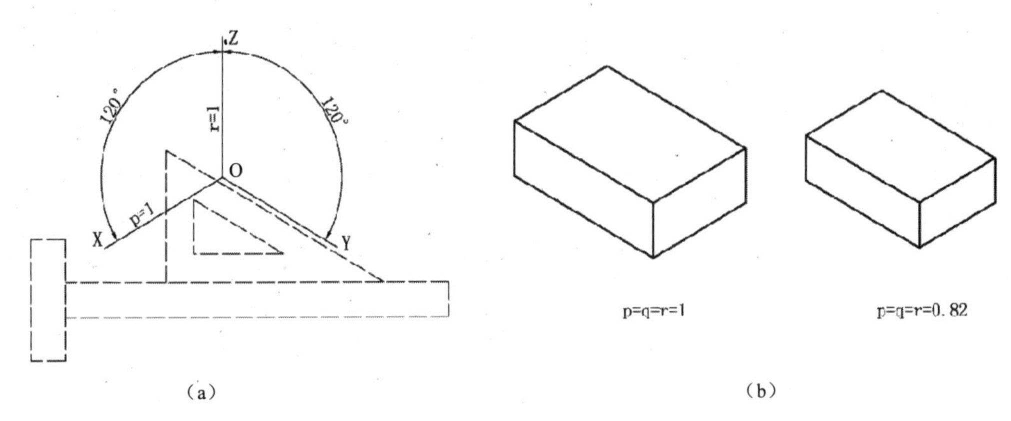

图 4-49

4.3.4.2 轴向伸缩系数

正等测的轴向伸缩系数相等，从理论上可以推出 $p_1=q_1=r_1\approx0.82$，为了作图简便，常采用简化轴向伸缩系数 $p_1=q_1=r_1=1$。用简化轴向伸缩系数画出的正等轴测图与实际形体轴测图形状完全一样，只是放大了1.22倍，如图4-49（b）所示。

4.4 CAD 绘制等轴测图

4.4.1 使用等轴测投影模式

在绘制二维等轴测投影图之前，首先要在CAD中打开并设置等轴测投影模式。选择菜单“工具”→“草图设置”，系统弹出“草图设置”对话框，如图4-50所示。

在该对话框的“捕捉与栅格”选项卡中，选择“捕捉类型”栏中的“等轴测捕捉”项，则进入等轴测投影模式。

在等轴测模式下，有三个等轴测面。如果用一个正方体来表示一个三维坐标系，那么在等轴测图中，这个正方体只有三个面可见，这三个面就是等轴侧面。这三个面的平面坐标系是各不相同的，因此，在绘制二维等轴测投影图时，首先要在左、上、右三个等轴测面中选择一个设置为当前的等轴测面。

用户可在命令提示行中直接调用 isoplane 命令来指定当前等轴测平面。

输入该命令后系统提示如下：

输入等轴测平面设置［左（L）/上（T）/右（R）］ <上>:

用户可分别选择“左（L）、上（T）和右（R）”等项来激活相应的等轴测面。激活某个等轴测面后，也可按快捷键 Ctrl+E 或 F5 键在三个等轴测面间相互切换。

4.4.2 平面体的等轴测画法

如图4-51（a）所示，是四棱锥的已知视图，下面介绍用CAD绘制四棱锥正等轴测图的步骤。

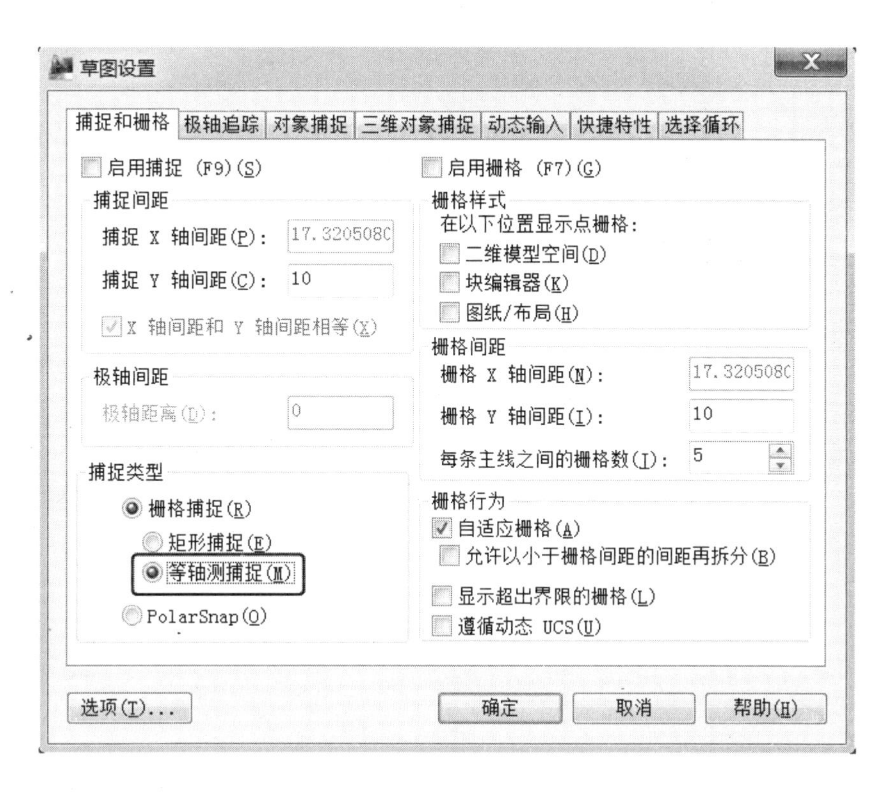

图 4-50 “草图设置”对话框

（1）切换到下拉菜单“工具”→“草图设置”，在“草图设置”对话框中的“捕捉类型”这一栏中选择 “等轴测捕捉”，单击“确定”按钮。按 F8 键锁定正交，按组合快捷键 Ctrl+E 可以变换轴测面。

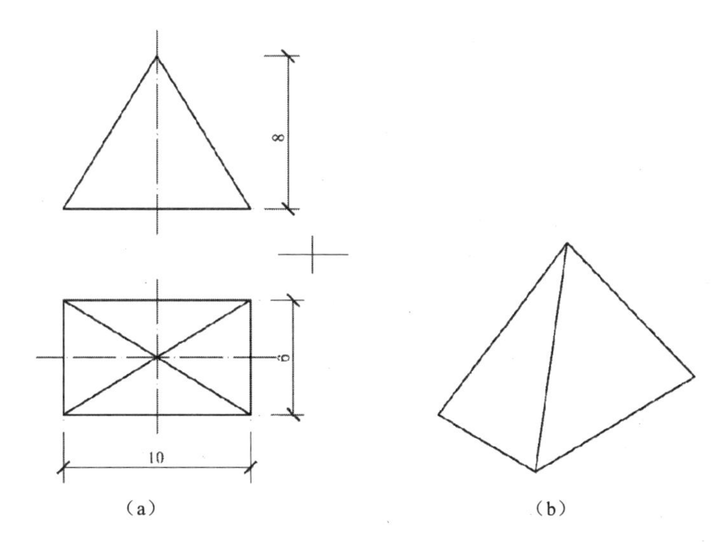

图 4-51

（2）按组合快捷键 Ctrl+E 切换到水平轴测面。执行 l 命令，绘出线段 AB=10、AD=6，如图 4-52（a）所示。执行 cp 命令，复制 AB，以 A 为基点，捕捉 D 点。同理，复制 AD，以 A 为基点，捕捉 B 点，得到新的交点 C，则 ABCD 为四棱柱底面轴测图，如图 4-52（b）所示。

（3）执行 l 命令，捕捉 AB、CD、AD、BC 的中点，绘制两根相交的线段，交于 O，则 O 点为 ABCD 的中心点。按组合快捷键 Ctrl+E 切换到左轴测面，执行 l 命令，过 O 点作竖直线段 OZ，长度为 8，如图 4-53（a）所示。

（4）连接 ZA、ZS、ZD，如图 4-53（b）所示。

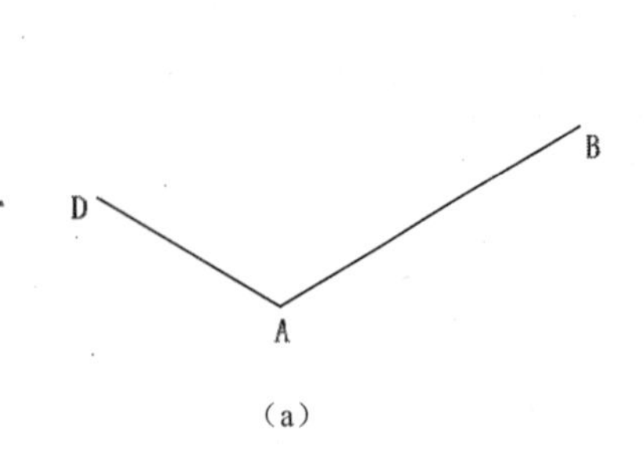

(a)

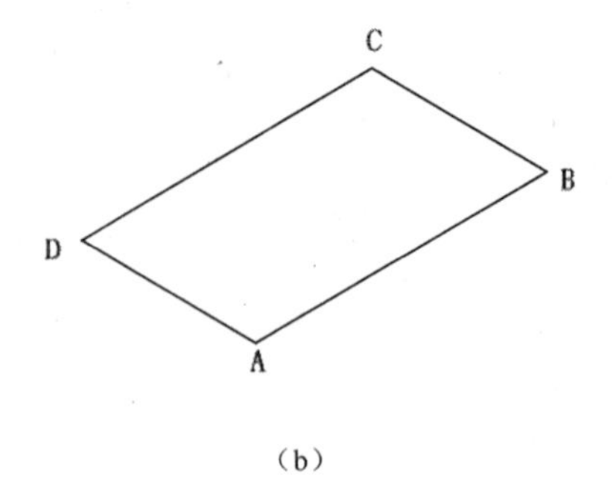

(b)

图 4-52

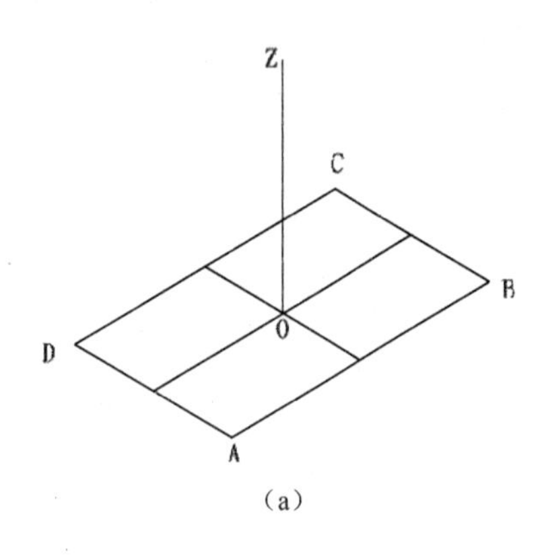

(a)

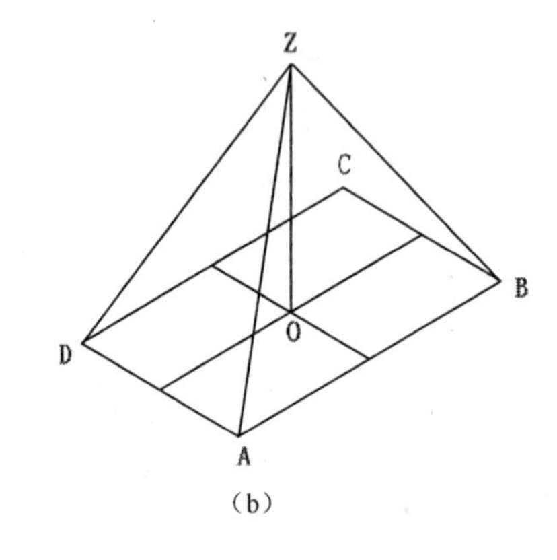

(b)

图 4-53

（5）整理完成全图，如图 4-51（b）所示。

4.4.3 曲面体正等轴测图的画法

平行于坐标面的圆的正等测画法。

由于空间各坐标面均倾斜于轴测投影面，所以平行于各坐标面的圆其正等轴测图都是椭圆，当圆的直径不变时，分别平行于三个坐标面的圆的轴测图大小相同，只是椭圆的长、短轴方向不同，如图 4-54 所示。

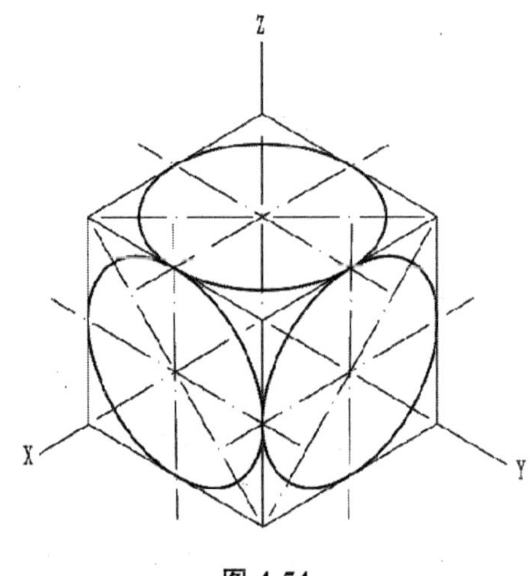

图 4-54

用 CAD 绘制平行于各坐标面的圆的正等轴测图非常快捷。将软件切换到正等轴测图模式下，按组合快捷键 Ctrl+E 切换到想要的轴测面，键入 el 命令，再键入 I 选择“等轴测圆（I）”选项，确定圆心，键入半径的值，就可以绘制成功。命令如下：

命令：<等轴测平面左>

命令：EL

ELLIPSE

指定椭圆轴的端点或 [圆弧（A）/中心点（C）/等轴测圆（I）]：

指定等轴测圆的圆心：

指定等轴测圆的半径或 [直径（D）] : 50

图 4-55 为一个物体的已知视图，试作此物体的正等轴测图。

（1）在已知视图上，画上辅助线。确定两个圆角和圆的圆心位置，并将圆角补为直角，如图 4-56 所示。

（2）将软件设置为正等测捕捉模式。按组合快捷键 Ctrl+E，切换到水平轴测面，执行 l 命令，绘制两条直线 AB=100、AD=80，执行 cp 命令，复制 AB、AD，绘出四边形 ABCD，如图 4-57（a）所示。

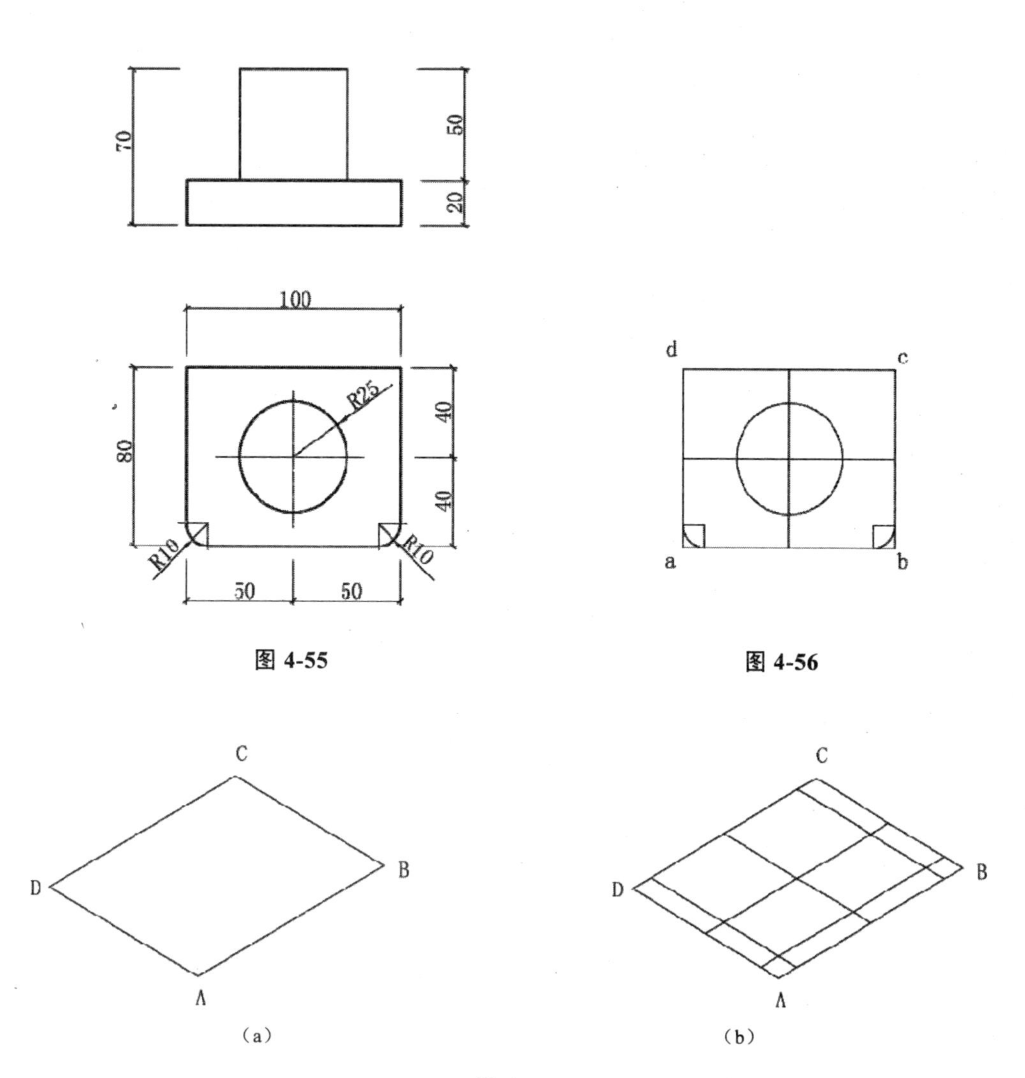

图 4-55

图 4-56

（a）

（b）

图 4-57

（3）同理的方法，确定圆心的辅助线，如图 4-57（b）所示。

（4）执行 C 命令，选择 I 选项，捕捉轴测图中的确定圆心，输入半径分别为 10、10、25，绘制三个椭圆，如图 4-58（a）所示。

（5）执行 tr、e 命令，修剪、整理图形，如图 4-58（b）所示。

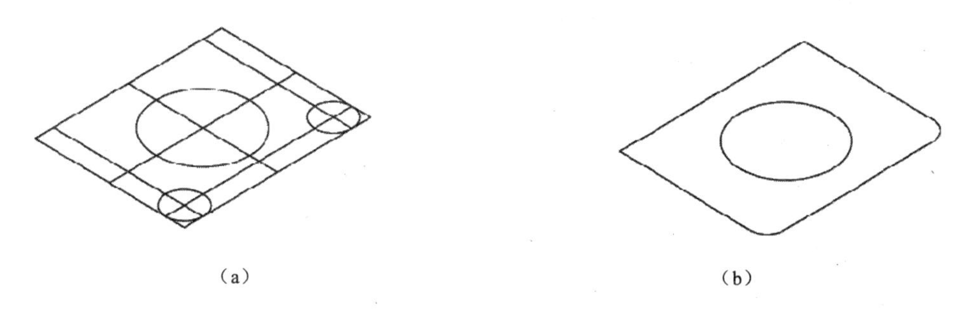

（a）

（b）

图 4-58

（6）按组合快捷键 Ctrl+E，切换到左轴测面。执行 cp 命令，选中图中的图形，竖直向上复制，距离位 20，补齐轮廓线，如图 4-59（a）所示。

（7）再执行 cp 命令，选中上方的椭圆，竖直向上复制，距离位 50，补齐轮廓线，如图 4-59（b）所示。

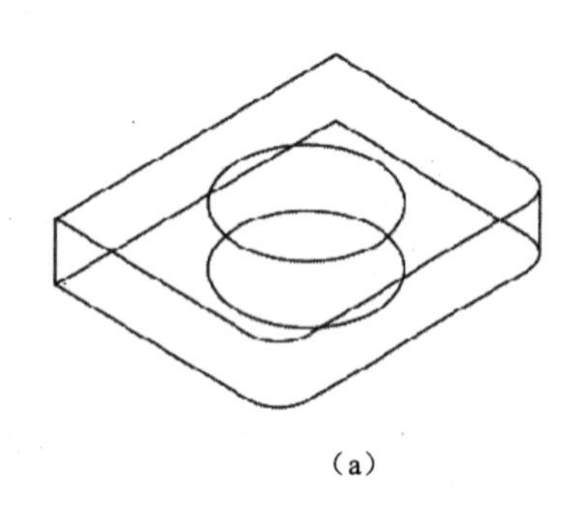

(a)

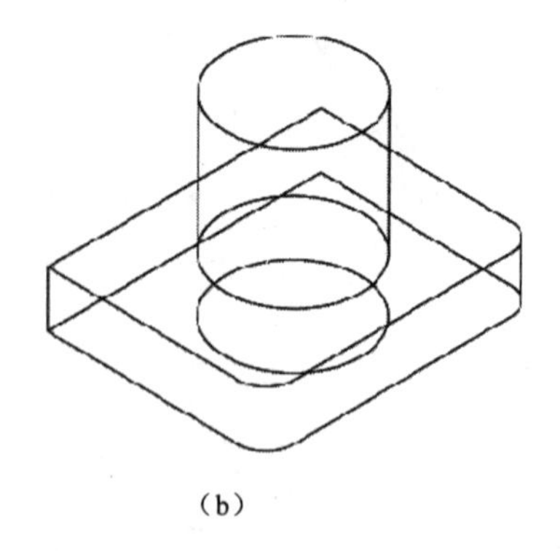

(b)

图 4-59

(8) 执行 tr、e 命令，整理完成全图，如图 4-60 所示。

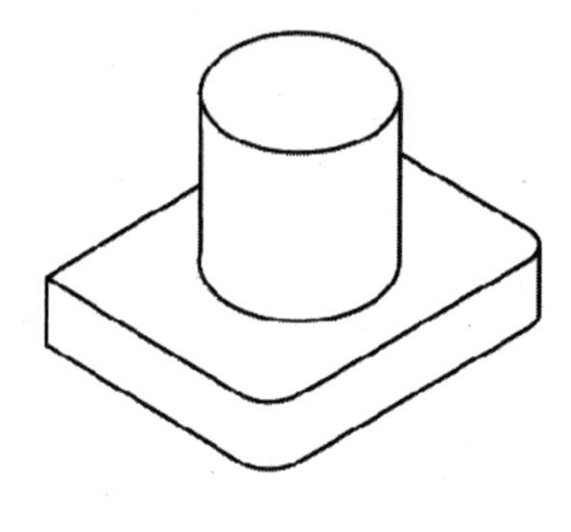

图 4-60

4.5 习　　题

(1) 测量所在教室的尺度，绘制其一点透视图和两点透视图（上机绘制）。
(2) 绘制所使用课桌椅的正等轴测图（上机绘制）。

第
5
章

室内设计制图规范

室内设计制图尚无国家标准，本章中的室内设计制图规范是在建筑制图的基础上结合室内设计行业中的绘图习惯编制出来的，其中一部分内容如“图标符号”、“图号”、“立面索引号”等，都给绘图者提供一个参考，并比较了建筑制图中相关符号的异同点。绘图者可以根据各个地域、设计团体的绘图习惯有所改动。

5.1 图纸规格与图框设置

5.1.1 图纸的幅面与图框

（1）基本概念：图纸的幅面是指图纸的尺寸大小，图框是指界定图纸内容的线框。

（2）图纸幅面的代号：A0、A1、A2、A3、A4。

（3）图纸的图框应包括图 5-1 所示内容，各部分尺寸见表 5-1。

表 5-1 图 纸 规 格

幅面代号 / 尺寸代号	A0	A1	A2	A3	A4
$b \times l$	841×1189	594×841	420×594	297×420	210×297
c	10			5	
a	25				

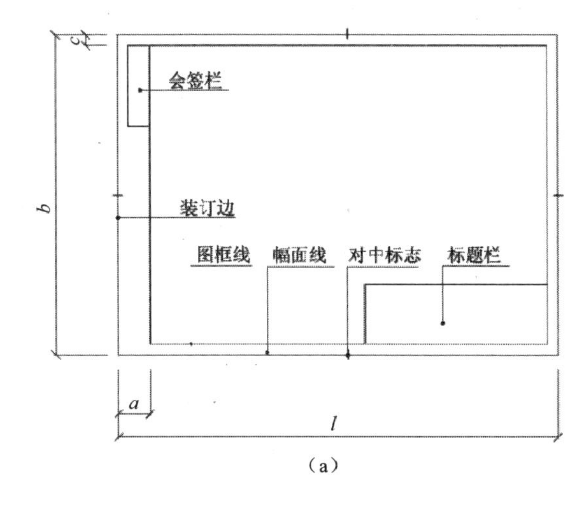

（a） （b）

图 5-1

（4）图纸以短边作为垂直边，称为横式，以短边作水平边，称为立式。一般 A0～A3 图纸宜用横式，必要时也可用立式。

（5）在建筑制图中常把标题栏放在图框的右下角，在室内设计制图中标题栏可放在右下角、右侧、下侧，如图 5-2 所示。

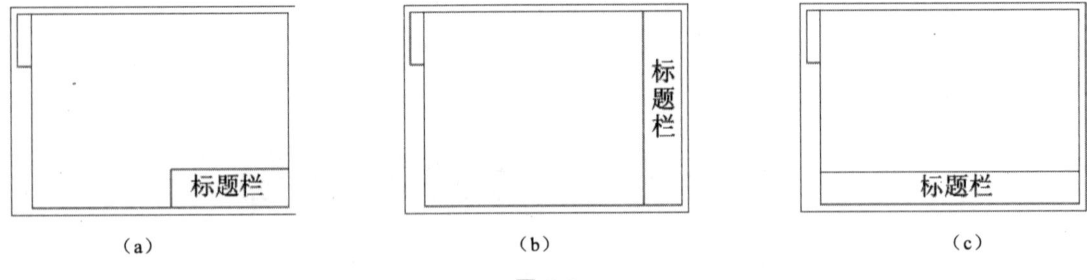

图 5-2

5.1.2 标题栏和会签栏

（1）标题栏概念：标题栏也可简称为图标，图标通常分为大图标和小图标。

（2）标题栏内容：设计单位名称、工程名称、图纸内容、比例、签字区（设计、制图、校对、审核、审批）、图号区（设计编号、项目编号、图纸号、日期、类别等）。

（3）标题栏尺寸：大图标用于 A0、A1、A2 图纸上，长边长度应为 180mm，短边的长度宜采用 60mm（或 50mm、70mm）。小图标用于 A3、A4 图纸上，长边长度应为 85mm，短边的长度宜采用 40mm（或 30mm、50mm）。

大图标

设计单位名称			工作内容	姓名	签字月日
工程名称					
项目					
图纸名称	设计号				
	图别				
	图号				
	日期				

小图标

图纸名称		设 计 单 位 名 称			
工程名称		设计		图别	
项目		绘图		图号	
		校对		比例	
		审核		日期	

（4）会签栏概念：会签栏是供签字用的表格，放在图纸左面图框线外的上端。

（5）会签栏内容：相关人员专业（结构、给排水、暖通等）、姓名、日期。

（6）会签栏尺寸：长边 75mm、短边 20mm。

5.1.3 其他说明

（1）除了标准图纸外，常用的还有加长图，这类图纸一般只增加长边尺寸（以一定数值向上增加），b、c、d 三组数据均不改变。

（2）图纸中图框线线型设置可见 5.3 的表 5-6。

（3）一套图纸中，不宜多于两种幅面。其中目录及表格所采用 A4 幅面，不在此限中。

5.2 图面比例设置

（1）图样比例应为图形与实物相对应的线型尺寸之比。例如：1∶1 是表示图形大小与实物大小相同；1∶100 是表示 1m 在图形中按比例缩小，只画 1cm。

（2）比例应以阿拉伯数表示。如 1∶1、1∶2、1∶10、1∶100 等。

（3）比例宜注写在图名的右侧，其字号应比图名的字号小一号或小二号。

（4）比例设置应尽量选用常用比例，特殊对象才选可用比例。室内设计中常用比例和可用比例见表 5-2。

表 5-2　室内设计常用比例与可用比例

常用比例	1∶1　1∶2　1∶5　1∶10　1∶20　1∶50　1∶100　1∶150　1∶200　1∶500
可用比例	1∶3　1∶4　1∶6　1∶15　1∶25　1∶30　1∶40　1∶60　1∶250　1∶300　1∶400

（5）不同阶段及内容的比例设置见表 5-3。

表 5-3　不同阶段及内容的比例设置

总平面图 总顶面图	方案阶段　总图阶段	1∶100 1∶200 1∶500
平面图 顶面图	小型房间施工平面图； 区域施工平面图阶段； 区域施工顶面图阶段	1∶30 1∶50
剖立面图 立面图	顶标高在 2.8m 以上的施工剖立面； 顶标高在 2.5m 左右的剖立面； 顶标高在 2.2m 以下的剖立面或特别复杂的立面	1∶50 1∶20
节点图 大样图 断面图	2m 左右的剖立面（如从顶到地的剖面、大型橱柜剖面等）； 1m 左右的剖立面（如吧台、矮隔断、酒水柜等剖立面）； 50～60cm 左右的剖面（如大型门套的剖面造型）； 18cm 左右的剖面（如踢脚、顶角线等线脚大样）； 8cm 左右的剖面（如凹槽、勾缝、线脚等大样、节点）	1∶10 1∶5 1∶4 1∶2 1∶1

（6）以上比例设置仅适用于室内设计制图。

5.3 线　　型

（1）概念：线型是指线的宽度和形式。

（2）根据图样的复杂程度，确定基本线宽 *b*，再确定相应的线宽组。图线的宽度 *b*，宜从下列线宽系列中选取：2.0mm、1.4mm、1.0mm、0.7mm、0.5mm、0.35mm，如表 5-4 所示。

表 5-4　图 线 的 宽 度　　单位：mm

线宽比	线　宽　组					
b	2.0	1.4	1.0	0.7	0.5	0.35
0.5*b*	1.0	0.7	0.5	0.35	0.25	0.18
0.25*b*	0.5	0.35	0.25	0.18	—	—

注　1. 需要微缩的图纸，不宜采用 0.18mm 及更细的线宽。
　　2. 同一张图纸内，各不同线宽中的细线，可统一采用较细的线宽组的细线。

（3）建筑制图与室内设计制图常用线型，如表 5-5 所示。

表 5-5　常 用 线 型

名　称		线　型	线宽	一　般　用　途
实线	粗	————————	b	1. 平、剖面图中被剖切的主要建筑构造（包括构配件）的轮廓线。 2. 室内装饰构造详图中被剖切的主要部分轮廓线（即墙体线、剖面轮廓线、图框线等）

续表

名　称		线　型	线宽	一　般　用　途
实线	中		0.5b	1. 平、剖面图中被剖切的次要建筑构造（包括构配件）的轮廓线。 2. 室内顶面、立面、剖面图中建筑构件的轮廓线。 3. 室内装饰详图中的一般轮廓线
	细		0.25b	1. 一般轮廓线。 2. 装饰线（如地砖地板的分割线）。 3. 图例线。 4. 家具、门窗的尺寸线及引出线
虚线	粗		b	建筑制图与室内设计制图中使用较少
	中		0.5b	1. 建筑构造及室内装饰构件被遮挡部分轮廓线。 2. 拟扩建的建筑轮廓线
	细		0.25b	图例线，不可见轮廓线
单点长划线	粗		b	建筑制图与室内设计制图中使用较少
	中		0.5b	建筑制图与室内设计制图中使用较少
	细		0.25b	中心线，对称线
双点长划线	粗		b	建筑制图与室内设计制图中使用较少
	中		0.5b	建筑制图与室内设计制图中使用较少
	细		0.25b	假想轮廓线，成型前原始轮廓线
折断线			0.25b	断开界
波浪线			0.25b	断开界

（4）同一张纸内，相同比例的各图样，应选用相同的线宽组。

（5）图纸的图框和标题栏线，可采用表 5-6 的线宽。

表 5-6　　**图框和标题栏线的线宽**　　单位：mm

幅面代号	图框线	标题栏外框线	标题栏分格线、会签栏线
A0、A1	1.4	0.7	0.35
A2、A3、A4	1.0	0.7	0.35

（6）相互平行的图线，其间隙不宜小于其中粗线的宽度，且不宜小于 0.7mm。

（7）虚线、单点长划线或双点长划线的线段长度和间隔，宜各自相等。

（8）单点长划线和双点长划线，当在较小图形中绘制有困难时，可用实线代替。

（9）单点长划线或双点长划线两端，不应是点。点划线与点划线交接或点划线与其他图线交接时，应是线段交接。

（10）虚线与虚线交接或虚线与其他图线交接时，应是线段交接。虚线为实线延长线时，不得与实线相连。

（11）图线不得与文字、数字或符号重叠、混淆，不可避免时，应首先保证文字的清晰。

（12）以上线型设置适用于建筑制图和室内设计制图。

5.4　字　　体

（1）建筑制图中的图样及说明汉字，宜采用长仿宋体，宽度与高度的关系应符合规定。室内设计制图中的汉字字体可选用其他字体，但应易于辨认。

（2）文字的字高应从下系列中选用：3.5mm、5mm、7mm、10mm、14mm、20mm。

（3）拉丁字母、阿拉伯数字与罗马数字的字高，应不小于 2.5mm。

（4）数量数值注写应采用正体阿拉伯数字，各种计量单位凡前面有量值的均应采用国家颁布的单位符号注写，单位符号应采用正体字母。

5.5 图 标 符 号

（1）概念：对平面图、顶面图的图样，其图名在其图样下方以图标符号的形式表达，图标符号由两条长短相同的平行水平直线和图名图别及比例读数共同组成。

（2）上面的水平线为粗实线，下面的水平线为细实线，粗实线的宽度分别为 1.5mm（A0、A1、A2 幅面）和 1mm（A3、A4 幅面），两线相距分别是 1.5mm（A0、A1、A2 幅面）和 1mm（A3、A4 幅面），如图 5-3 所示。

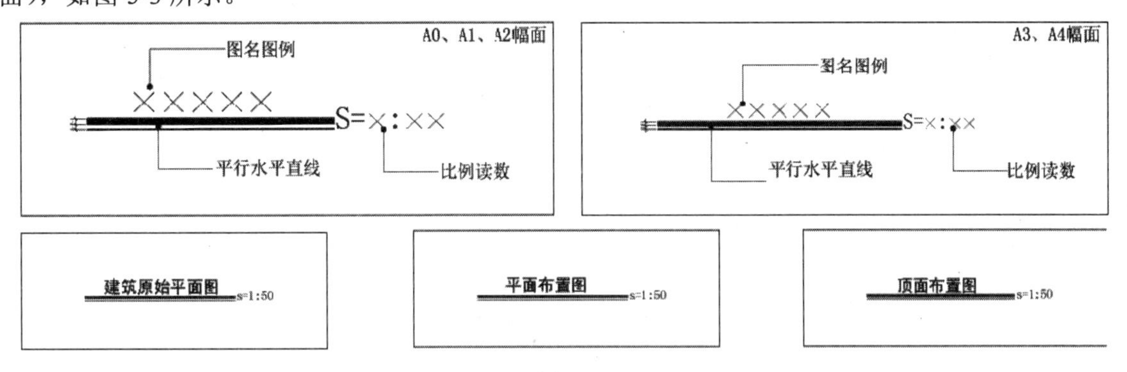

图 5-3

（3）图名图别，在粗实线的上方居中，用中文表示。

（4）比例读数用阿拉伯数字表示。

（5）图号的文字设置。（仅供参考，亦可根据图面的布置，合理选择。）图名图别字体为粗黑。比例读数字体为简宋。A0、A1、A2 幅面：图名图别字高为 8～10mm，比例读数字高为 4～6mm。A3、A4 幅面：图名图别字高为 6～8mm，比例读数字高为 4～5mm。

（6）以上图标符号设置适用于建筑制图和室内设计制图。

5.6 图 号

（1）概念：图号是被索引出来表示本图样的标题编号。

（2）在室内设计制图中图号类别范围有立面图、断面图、剖面详图、剖立面图、大样图；在建筑制图中，图号仅表示详图。

（3）在室内设计制图中图号由图号圆圈、编号、水平直线、图名图别及比例读数共同组成；在建筑制图中，图号比较简单，由圆圈、编号、水平直线组成，如图 5-4 所示。

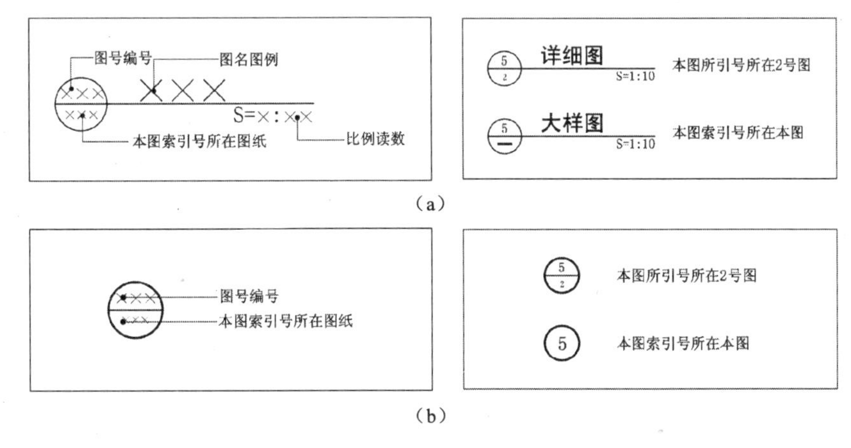

图 5-4

（a）室内设计制图中的图号样式；（b）建筑制图中的图号样式

（4）在室内设计制图中，图号水平直线上方中央注明图号名称或图别，水平直线下方右端注明比例，且水平直线末端同比例读数末端对齐，如图 5-4（a）所示。

（5）在室内设计制图中，剖立面图、大样图以大写英文字母编号，立面图、断面图、节点图以阿拉伯数字为编号。在建筑制图中，详图以阿拉伯数字编号。

（6）图号的文字设置。（仅供参考，亦可根据图面的布置，合理选择。）图名图别字体为粗黑，编号、比例读数字体为简宋。A0、A1、A2 幅面：编号字高为 4～6mm，图纸号字高为 2～4mm，图名图别字高为 8～10mm，比例读数字高为 4～6mm。A3、A4 幅面：编号字高为 3～4mm，图纸号字高为 2～3mm，图名图别字高为 6～8mm，比例读数字高为 4～5mm，如图 5-4 所示。

（7）在室内设计制图中，图号圆圈和水平直线为细实线。在建筑制图中，图号圆圈为粗实线，水平直线为细实线。圆圈直径都为 14mm。

（8）在室内设计制图中，如果本图索引号就在同号图纸上的，圆的下半部分用宽度为 1mm 的水平粗实线表示。在建筑制图中，用单个数字表示图号即可。

5.7 定 位 轴 线

（1）概念：在施工图中通常将房屋的基础墙、柱、墩和房架等承重构件的轴线画出，并进行编号，以便于施工时定位放线和查阅图纸。平面图定位轴线的编号在水平向采用阿拉伯数字，由左向右注写，在垂直向采用大写英文字母，由下向上注写，如图 5-5 所示。

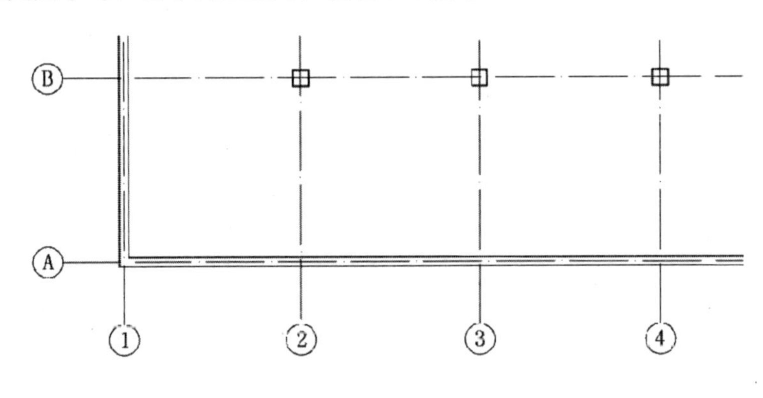

图 5-5

（2）定位轴线应用细单点长划线绘制，如图 5-5 所示。

（3）定位轴线应该编号，编号应注写在轴线端部的圆内。圆应用细实线绘制，直径分别为Φ10mm（A0、A1、A2 幅面）和Φ8mm（A3、A4 幅面）。定位轴线圆的圆心，应在定位轴线的延长线上或延长线的折线上。

（4）轴线符号的文字设置。字体选用简宋，A0、A1、A2 幅面：字高为 4～5mm；A3、A4 幅面：字高为 3～4mm。

（5）拉丁字母的 I、O、Z 不得用作轴线编号。如字母数量不够使用，可增用双字母或单字母加数字注脚，如 A_A、B_A、…、Y_A 或 A_1、B_1、…、Y_1。

（6）对于一些与主要承重构件相联系的次要构件，它的定位轴线一般作为附加轴线，编号应以分数表示，分母表示前一轴线的编号，分子表示后一轴线的编号。1 号轴或 A 号轴之前附加轴线，以分母 01、0A 分别表示位于 1 号轴线或 A 号轴线之前的轴线，如图 5-6 所示。

（7）一个详图适用于几根轴线时，应同时注明各有关轴线的编号，如图 5-7 所示。

（8）通用详图中的定位轴线，应只画圆，不注写轴线编号。

（9）折线型平面图中定位轴线的编号可按图的形式编写，如图 5-8（a）所示。

（10）圆形平面图中定位轴线的编号，其径向轴线宜用阿拉伯数字表示，从左下角开始，按逆时针顺序编写；其圆周轴线宜用大写拉丁字母表示，从外向内顺序编写，如图 5-8（b）所示。

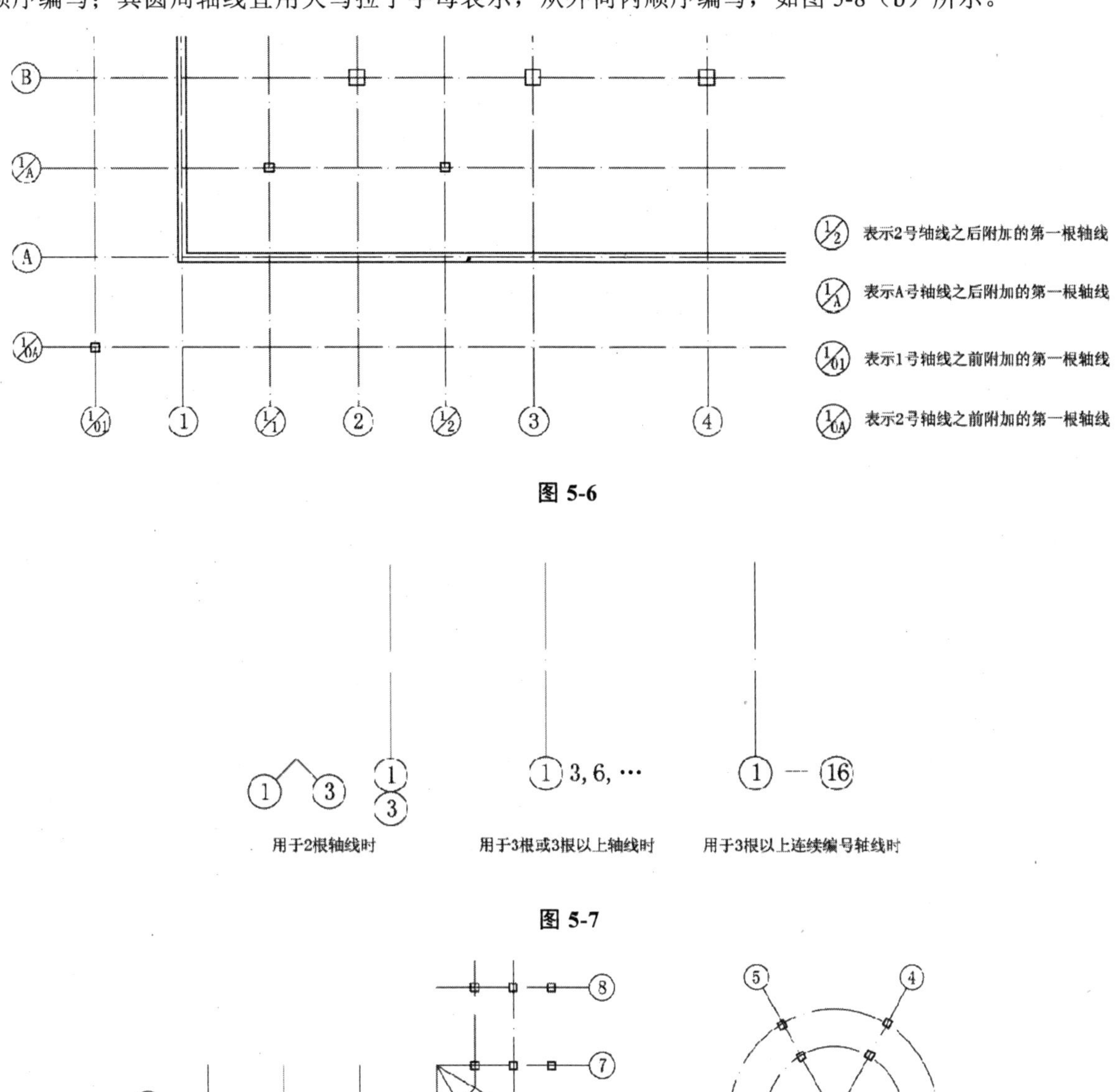

图 5-6

图 5-7

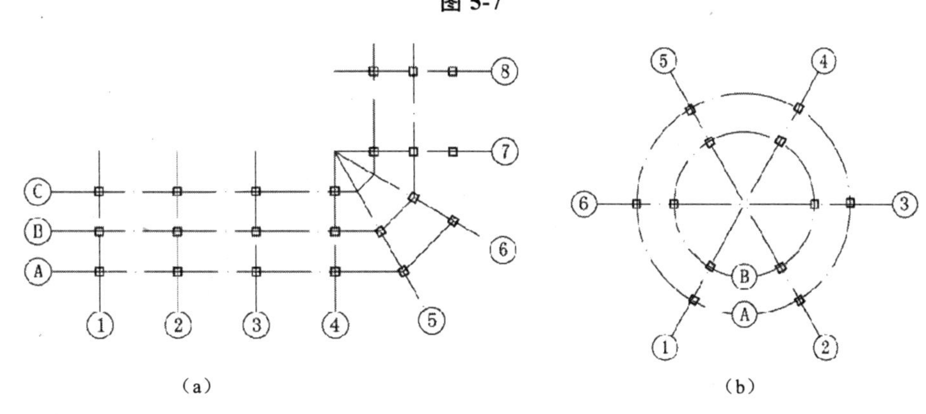

图 5-8

5.8 标 高 符 号

（1）概念：在总平面图、平面图、立面图和剖立面图上经常用标高符号表示某一部位的高度。

（2）标高符号由一等腰直角三角形构成，三角形高为 3mm，尖端处所指被注的高度，尖端处的短横线为需注高度的界线，短横线与三角形同宽。地面标高尖端向下，顶面标高尖端向上，长横线之上或之下注写标高数字，如图 5-9 所示。

（3）标高数字以米为单位，注写到小数点后第三位。

（4）零点标高注写成±0.000，正数标高不注“＋”，负数标高应注“－”，如图 5-10 所示。

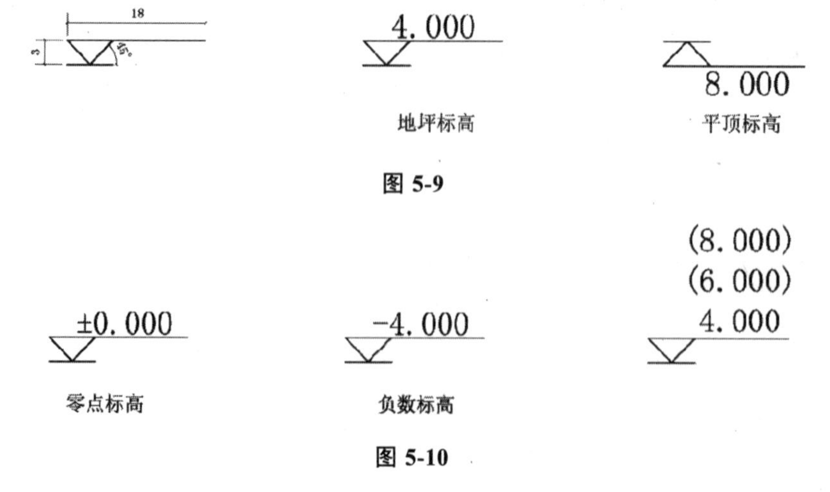

图 5-9

图 5-10

（5）在图样的同一位置需表示几个不同的标高时，数字可以按图 5-10 中的形式注写。

（6）标高数字字高为 3～4mm（所有幅面），字体选用简宋。

5.9 指　北　针

用细实线绘制。指北针的画法多种多样，在室内设计制图中常用到的有如图 5-11 所示的几种。图 5-11（a）为建筑制图中常用的指北针，图 5-11（b）、（c）、（d）为室内设计中常用的指北针。

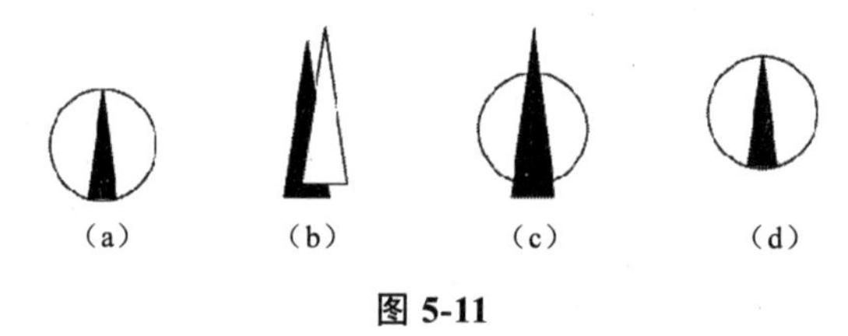

图 5-11

5.10 文 字 引 出 线

（1）概念：为了保证图样的清晰、有条理，对各类索引符号、文字说明采用引出线来连接。

（2）引出线为细实线绘制，宜采用水平方向的直线，或与水平方向成 30°、45°、60°、90° 直线或经上述角度再折为水平线，如图 5-12（a）所示。

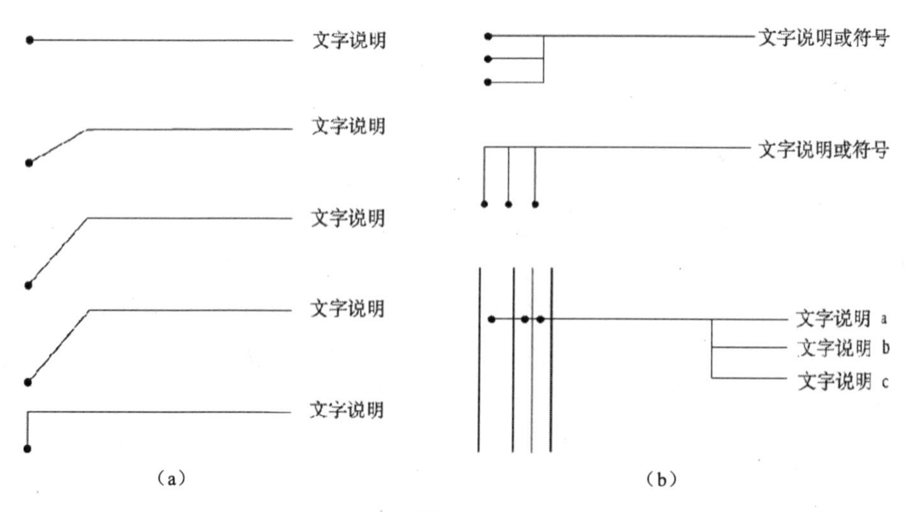

图 5-12

（3）文字说明宜注写在横线上方、下方或横线的端部。

（4）引出线同时索引几个相同部分时，各引出线应互相保持平行，如图 5-13 所示。

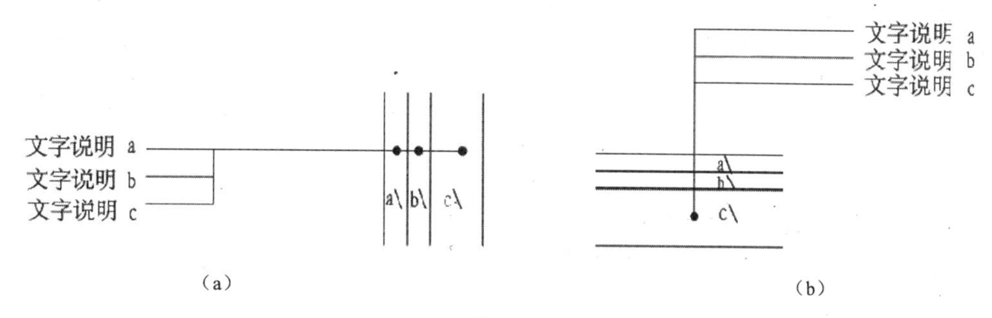

图 5-13

（5）索引详图的引出线应对准索引符号的圆心。

（6）对于剖面图中多层构造可采用集中引出线，多层构造引出线必须通过被引的各层，必须在方向上保持与被引各层垂直，文字说明的次序应与构造层次一致，如图 5-12（b）所示。

5.11 立面索引符号

（1）概念：立面索引符号用于在平面图中标注相关立面图、剖立面图对应的索引位置和序号。

（2）立面索引符号由圆圈与直角三角形共同组成，圆圈直径有 14mm（A0、A1、A2 幅面）和 12mm（A3、A4 幅面），三角形的直角所指方向为投视方向，如图 5-14 所示。

（3）上半圆内的数字，表示立面图编号，采用阿拉伯数字。

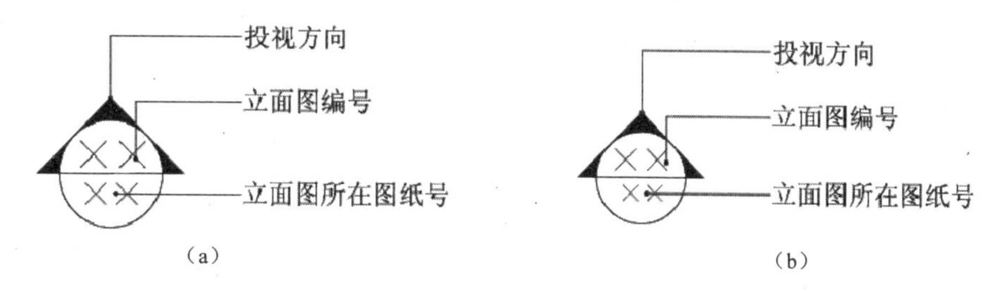

图 5-14

（a）A0、A1、A2 幅面；（b）A3、A4 幅面

（4）下半圆内的数字表示立面图所在的图纸号。

（5）上、下半圆以一过圆心的水平直线分界。

（6）直角所指方向为立面图投视方向，如图 5-15 所示。

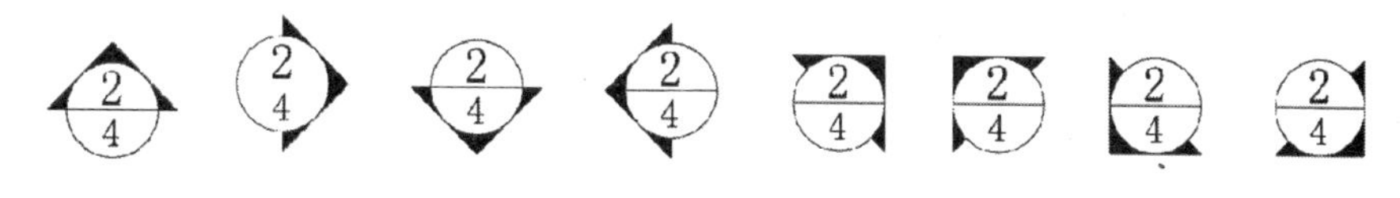

图 5-15

（7）直角所指方向随立面投视方向而变，但圆中水平直线、数字及字母永不变方向，上下圆内表述内容不能颠倒，如图 5-15 所示。

（8）立面索引编号宜采用按顺时针顺序连续排列，且数个立面索引符号可组合成一体，如图 5-16、图 5-17 所示。

（9）立面索引符号的文字设置。字体均选用简宋。A0、A1、A2 幅面：上半圆字高为 4～5mm，下半圆字高为 3～4mm。A3、A4 幅面：上半圆字高为 3～5mm，下半圆字高为 2～3mm。

（10）立面索引符号的有关规范只适用于室内设计制图。

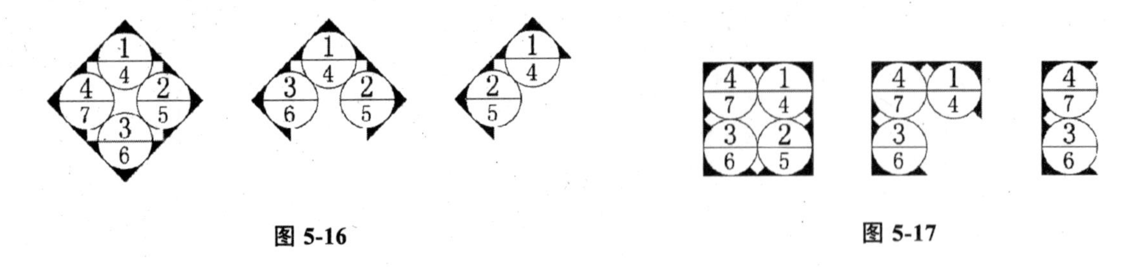

图 5-16　　　　图 5-17

5.12 详图剖切符号

（1）概念：为了更清楚地表达出平、剖、立面图中某一局部或构件，需另画详图，以剖切索引号来表达。剖切索引号即索引符号和剖切符号的组合。

（2）索引符号以细实线描绘，圆圈直径分别为 14mm（A0、A1、A2 幅面）和 12mm（A3、A4 幅面）。索引符号的上半圆中的阿拉伯数字表示节点详图的编号，下半圆中的编号表示节点详图所在的图纸号，如图 5-18 所示。若被索引的详图与被索引部分在同一张图纸上，则下半圆中用一段宽度为 1mm（所有幅面）的水平粗实线表示，如图 5-19 所示。

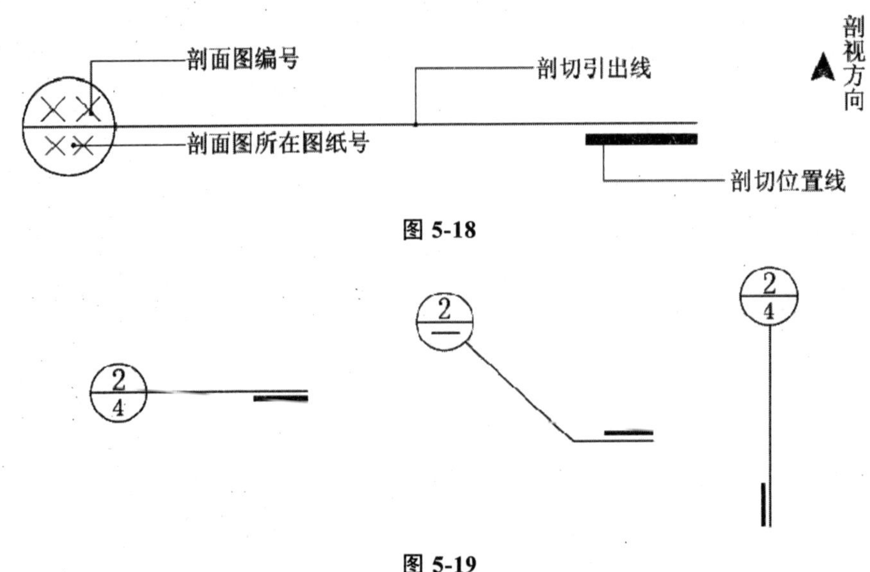

图 5-18

图 5-19

（3）剖切索引详图应在被剖切部位用粗实线绘制出剖切位置线，宽度分别为 1.5mm（A1、A2、A3 幅面）和 1mm（A3、A4 幅面），用细实线绘制出剖切引出线，引出索引号，且剖切引出线与剖切位置线平行，两线相距分别为 2mm（A1、A2、A3 幅面）和 1.5mm（A3、A4 幅面）。引出线一侧表示剖切后的投视方向，即由位置线向引出线方向投视。

（4）剖切符号在实际绘图中，可以按图 5-19 所示的三种方式绘制。

（5）引出线可以是水平线或垂直线，也可以和水平线成 30°、45°、60°，如图 5-19 所示。

（6）详图剖切符号规范在室内设计制图和建筑制图中都适用。

5.13 大样图索引符号

（1）概念：为了进一步表示清楚图样中的某一局部，将其引出并用放大比例的方法绘出，用大样图索引符号来表达。

（2）在室内设计制图中，大样图索引符号是由大样符号、引出线和引出圈构成。在建筑制图中，大样图索引符号是由大样符号和引出线组成，如图 5-20 所示。

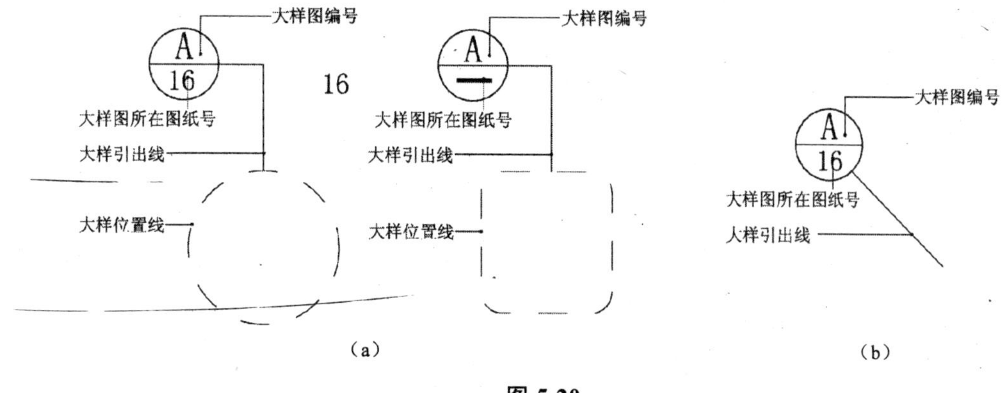

图 5-20

（a）室内设计制图大样图编号；（b）建筑制图大样图编号

（3）引出圈以细虚线圈出需被放样的大样图范围，范围较小的引出圈以圆形虚线绘制，范围较大的引出圈以倒弧角的矩形绘制，引出圈需将被引出的图样范围完整地圈入其中。

（4）大样符号与引出线用细实线绘制。

（5）大样符号直径分别为 14mm（A0、A1、A2 幅面）和 12mm（A3、A4 幅面）。

（6）大样符号上半圆中的大写英文字母表示大样图编号，下半圆中的阿拉伯数字表示大样图所在图纸号。

（7）若索引的大样图与被索引部分在同一张图纸上，可以在下半圆中用一条宽度为 1mm（所有幅面）的水平粗实线表示。

（8）大样图索引符号的文字设置。字体选用简宋。A0、A1、A2 幅面：上半圆字高为 3～5mm，下半圆字高为 3～4mm。A3、A4 幅面：上半圆字高为 3～5mm，下半圆字高为 2～3mm。

5.14 折　断　线

（1）概念：当所绘图样因画幅不够时，或因剖切位置不必全画时，采用折断线来终止画面。

（2）折断线以细实线绘制，且必须经过全部被折断的图画，如图 5-21（a）所示。

（3）连接符号应该以折断表示需要连接的部位，以折断线两端靠图样一侧的大写英文字母表示连接编号，两个被连接的图样必须用相同的字母编号，如图 5-21（b）所示。

（4）折段线的规范适用于室内设计制图和建筑制图。

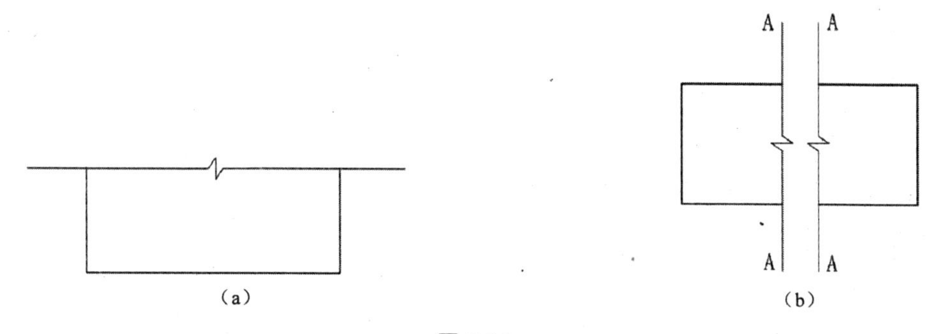

图 5-21

5.15 中 心 对 称 符 号

（1）概念：中心对称符号表示在对称轴两侧的图样完全相同。

（2）中心对称符号有对称号和中心对称线组成，对称线以细实线绘制，中心对称线以细点划线表示，如图 5-22 所示。

（3）当所绘的对称图样需要表达出断面内容时，可以以中心对称线为界，一半画出外形图样，另一半画出断面图样，如图 5-22 所示。

（4）中心对称符号的规范适用于室内设计制图和建筑制图。

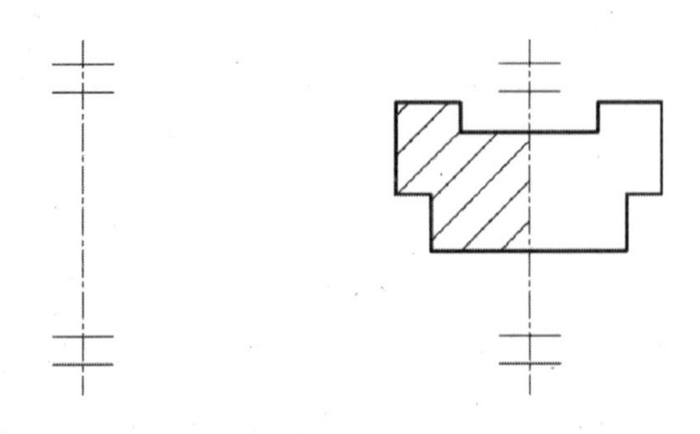

图 5-22

5.16 材料索引符号

（1）概念：材料索引符号用于表达材料类别及编号，以细实线绘制的椭圆形表示。

（2）材料索引符号尺寸分别为 18mm×10mm（A0、A1、A3 幅面）和 16mm×9mm（A3、A4 幅面），如图 5-23 所示。

（3）符号内的文字由大写英文字母及阿拉伯数字共同组成，英文字母代表材料大类，后缀阿拉伯数字代表该类别内的某一材料编号，如图 5-24 所示。

（4）材料引出需由材料索引符号与引出线共同组成，如图 5-24 所示。

（5）材料索引符号的规范只适用于室内设计制图。

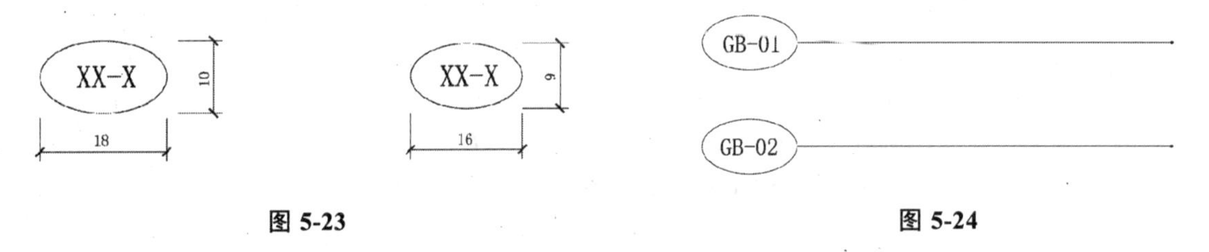

图 5-23 **图 5-24**

5.17 尺寸标注

5.17.1 尺寸界线、尺寸线及尺寸起止符号

（1）图样上的尺寸，包括尺寸界线、尺寸线、尺寸起止符号和尺寸数字，如图 5-25 所示。

（2）尺寸界线应用细实线绘制，一般应与被注长度垂直，其一端应离开图样轮廓线不小于 2mm，另一端宜超出尺寸线 2～3mm。图样轮廓线可用作尺寸界线，如图 5-26 所示。

（3）尺寸线应用细实线绘制，应与被注长度平行，图样本身的任何图线均不得用作尺寸线。

（4）尺寸起止符号一般用中粗斜短线绘制，其倾斜方向应与尺寸界线成顺时针 45°，长度宜为 2～3mm。半径、直径、角度与弧长的尺寸起止符号，宜用箭头表示，如图 5-27 所示。

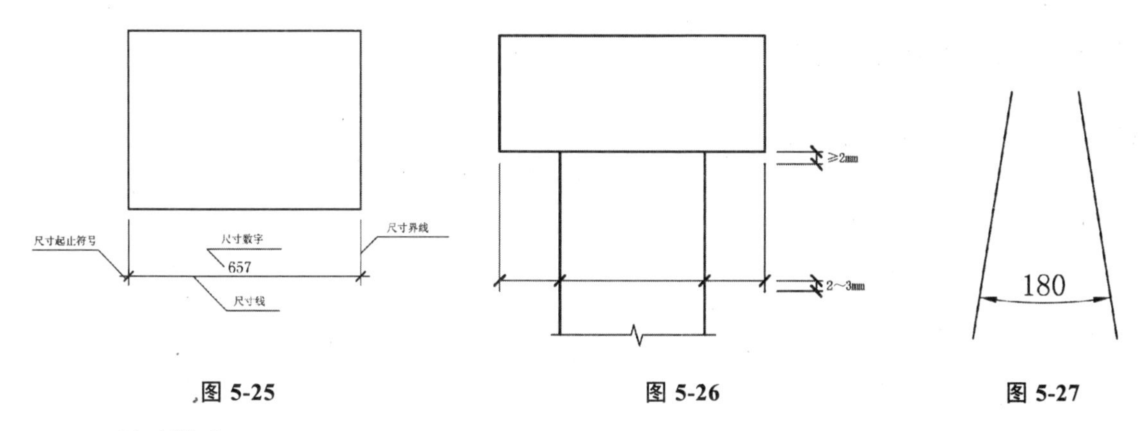

图 5-25　　图 5-26　　图 5-27

5.17.2 尺寸数字

（1）图样上的尺寸，应以尺寸数字为准，不得从图上直接量取。

（2）图样上的尺寸单位，除标高及总平面以米为单位外，其他必须以毫米为单位。

（3）尺寸数字的方向，应按图 5-28（a）的规定注写。若尺寸数字在 30°斜线区内，宜按图 5-28（b）的形式注写。

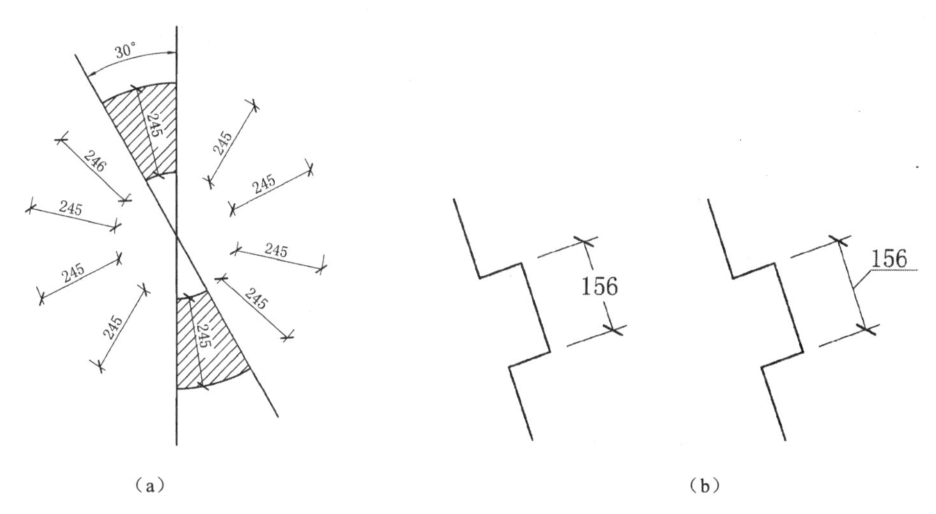

图 5-28

（4）尺寸数字一般应依据其方向注写在靠近尺寸线的上方中部，如没有足够的注写位置，最外边的尺寸数字可注写在尺寸界线的外侧，中间相邻的尺寸数字可错开注写，如图 5-29 所示。

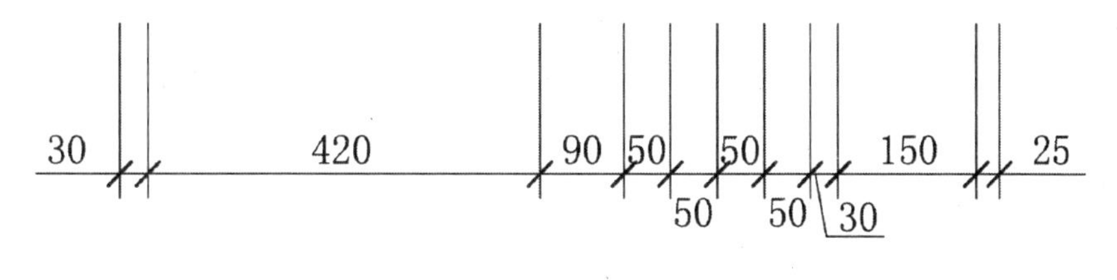

图 5-29

5.17.3 尺寸的排列与布置

（1）尺寸宜标注在图样轮廓以外，不宜与图线、文字及符号等相交。

（2）互相平行的尺寸线，应从被注写的图样轮廓线由近向远整齐排列，较小尺寸应离轮廓线较近，较大尺寸应离轮廓线较远，如图 5-30 所示。

（3）图样轮廓线以外的尺寸界线，距图样最外轮廓之间的距离，不宜小于 10mm。平行排列的尺寸线的间距，宜为 7～10mm，并应保持一致，如图 5-30 所示。

（4）总尺寸的尺寸界线应靠近所指部位，中间的分尺寸的尺寸界线可稍短，但其长度应相等，如图 5-30 所示。

5.17.4 半径、直径、球的尺寸标注

（1）半径的尺寸线应一端从圆心开始，另一端画箭头指向圆弧，半径数字前应加注半径符号“R”，如图 5-31 所示。

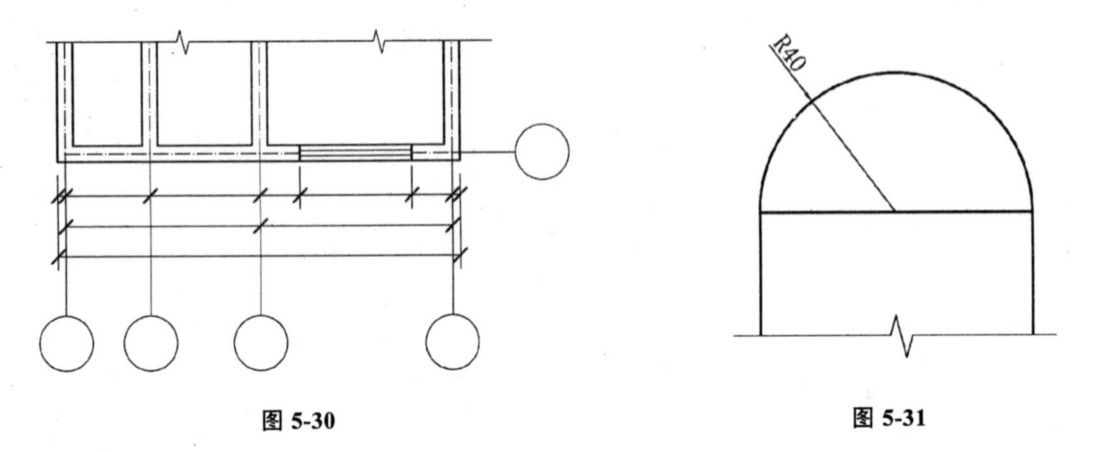

图 5-30　　　　图 5-31

（2）较小圆弧的半径，可按图 5-32 中所示形式标注。

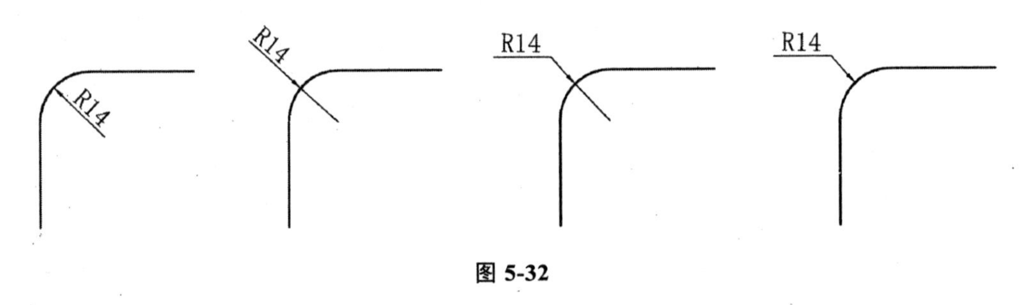

图 5-32

（3）较大圆弧的半径，可按图 5-33 形式标注。

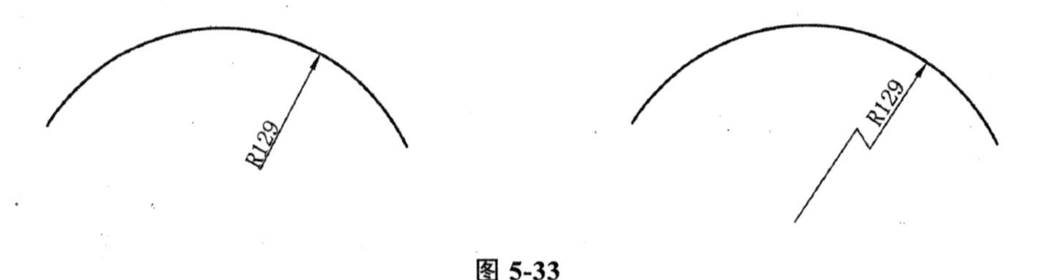

图 5-33

（4）标注圆的直径尺寸时，直径数字前应加直径符号“∅”。在圆内标注的尺寸线应通过圆心，两端画箭头指至圆弧，如图 5-34 所示。

（5）较小圆的直径尺寸，可标注在圆外，如图 5-35 所示。

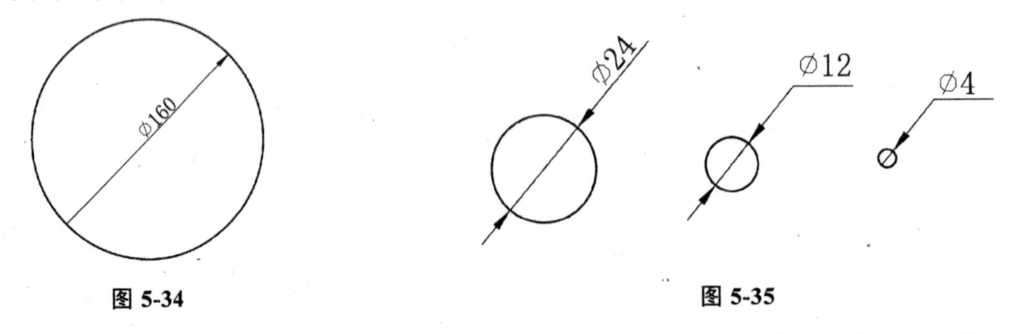

图 5-34　　　　图 5-35

（6）标注球的半径尺寸时，应在尺寸前加注符号“SR”。标注球的直径尺寸时，应在尺寸数字前

加注符号“SΦ”。注写方法与圆弧半径和圆直径的尺寸标注方法相同。

5.17.5 角度、弧度、弧长的标注

（1）角度的尺寸线应以圆弧表示，该圆弧的圆心应是该角的顶点，角的两条边为尺寸界线。起止符号应以箭头表示，如没有足够位置画箭头，可用圆点代替，角度数字应按水平方向注写，如图 5-36 所示。

（2）标注圆弧的弧长时，尺寸线应以与该圆弧同心的圆弧线表示，尺寸界线应垂直于该圆弧的弦，起止符号用箭头表示，弧长数字上方应加注圆弧符号“⌒”，如图 5-37 所示。

（3）标注圆弧的弦长时，尺寸线应以平行于该弦的直线表示，尺寸界线应垂直于该弦，起止符号用中粗斜短线表示，如图 5-38 所示。

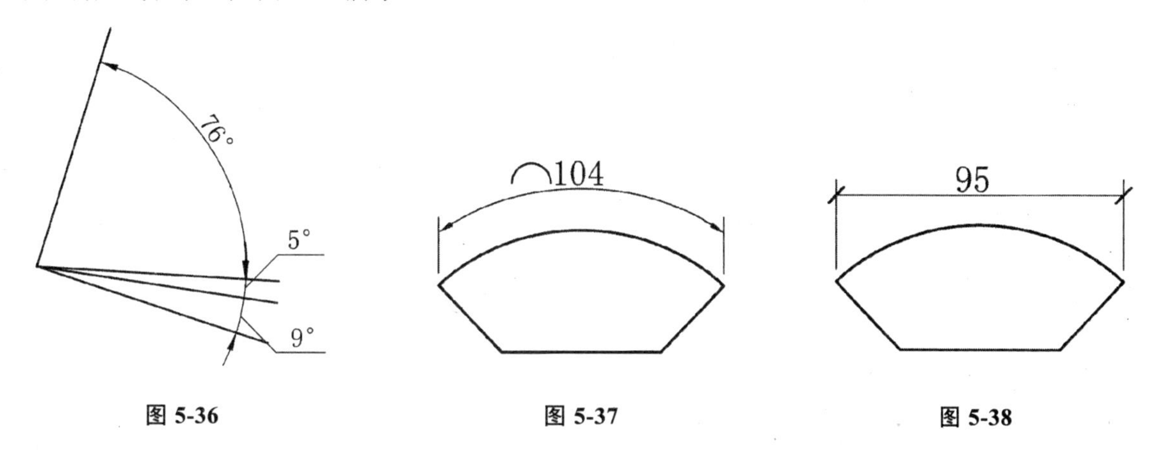

图 5-36　　图 5-37　　图 5-38

5.17.6 薄板厚度、正方形、非圆曲线等尺寸标注

（1）在薄板板面标注板厚尺寸时，应在厚度数字前加厚度符号“t”，如图 5-39 所示。

（2）标注正方形的尺寸，可用“边长×边长”的形式，也可在边长数字前加正方形符号“□”。

（3）外形为非圆曲线的构件，可用坐标形式标注尺寸，如图 5-40 所示。

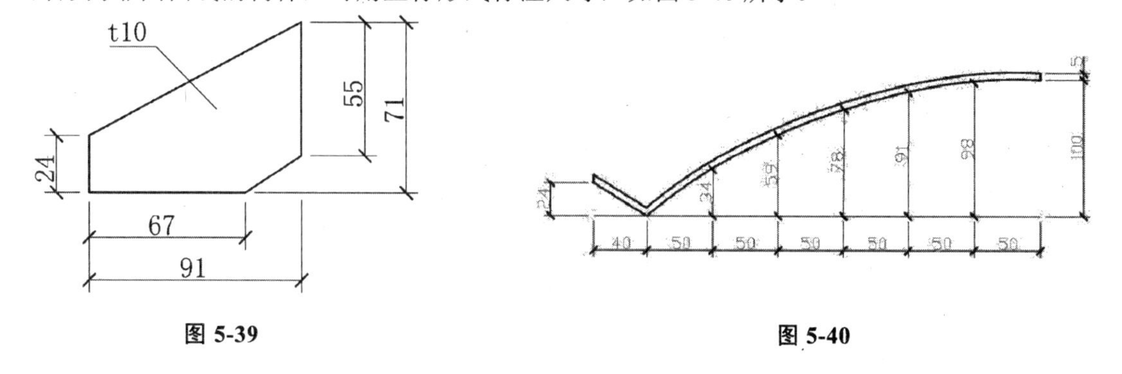

图 5-39　　图 5-40

第6章

室内设计制图

室内设计制图是在建筑制图的基础上发展出来的，是用来表达室内装饰设计意图的主要图纸，是室内装饰工程施工和管理的依据。随着新材料、新技术、新工艺的不断发展和人民生活水平的不断提高，今天人们对室内外环境质量的要求越来越高。室内设计顺应社会发展的需要，内容也日趋丰富多彩、复杂细腻，仅用建筑施工图已难以表达清楚复杂的装饰要求，于是出现了"室内设计制图"，以便表达丰富的造型构思、材料及工艺要求，并指导装饰工程的施工及管理。

室内设计制图的图示原理与建筑施工图完全一样，采用正投影的方法。由于目前国内还没有制定统一的室内设计制图标准，它主要是套用建筑制图标准来绘制。室内设计制图可以看成是建筑施工图中的某些内容省略后加入有关室内设计施工内容而成的一种施工图。它们在表达内容上各有侧重，室内设计制图侧重反映装饰件（面）的材料及其规格、构造做法、饰面颜色、尺寸标高、施工工艺以及装饰件（面）与建筑构件的位置关系和连接方法等。建筑施工图则着重表达建筑结构形式、建筑构造、材料与做法。室内设计需经方案设计和施工图设计两个阶段。方案设计阶段是根据甲方的要求、现场情况及有关规范、设计原则等，绘出一组或多组装饰方案图，主要包括平面图、顶面图、立面图、透视图、文字说明等。经修改、补充，取得较合理的方案后进入施工图设计阶段。施工图除了对上述图样进行细化外，还要绘制详图，以表示具体的施工方法。

6.1 平　面　图

建筑是技术与艺术相结合的产物，建筑物的空间组合是建筑艺术构图的基础，而建筑平面及其布置则是最能反映建筑功能方面问题的场所，无论是建筑设计还是室内设计，一般都是从建筑平面设计或平面布置的分析入手。做平面布置分析和绘制平面布置图时，一般在已有建筑平面图的基础上进行。如果没有现成的建筑平面图，就必须对现场进行测绘，弄清楚该现场的主要使用面积、辅助使用面积和交通联系部分的面积。要在弄清楚该建筑物在水平向上各个部分的组合关系之后，才能进一步绘制其室内平面布置图。至于室内平面布置图（以及其他装修施工图）的画法，目前在我国尚未制定出专门的统一标准，因此不同地区不同部门对这类图样的画法往往有所不同，不过其图示方法仍然都是采用正投影法，且绝大多数都是套用现行的建筑制图国家标准。室内平面布置图的主要内容，是从建筑功能分区和装饰艺术创新且富于个性的角度出发，提出对室内空间的合理利用，明确各组成部分内的陈设、家具、灯饰、绿化和设备等的摆放位置和要求。

6.1.1 平面图概念

室内设计中的平面图主要表明建筑的平面形状，建筑的构造状况（墙体、柱子、楼梯、台阶、门窗的位置等），表明室内的陈设关系和室内的交通流线关系，表明室内设施、陈设、隔断的位置，表明室内地面的装饰情况。平面图的形成是假想用一水平的削切面沿门窗的位置（距地 1.5m）作水平面剖切后，去掉上半部分，自上而下所得到的正投影图。

6.1.2 平面图的分类及内容

由于室内平面图表达的内容较多，很难在一张图纸上表达完善，也为方便表达施工过程中各施工阶段、各施工内容，以及各专业供应方阅图的需求，可将平面图细为各项分平面图，如建筑原始平面图、平面布置图、地坪装修图、开关插座布置图等。

6.1.2.1 建筑原始平面图内容

（1）表达出原建筑的平面结构内容，绘出承重墙、非承重墙及管井位置等。

（2）表达出建筑轴线编号及轴线间的尺寸。

（3）表达出建筑标高。

（4）标示出指北针。

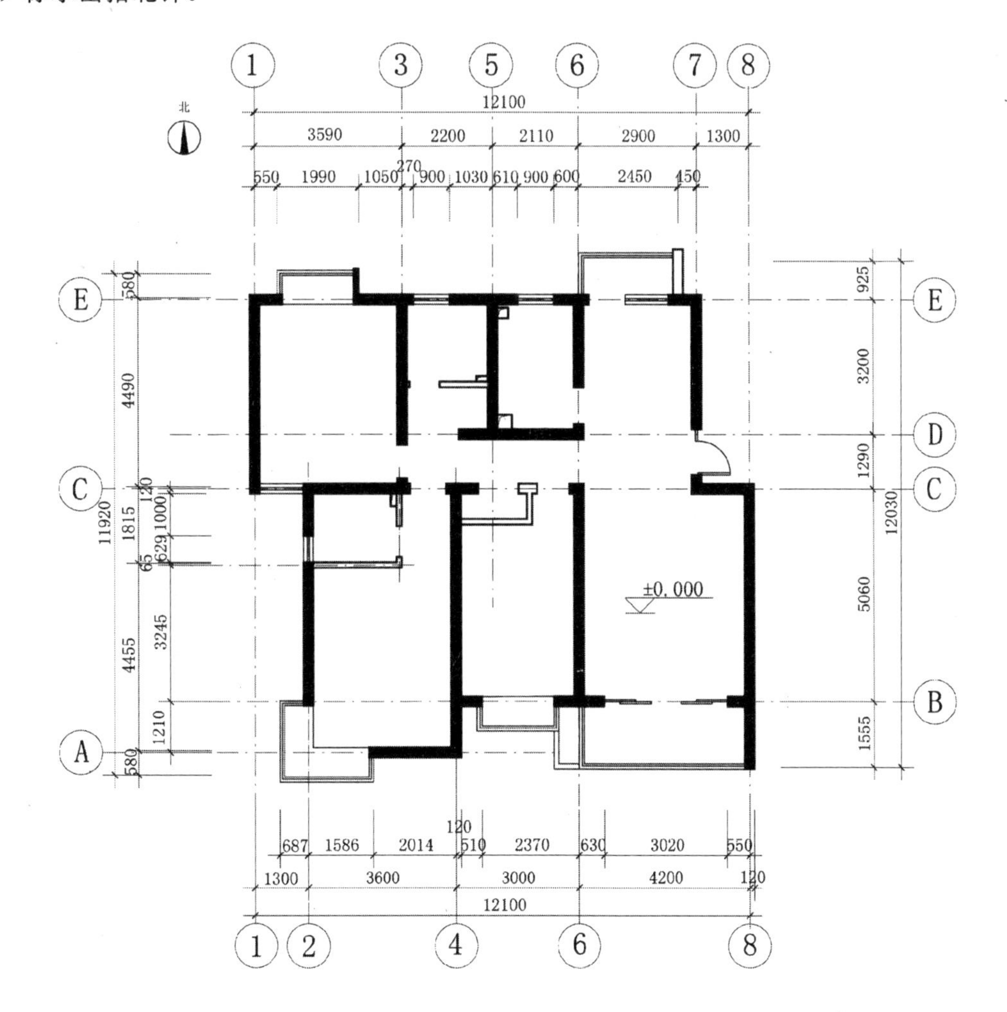

图 6-1

图 6-1 表达了某住宅的原始结构，因为是砖混结构，所以大部分墙体在装修中是不能够拆移的，图中将不能拆移的墙体填充为黑色。此图还绘制了入户门，标明了管道位置，尺寸在现场复合后再标

明。需要说明的是，这幅图是一栋住宅楼的某一层的局部，和这套住宅无关的内容都省略了，包括相邻的住宅、单元走道、楼梯等。

6.1.2.2 平面布置图内容

（1）详细表达出该部分剖切线以下的平面空间布置内容及关系。

（2）表达出隔墙、隔断、固定家具、固定构件、活动家具、窗帘的形状和位置。

（3）表达出每款家具实际的平面形状。

（4）表达出门扇的开启方式和方向。

（5）表达出陈设品的位置、平面造型及图例，陈设品包括画框、雕塑、摆件、工艺品、绿化、工艺毯、插花等。

（6）表达出活动家具及陈设品图例。

（7）表达出电脑、电话、光源、灯饰等设施的图例。

（8）表达出地坪上的陈设（如工艺毯）的位置、尺寸及编号。

（9）表达出立面中各类壁灯、画灯、镜前灯的平面投影位置及图形。

（10）表达出暗藏于平面、地面、家具及装修中的光源。

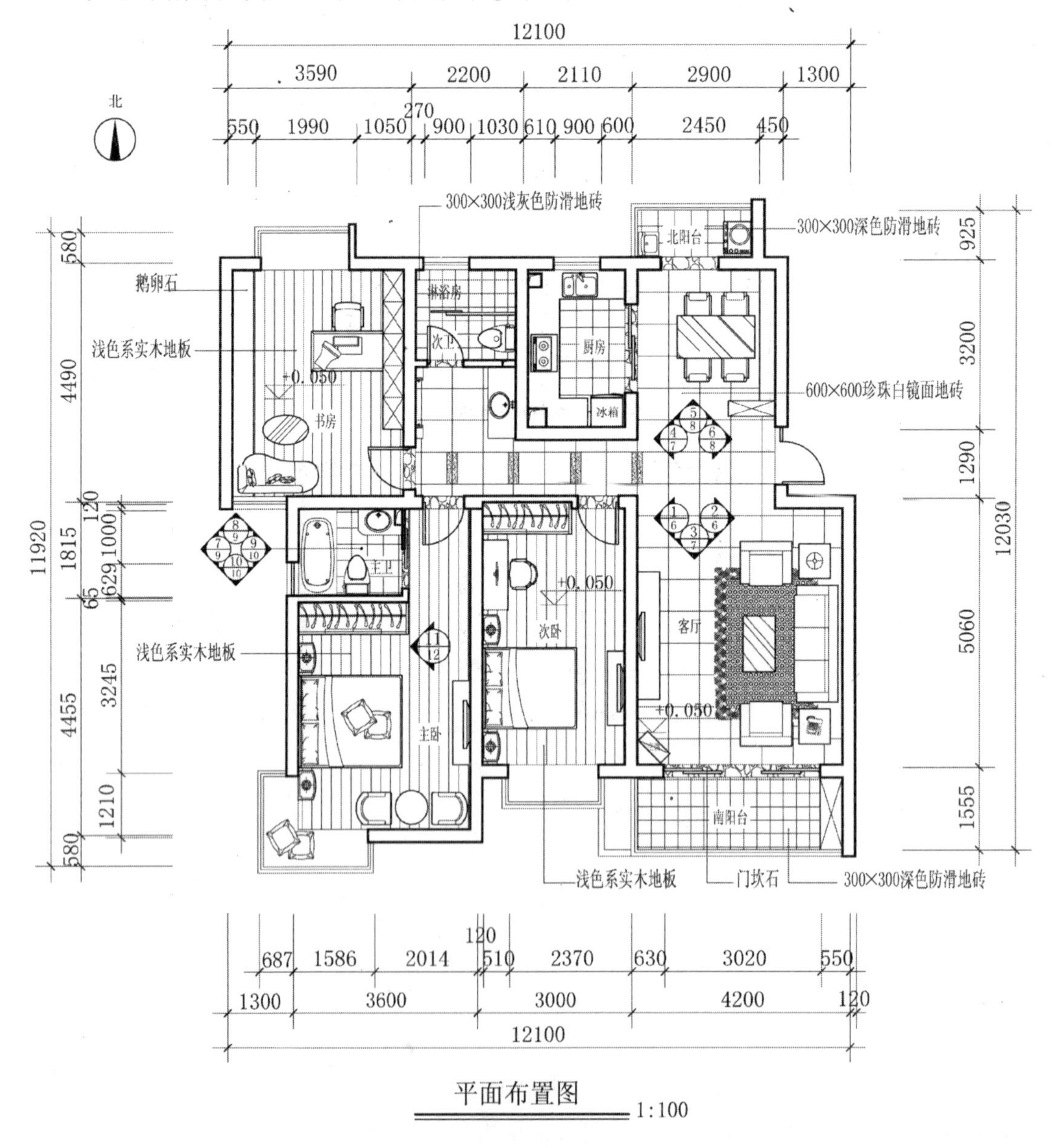

图 6-2

（11）表达出各类光源、灯饰的编号。

（12）表达出家具的陈设立面索引号和剖立面索引号。

（13）注明装修地坪的标高。

（14）表达出各功能区域的编号及文字注释，如“客厅”。

（15）注明本部分的建筑轴线编号及轴线尺寸（如在建筑原始平面图中已经标明轴号，其他图纸可以省略）。

图 6-2 为住宅平面布置图，它是设计图纸最为重要的图样。它集中反映了这套住宅的功能区划和设计定位。从中可以清楚地看到地面材料的使用，家具的摆放位置（包括活动家具和固定家具），电器、洁具的位置，也包括陈设、植物的摆放位置。在图中标明了各立面、剖面的索引符号，及地面标高。

6.1.2.3 地坪装修图内容

（1）表达出该部分地坪界面空间内容及关系。

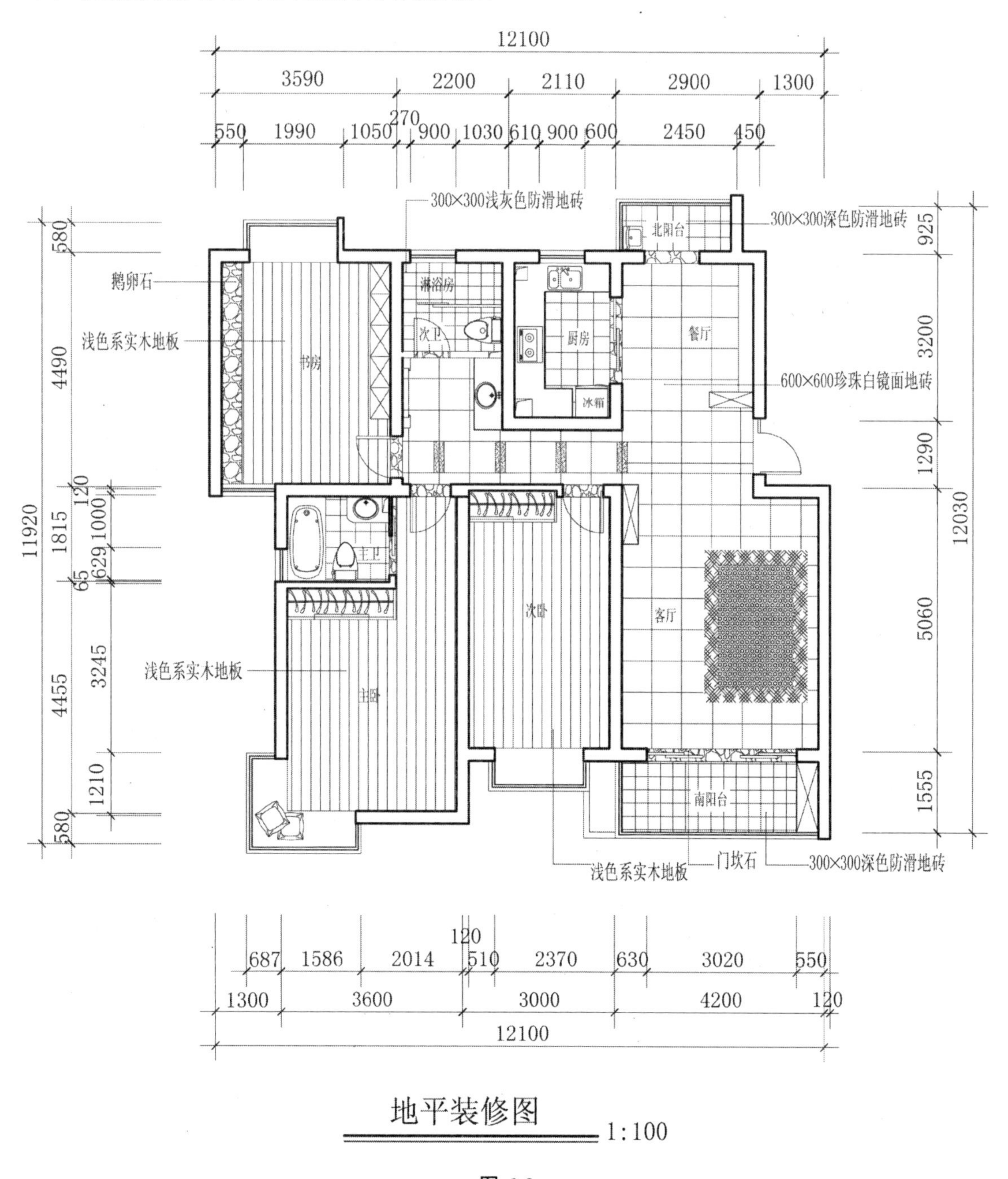

图 6-3

（2）表达出地坪材料品种、规格、色彩。

（3）表达出埋地式内容（如埋地灯、暗藏光源，地插座等）。

（4）表达出地坪拼花或大样索引号。

（5）注明地坪装修所需的构造详图索引。

（6）注明地坪标高关系。

（7）注明轴线编号及轴线尺寸（如在建筑原始平面图中已经标明轴号，其他图纸可以省略）。

图 6-3 地坪装修图是平面布置图的必要补充。其省略了活动家具的绘制，只绘制出了固定家具和地面的铺装。如客厅，使用了地砖、活动地毯，其走廊上较为复杂的地砖拼花也要表现出来。卧室、书房都使用了实木地板铺装，并表示出实木地板铺装方向，卫生间和厨房使用了防滑砖。

6.1.2.4　开关、插座布置平面图

（1）表达出各墙、地面的开关及强、弱电插座的位置及图例。

（2）注明地坪标高关系。

（3）注明轴线编号及轴线尺寸（如在建筑原始平面图中已经标明轴号，其他图纸可以省略）。

（4）表达出开关、插座在本图纸中的图表注释。

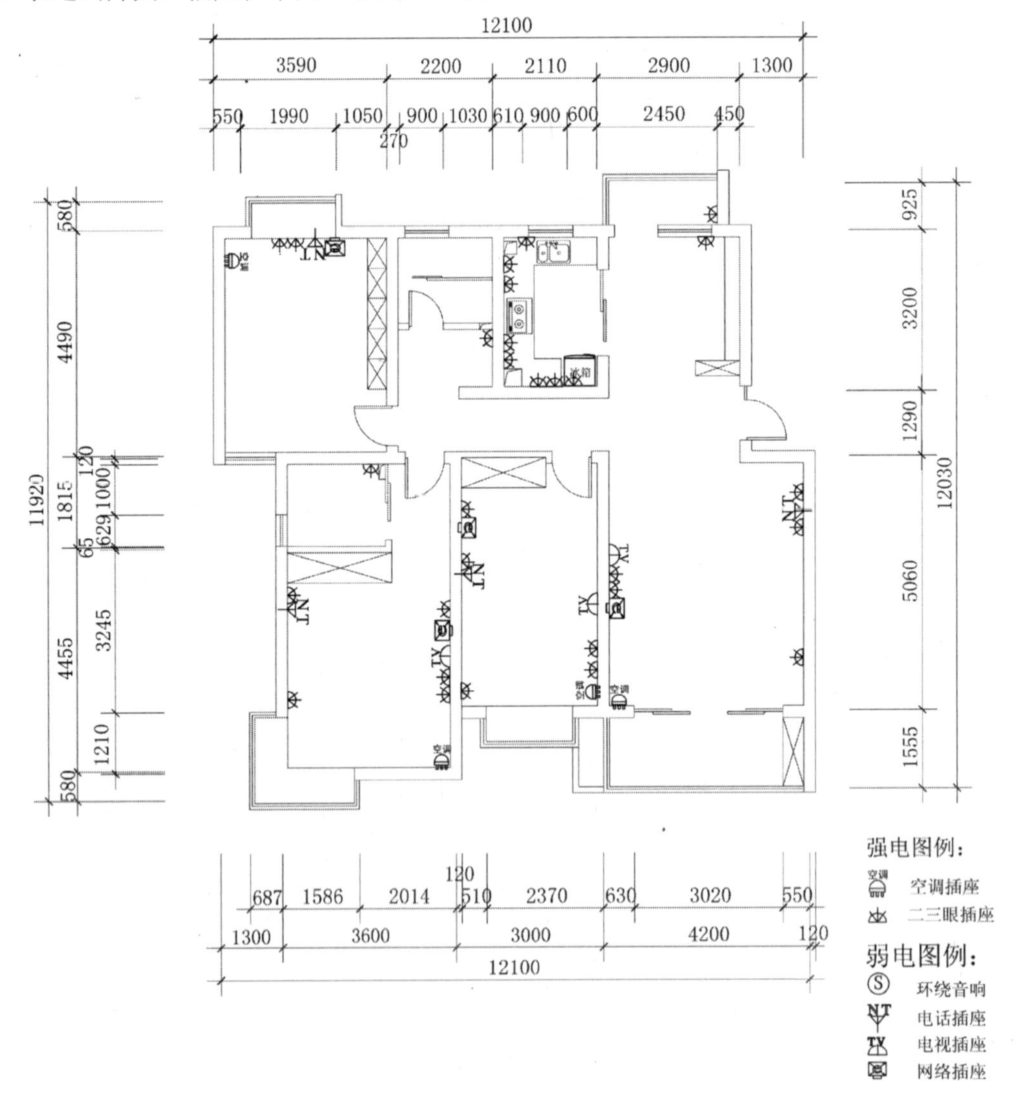

开关插座布置平面图 1:100

图 6-4

图 6-4 省略了除墙体、尺寸的其他元素，插座和弱电都以符号的形式表示在图中，且靠墙放置。插座和弱电在室内设计制图中没有统一的国家标准，所以在图的右下角绘制图例来说明图中的符号。

6.1.3 平面图的图线要求

（1）被剖到的主要建筑结构，如墙体、柱子等用粗实线表示。

（2）未被剖到的但可见的建筑结构的轮廓，用中实线表示。

（3）门用中实线表示，门弧用细实线表示，窗子用中实线表示，窗台用细实线表示。

（4）家具、陈设、电器的外轮廓线用中实线表示，结构线和装饰线用细实线表示。

（5）地面材质如地砖、地毯、地板等用细实线表示。

（6）各种符号、尺寸线、引出线按照制图规范设置。

6.1.4 CAD 绘制平面图

6.1.4.1 建筑原始平面图的绘制步骤

（1）图层设置。为了方便管理图形和线型设置，在绘图之前利用 la 命令，打开“图层”对话框，对图层进行设置。可以按照表 6-1 设置图层，其中图层名、色号可以根据绘图习惯进行设置，无统一的标准，线型、线宽按绘图标准进行设置，在绘图过程中，如果有新的内容，可以再建立新的图层。

表 6-1　　平面图图层设置

图层名	色号	线型	线宽（mm）	内容
中轴线	8 号（深灰）	（ACAD_IS004W100）点划线	0.25	表示墙体、柱子的中轴线
墙体线	2 号（黄色）	实线	1.00	表示出墙体的轮廓
门	5 号（蓝色）	实线	0.50	表示出门扇的轮廓
门弧	4 号（青色）	实线	0.25	表示出门扇开合的轨迹
窗	4 号（青色）	实线	0.50	表示出窗子的轮廓
窗台	5 号（蓝色）	实线	0.25	表示出窗台的轮廓和形状
建筑构件	6 号（洋红）	实线	0.50	表示出楼梯、栏杆等建筑构件的轮廓和结构
家具 A	3 号（绿色）	实线	0.50	表示出家具的外轮廓
家具 B	5 号（蓝色）	实线	0.25	表示出家具的结构线和装饰线
陈设 A	3 号（绿色）	实线	0.50	表示出陈设、花卉、设备的外轮廓
陈设 B	5 号（蓝色）	实线	0.25	表示出陈设、花卉、设备的结构线和装饰线
管井	6 号（洋红）	实线	0.25	表示出烟道、通风道、等管井的符号
尺寸	3 号（绿色）	实线	0.25	表示尺寸
标高	5 号（蓝色）	实线	0.25	表示标高符号和文字
轴号	3 号（绿色）	实线	0.25	表示轴号圈和文字
文字	5 号（蓝色）	实线	0.25	表示出说明文字

（2）绘制轴线。执行 1 命令，在图中分别绘制一条水平直线和一条垂直线，水平直线为 12100，垂直直线为 10800，如图 6-5（a）所示。

此时，轴线的线型虽然为点划线，但是由于比例太小，显示出来还是实线的形式，选择刚刚绘制的轴线，然后右击，选择下拉菜单中的特性命令，打开“特性”对话框，如图 6-6 所示。

将“线型比例”设置为 30，按 Enter 键，关闭“特性”对话框，点划线中的断线可以调整到适当的长度。执行 o 命令或点击“修改工具栏”中的“偏移”命令，“偏移距离”提示行后面输入 1475，回车确认后选择垂直直线，在直线右侧单击，将直线向右偏移 1475 的距离，如图 6-5（b）所示。依照上面的方式，继续偏移出其他的轴线，如图 6-7（a）所示。执行 tr 命令，按照墙体的布局，修剪中轴线，完成如图 6-7（b）所示。

（3）编辑多线。绘制建筑墙线可以用 CAD 中的多线命令。在绘制多线之前，首先将当前图层设置为墙体图层。点击绘图窗口上方的“图层工具栏”，将“墙体”图层设置为当前图层。然后按照以下步骤建立新的多线样式，在菜单栏中点击“菜单”→“格式”　→“多线样式”，打开“多线样式”对话框，如图 6-8 所示。

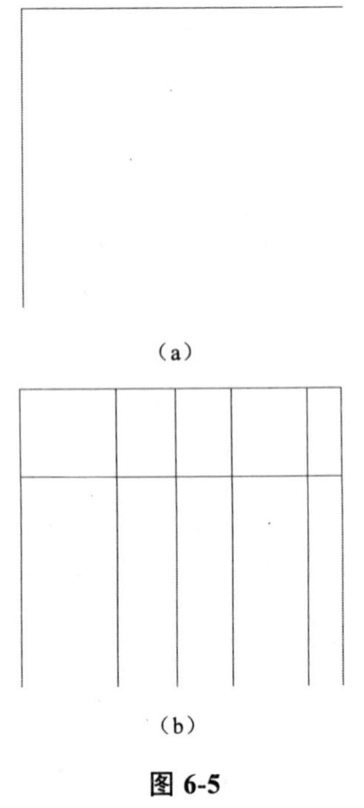

（a）

（b）

图 6-5

直线	
常规	
颜色	■ ByLayer
图层	0
线型	——— ByLayer
线型比例	30
打印样式	BYCOLOR
线宽	——— ByLayer
超链接	
透明度	ByLayer
厚度	0
三维效果	
材质	ByLayer
几何图形	
起点 X 坐标	2595.0739
起点 Y 坐标	1086.306
起点 Z 坐标	0
端点 X 坐标	1501.8239
端点 Y 坐标	1017.4242
端点 Z 坐标	0
增量 X	-1093.25
增量 Y	-68.8818
增量 Z	0
长度	1095.4179
角度	184

图 6-6 “特性”对话框

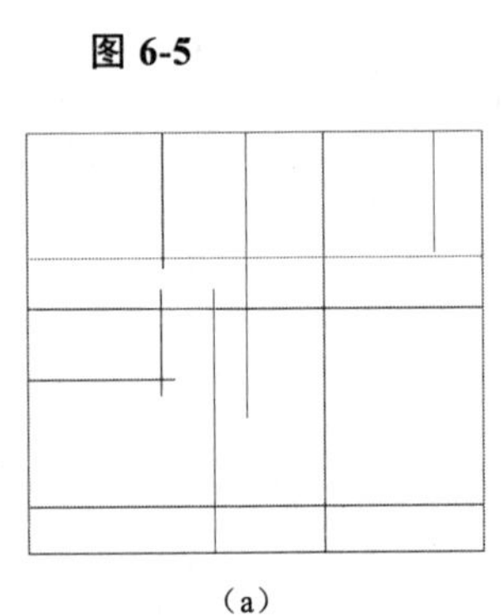

（a）

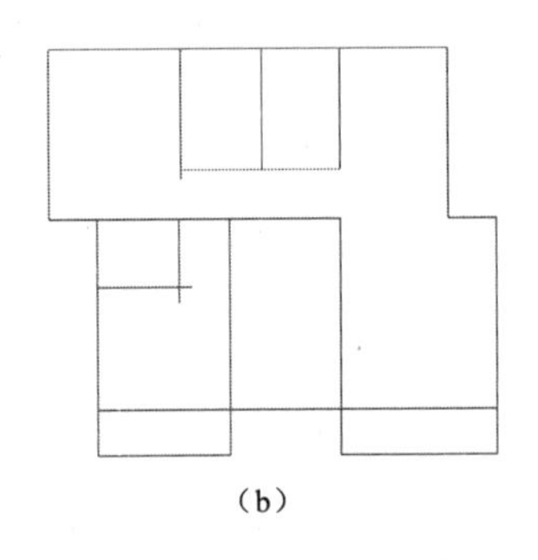

（b）

图 6-7

在“多线样式”对话框中，可以看到样式栏中只有系统自带的STANDARD样式，单击右侧的“新建”按钮，打开“创建新的多线样式”对话框，如图6-9所示。

在新样式名的空白文本框中输入“wall”，作为多线的名称。单击“继续”按钮，打开“新建多线样式”对话框，如图6-10所示。

“wall”为绘制外墙时应用的多线样式，由于外墙的宽度为240，所以按照图6-10所示，将偏移值分别修改为120和-120，点击“确定”按钮，回到“多线样式”对话框中，单击“确定”按钮回到绘图状态。

（4）绘制墙线。在命令行中，输入ml，然后依照以下命令行的提示，进行设置及绘图，如图6-11（a）所示。

命令：ml

当前设置：对正=上，比例：20.00，样式：STANDARD

指定起点或[对正（J）/比例（Sy）/样式（ST）]: st（设置多线样式）

输入多线样式名或[?]: wall（多线样式为wall）

当前设置：对正=上，比例：20.00，样式：WAll

指定起点或[对正（J）/比例（S）/样式（ST）]：j

输入对正类型[上（T）/无（Z）下/（B）]<上>：Z（设置对中模式为无）

当前设置：对正=无，比例=20.00，样式=WALL

指定起点或[对正（JV比例（Sy样式（ST）]：s

图 6-8 “多线样式”对话框

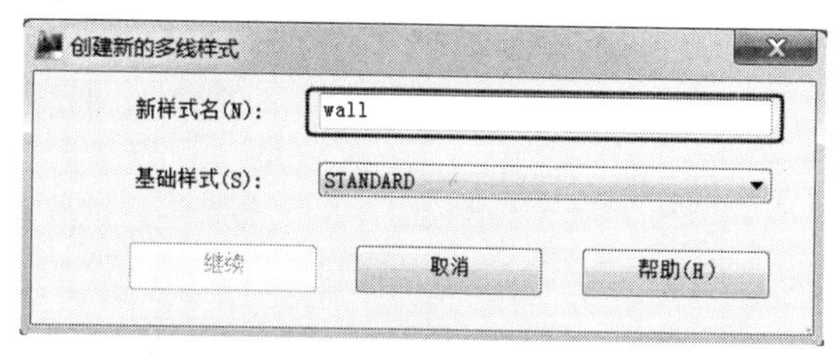

图 6-9 “创建新的多线样式”对话框

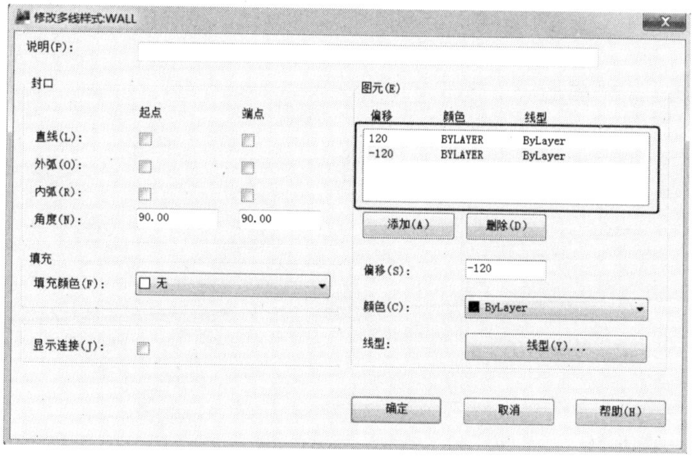

图 6-10 “新建多线样式”对话框

输入多线比例<20.00>: 1（设置线型比例为 1）

当前设置：对正：无，比例：1.00，样式：WALL1

指定起点或[对正（J）/比例（Sy）/样式（ST）]:（选择上端水平轴线左端）

指定下一点:（选择上端水平轴线右端）

指定下一点或[放弃（U）]: /

继续绘制其他外墙墙线，再以隔墙的厚度设置为 120，并完成隔墙的绘制，如图 6-11（b）所示。

（5）整理墙线。执行 x 命令，分解墙体线。分解前，表示墙体的多线为一个整体，分解后变成若干个单独的线段，便于整理。执行 tr 或点击“修减墙体线”，完成如图 6-12 所示。

（6）绘制窗洞、门洞。在墙体上截取门洞或窗洞，利用 tr 命令修剪，如图 6-13（a）、（b）所示。

飘窗在墙的拐角处，执行 tr 命令，修减出窗洞，如图 6-14（a）、（b）所示。

用此方法，将所有的窗洞、门洞修建出来，完成如图 6-15 所示。

（7）绘制窗线。执行 l 命令，依图 6-16 所示的位置绘制四根直线，用来表示窗户和窗台。

飘窗的画法，先画出飘窗的轮廓，再执行 o 命令，偏移 120、50，得出窗子的厚度，完成如图 6-17（a）、（b）所示。

用同样的方法，将所有的飘窗、窗子绘制好，完成如图 6-18 所示。

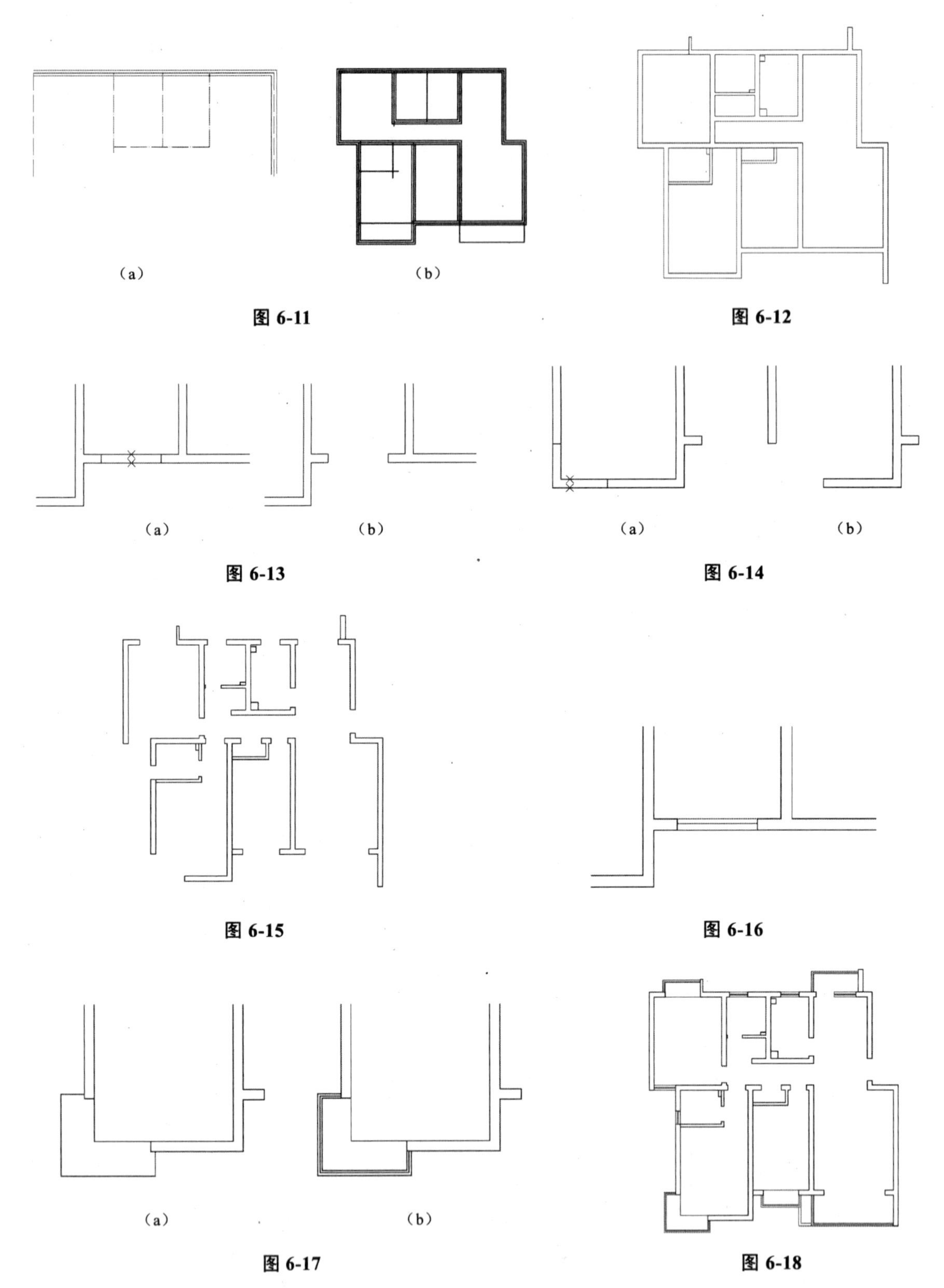

图 6-11　图 6-12

图 6-13　图 6-14

图 6-15　图 6-16

图 6-17　图 6-18

（8）绘制门。一般的毛坯房只有入户门，而无房间门，因此，在原始平面图中只需要画入户门即可。本例中，入户门为大小双开门，均为外开，其中大门宽 800mm，小门宽 280mm。

绘图步骤：执行 rec 命令，绘制长为 800，宽为 50 的长方形，再绘制长为 280，宽为 50 的长方形。执行 m 命令，分别以 A、B 为基点，移动长方形，并捕捉到墙体线的中点，如图 6-19（a）所示。执行 l 命令，绘制门洞中线，执行 o 命令，将墙线偏移 800，得出交点 C，如图 6-19（b）所示。执行 a 命令，捕捉 c 点及门的端点，绘制出门弧。然后，删除辅助线，完成如图 6-19（c）所示。

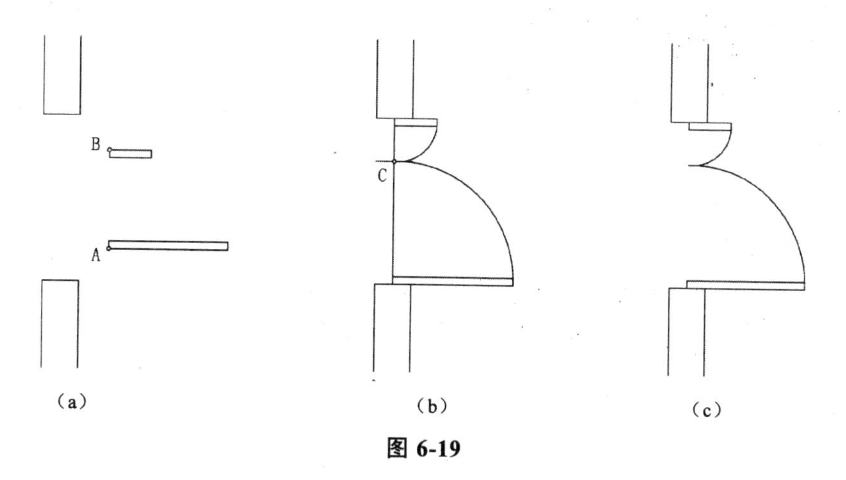

图 6-19

（9）绘制出管井符号，并执行 h 命令，将承重墙填充，如图 6-20（a）、（b）所示。

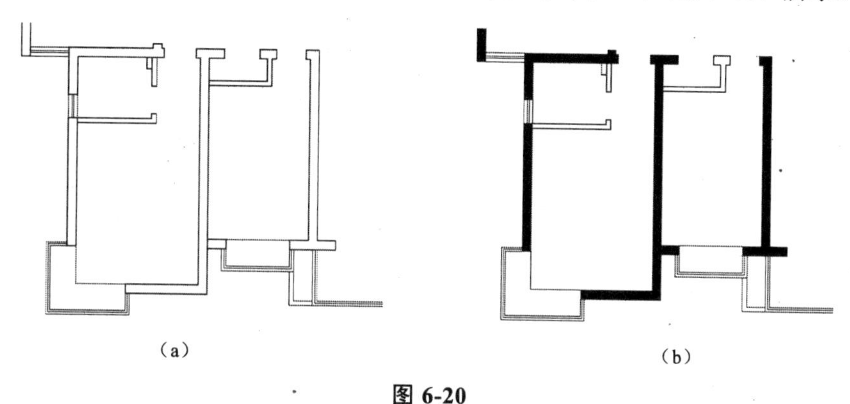

图 6-20

（10）尺寸设置。执行 d 命令，弹出“标注样式管理器”对话框，如图 6-21 所示。在“样式”一栏中有 CAD 软件默认的 ISO-25 样式，我们可以直接使用这个样式，也可以新建一个样式，本例中，我们使用 ISO-25 样式。单击“修改”按钮，进入“修改标注样式”对话框。

进入到“文字”栏，将“文字高度”设置为 280，文字高度用以确定尺寸数字的大小，“文字样式”选择为宋体。“从尺寸线偏移”数值改为 100，这个值规定了数字离尺寸线的距离。此栏的其他数值，都使用默认设置，如图 6-22 所示。

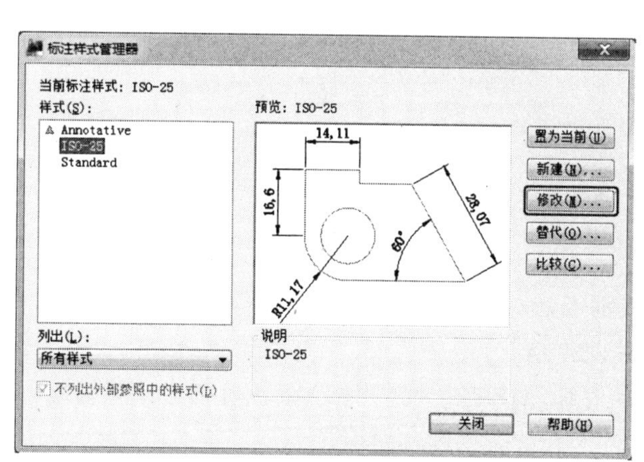

图 6-21 “标注样式管理器”对话框

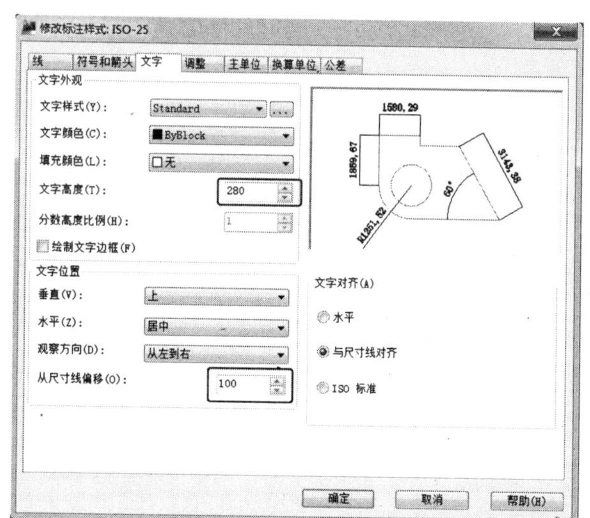

图 6-22

把对话框切换到“符号与箭头”栏，将箭头栏中的“第一个”和“第二个”均设置为“建筑标记”，“箭头”大小设置为 140，如图 6-23 所示。

把对话框切换到“线”栏，把“超出标记”设置为300，“超出尺寸线”设置为300，其他参数沿用默认设置，如图6-24所示。

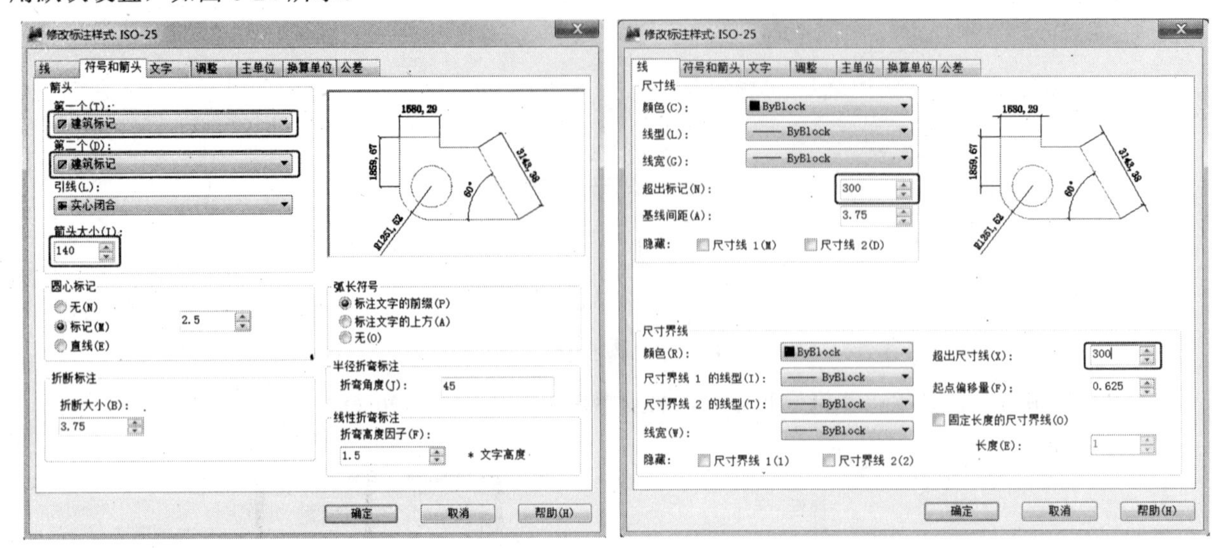

图 6-23　　　　图 6-24

把对话框切换到“调整”这一栏，在“文字位置”栏里，选中“尺寸线上方，不带引出线”，在“优化”一栏里，选中“手动放置文字”，如图6-25所示。

把对话框切换到“主单位”栏，将此栏中“精度”设置为“0”，这样尺寸的数值就精确到个位，此栏中的其他数值均为默认，如图6-26所示。本例中未用到“换算单位”和“公差”，这两个栏目中的内容，因此，就不再介绍了。

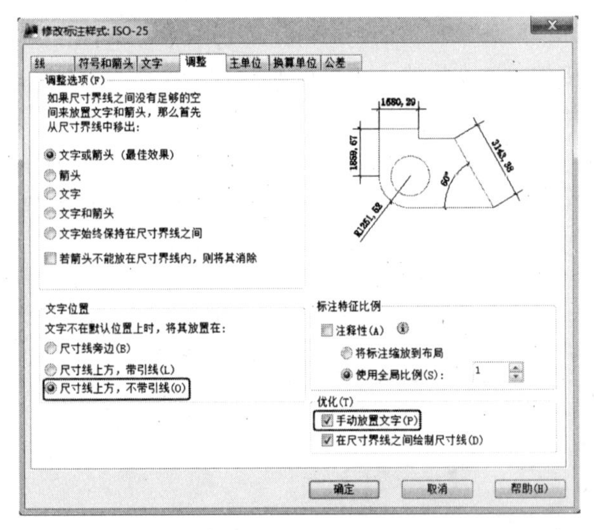

图 6-25　　　　图 6-26

（11）尺寸标注。作辅助线，在要标注尺寸的关键点处，向外引直线，在离图样适当的距离（本例为800），作水平直线，形成若干个交点，整理如图6-27所示。

点击 ├┼┤ 图标，捕捉最左边的A、B两点，再执行命令或单击 ├┼┤ 图标，从左往右依次捕捉交点，完成标注。尺寸标注一般分为三层，最里面一层标注小尺寸，中间一层标注为大尺寸，最外面一层标注为总尺寸，如图6-28所示。

（12）绘制轴号。执行c命令或点击，绘制半径为300的圈，执行mt命令，在圆里写上轴号，复制轴号，将圆中的文字改为数字1、2、3或ABC，如图6-29所示。

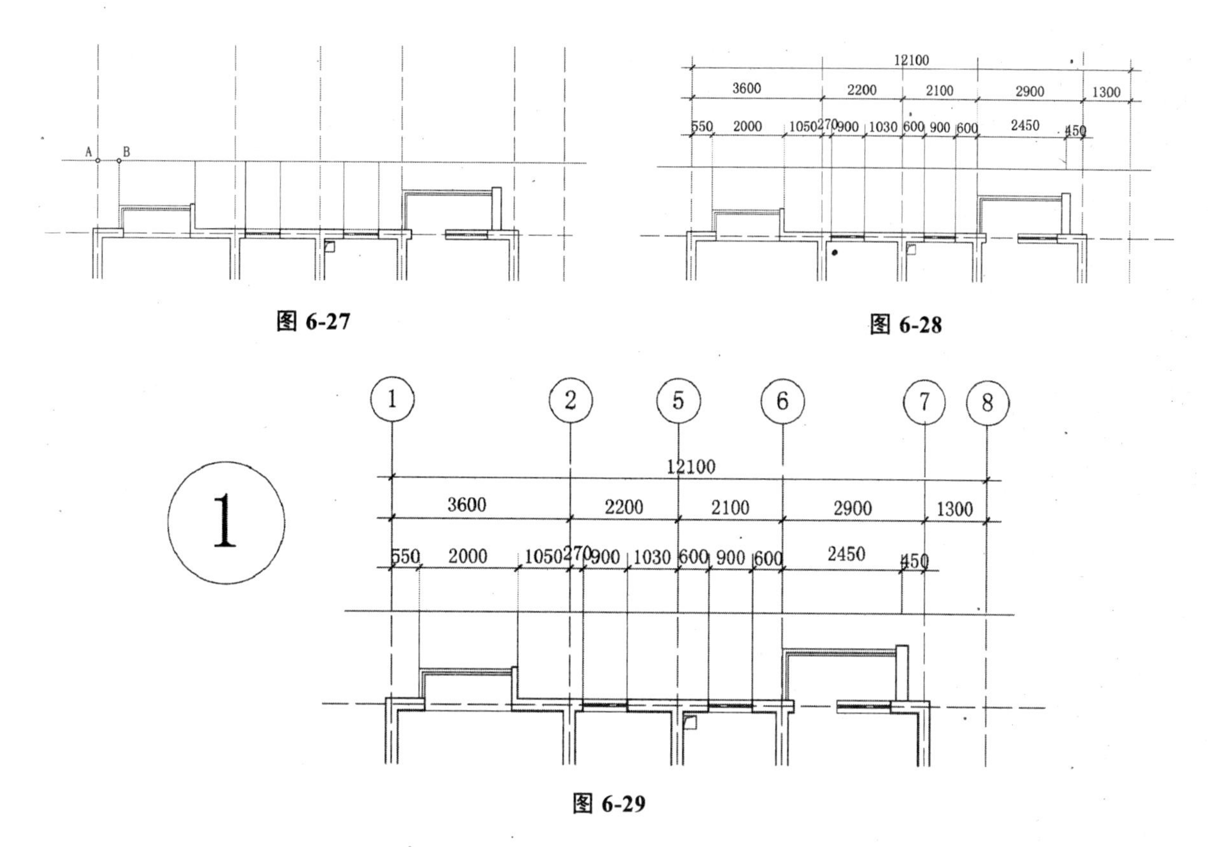

图 6-27

图 6-28

图 6-29

（13）标注标高、指北针、文字，完成全图，如图 6-1 所示。

6.1.4.2　平面布置图绘图步骤

平面布置图在建筑原始平面图的基础上绘制，下文以某住宅平面图局部为例子，阐述平面布置图的绘图步骤。

（1）修改、整理建筑原始平面图。将建筑原始平面图拷贝，按设计方案将墙体等建筑结构进行调整。本例在建筑结构上未做大的调整，只在卧室衣柜处做了修改，如图 6-30 所示。

（2）绘制门、窗和固定家具。绘制出房间的门，其方法和上文绘制入户门一样。绘制出固定家具，包括衣柜、隔断、书橱等，如图 6-30 所示。

（3）插入图块。本例的图块有沙发、低柜、双人床、办公桌椅、空调、电视、电脑等，图块的绘图步骤在下面的章节中介绍，如图 6-31 所示，将沙发、低柜、空调图块插入到客厅的适合位置，将双人床、低柜、书桌、衣柜插入到卧室的位置。

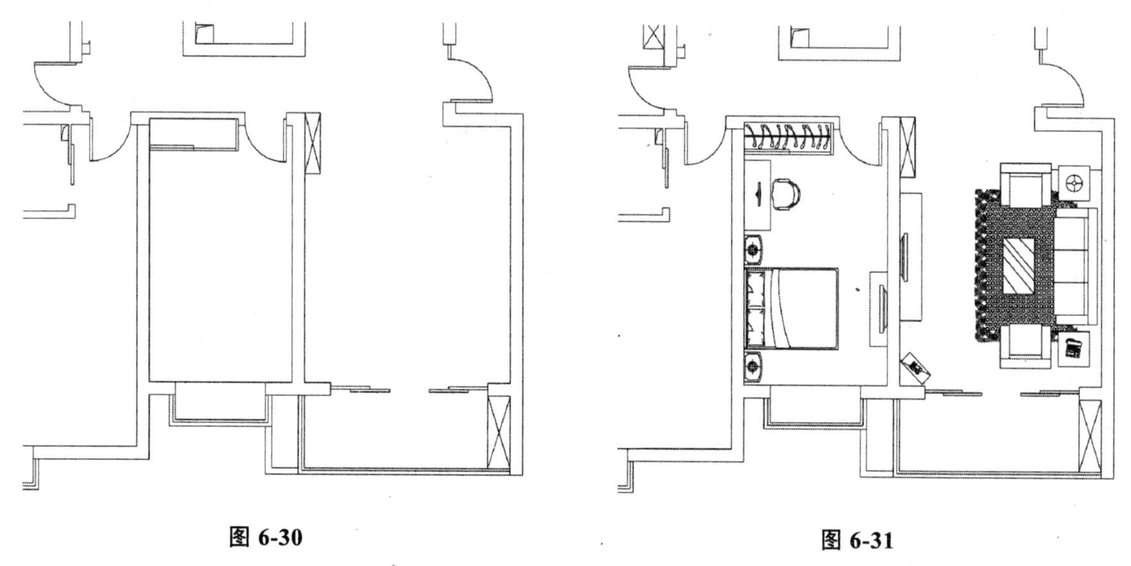

图 6-30

图 6-31

（4）整理图形。执行 tr、ex 命令，整理地砖线，把被家具图块挡住的地砖线剪除。卧室地板使用 h 命令填充图案，图案样式为 LINE，比例为 70，角度为 90°。门坎石使用填充图案 GRAVEL，比例为 15，角度为 0°。阳台可用 LINE 填充图案，二次填充绘出，如图 6-33 所示。

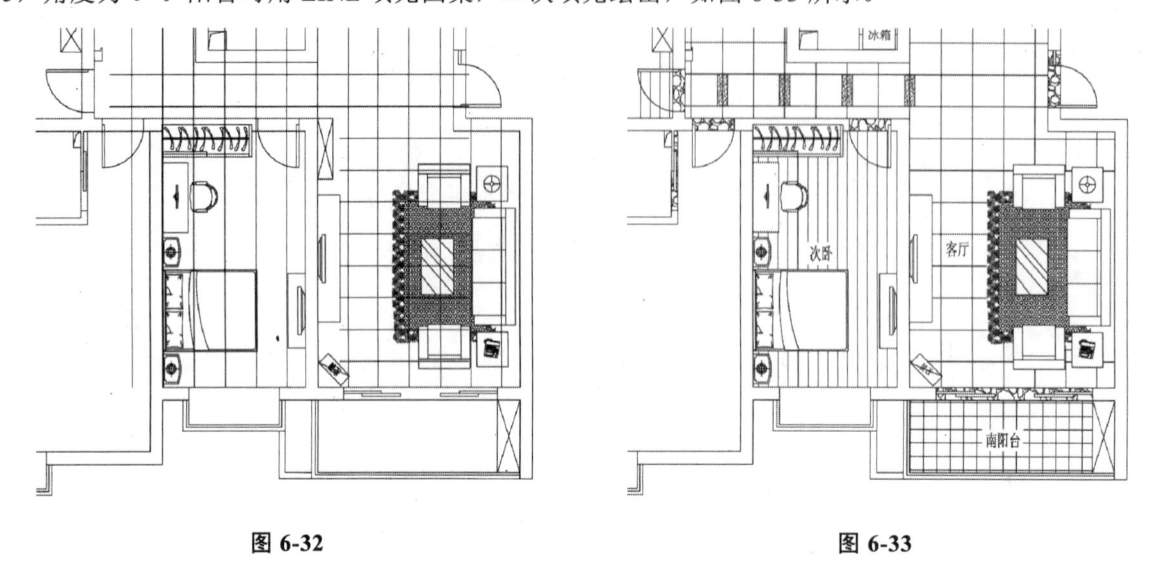

图 6-32　　　　图 6-33

（5）其余地方的绘图如厨房、主卧室、卫生间、书房等基本相同。最后整理图层、修改完善尺寸标注，标上汉字，完成如图 6-32 所示。

6.1.4.3　平面图块的绘图步骤

图块是 CAD 绘图的重点，绘图中插入预先绘制好的图块，既规范又节省了绘图时间，省去重复绘图的麻烦。在这里以客厅沙发的图块为例，介绍图块的绘图步骤。

（1）绘制单人沙发。设图层“家具 A”为当前层，执行 rec 命令，确定 1 个点，再输入@990，800，绘制出长 990 宽 800 的矩形，如图 6-34（a）所示。执行 x 命令，将矩形分解为四段。执行 o 命令，选取矩形的左、右、下三边的线段，向内侧平移 180 个单位，如图 6-34（b）所示。再执行 o 命令，选取矩形的水平线段，再向上平移 40 单位，执行 tr 命令，整理如图 6-34（c）、图 6-34（d）所示。执行 l 命令，补全沙发的装饰线，并将轮廓线设置在图层“家具 B”上，如图 6-34（e）所示，单人沙发绘制完成。

（2）绘制沙发组合。按照同样的方法，绘制出三人沙发，如图 6-35（a）所示。并将单人沙发、三人沙发，按图 6-35（b）的位置排列。

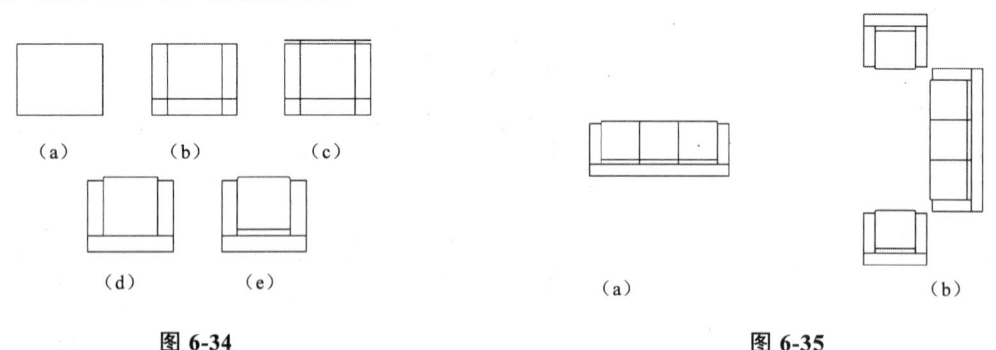

图 6-34　　　　图 6-35

执行 rec 命令，绘制长 1050、宽 640 的矩形，作为茶几，并执行图案填充命令。图案样式选择 AR-RROOF，角度为 45°，比例为 15。同样的方法绘制长 650、宽 600 的矩形作为边桌，如图 6-36（a）、（b）、（c）所示。

（3）绘制地毯。执行 rec 命令，按图 6-37（a）所示位置，绘制出大、小两个矩形。分别为 3100×2000、2500×1400。执行 h 命令，填充矩形，内侧选用图案样式 STARS，角度为 0，比例为 15。外侧选用图案样式

HOUND，角度：45，比例：25，如图 6-37（b）所示。填充完毕后，删除矩形，完成如图 6-37（c）所示。

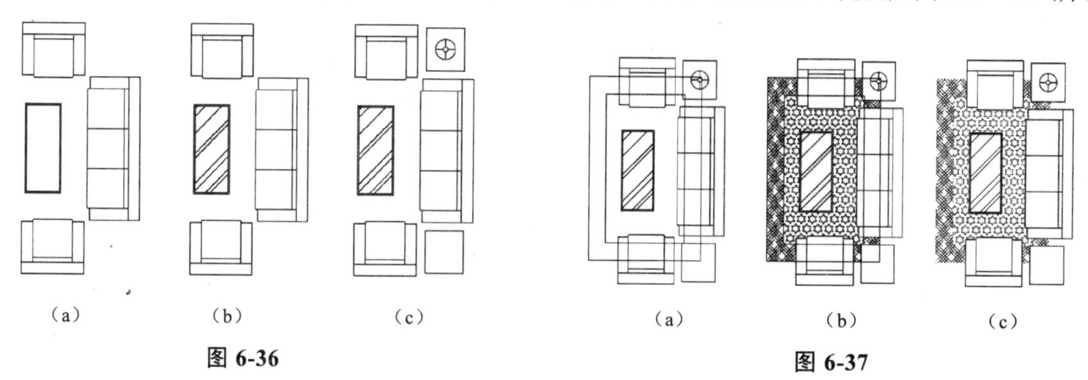

图 6-36　　　　图 6-37

（4）块定义。执行 b 命令。弹出“块定义”对话框（图 6-38），设块的名称为“沙发”，点击 ，选取沙发图形，点击 ，拾取沙发的中心点，然后点击“确定”按钮，沙发图块绘制完毕。

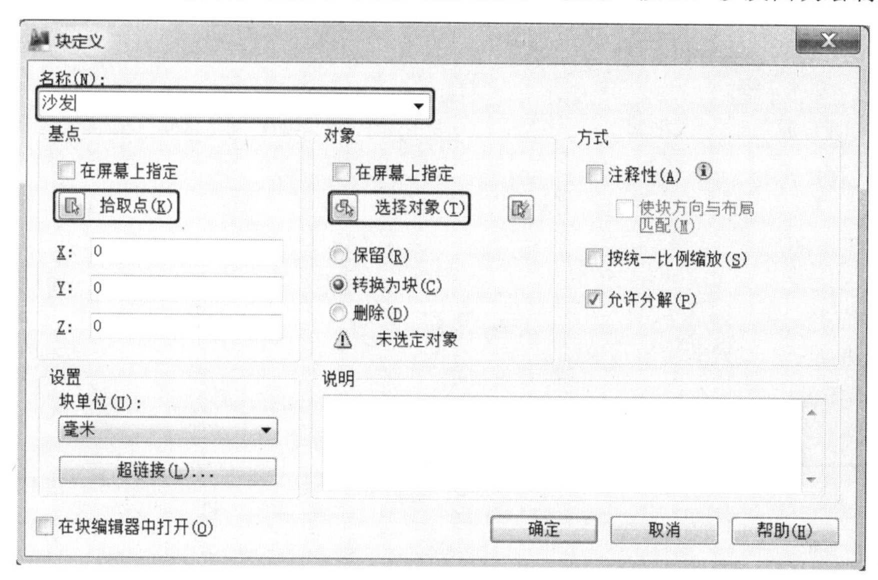

图 6-38

6.1.4.4　常用的平面图块图例

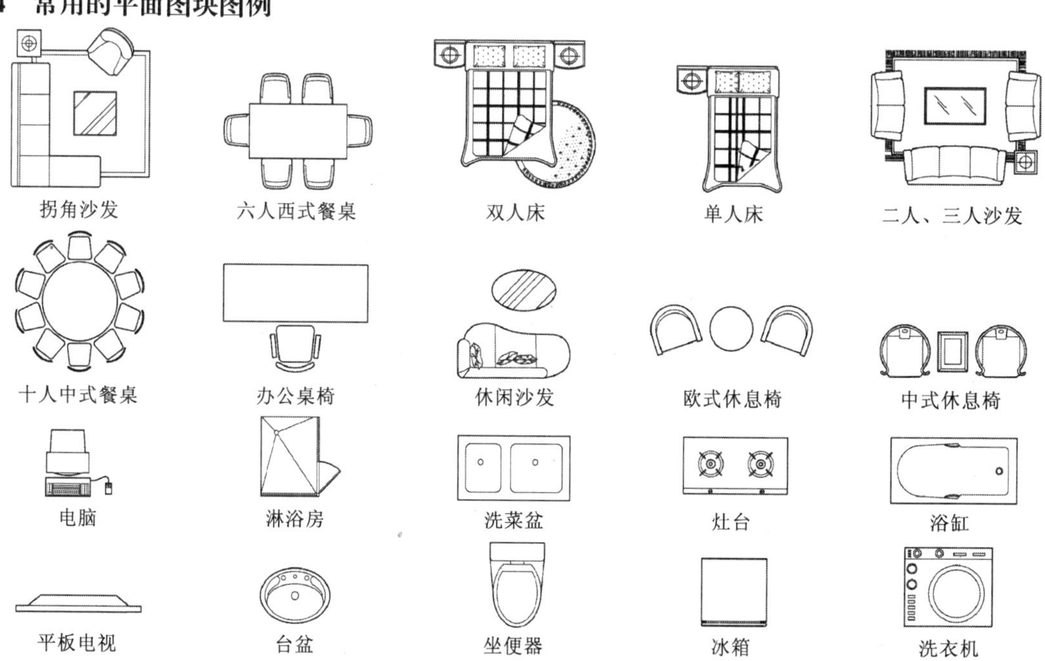

6.2 顶　　面　　图

顶棚是室内装饰不可缺少的重要组成部分，也是室内空间装饰中最富有变化，引人注目的界面，其透视感较强，通过不同的处理，配以灯具造型能增强空间感染力，使顶面造型丰富多彩，新颖美观。顶棚设计的好坏直接影响到房间整体特点、氛围的体现，比如古典型的风格，顶棚要显得高贵典雅，而简约型风格的顶棚则要充分体现现代气息，从不同的角度出发，依据设计理念进行合理搭配。表达顶棚装饰内容的图样称为顶面图，也是室内设计特有的图样之一。

6.2.1　顶面图的定义

顶面图的形成是假想用一水平的削切面离吊顶 1.5m 的位置作水平面剖切后，去掉下半部分，自上而下所得到的水平面的镜像正投影图。顶面图还衍生出灯控布置图，主要是为了表示开关与灯控的关系。顶面图是室内设计中所特有的图样，在建筑设计中一般不绘制顶面图。

6.2.2　顶面图的内容

（1）表达出剖切线以上的总体建筑与室内空间的造型关系。

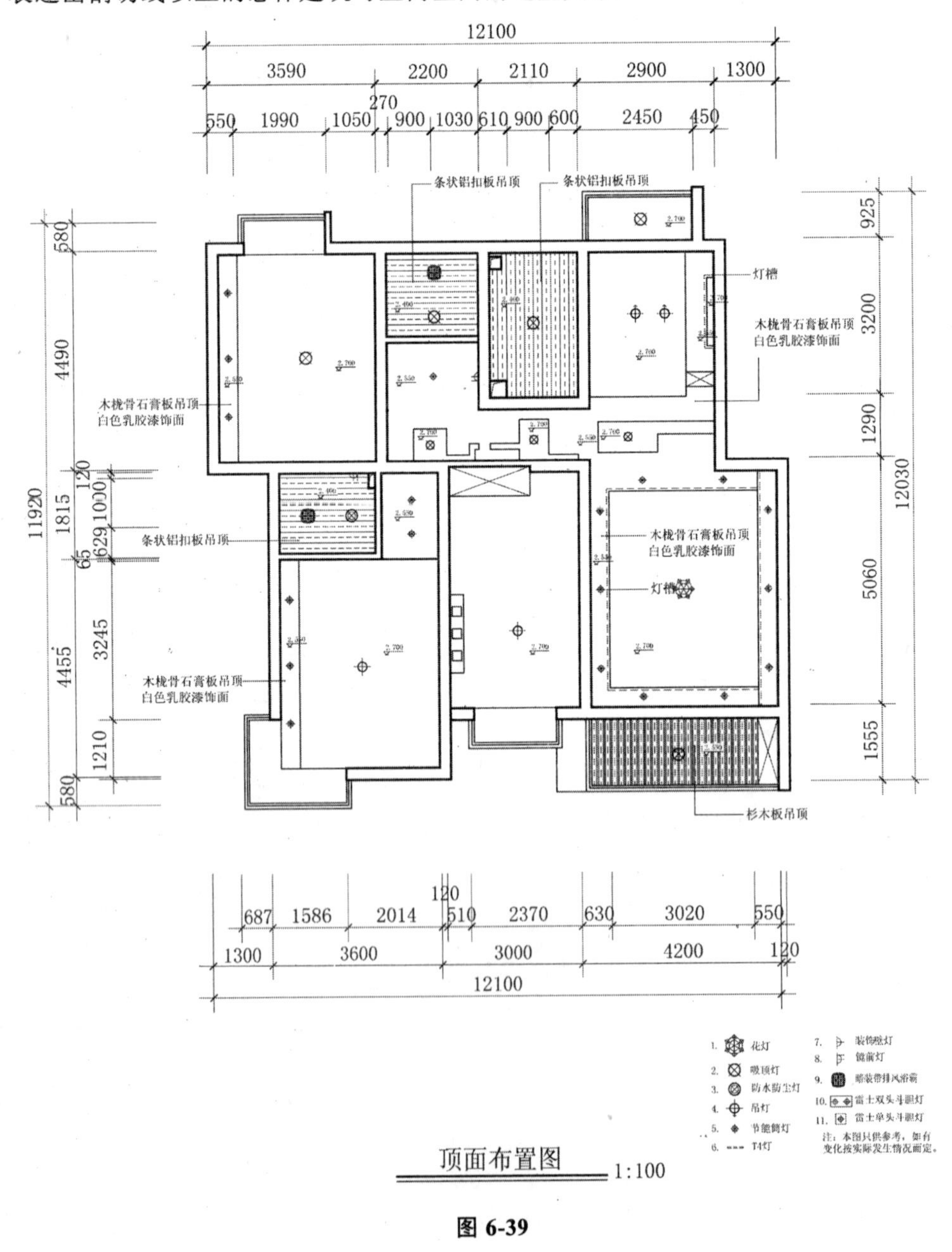

图 6-39

（2）表达出灯位，灯具的种类、款式，并配以图例。

（3）表达出吊顶的造型、尺寸、材料及施工方法。

（4）表达出灯具和开关的连接情况和控制关系。

（5）表达出吊柜或高位家具的形状和位置。

（6）表达出风口、烟感、温感、喷淋、广播等设备的安装位置。

（7）表达出各顶面的标高关系。

（8）可以不表达出门、窗和洞口的位置。

（9）表达出轴线编号和轴线尺寸（如在建筑原始平面图中已经标明轴号，其他图纸可以省略）。

图 6-39 反映出了吊顶装修的情况。客厅的吊顶形式较为复杂，有二次吊顶、暗藏光槽，有吊灯、筒灯、射灯等各种灯具，复杂的吊顶上用标高表示出吊顶各部分的高度。在厨房、卫生间、阳台，使用了条状铝扣板吊顶，图中用条形的填充图案表示。在右下方绘制了图例，用来说明图中的灯具符号。

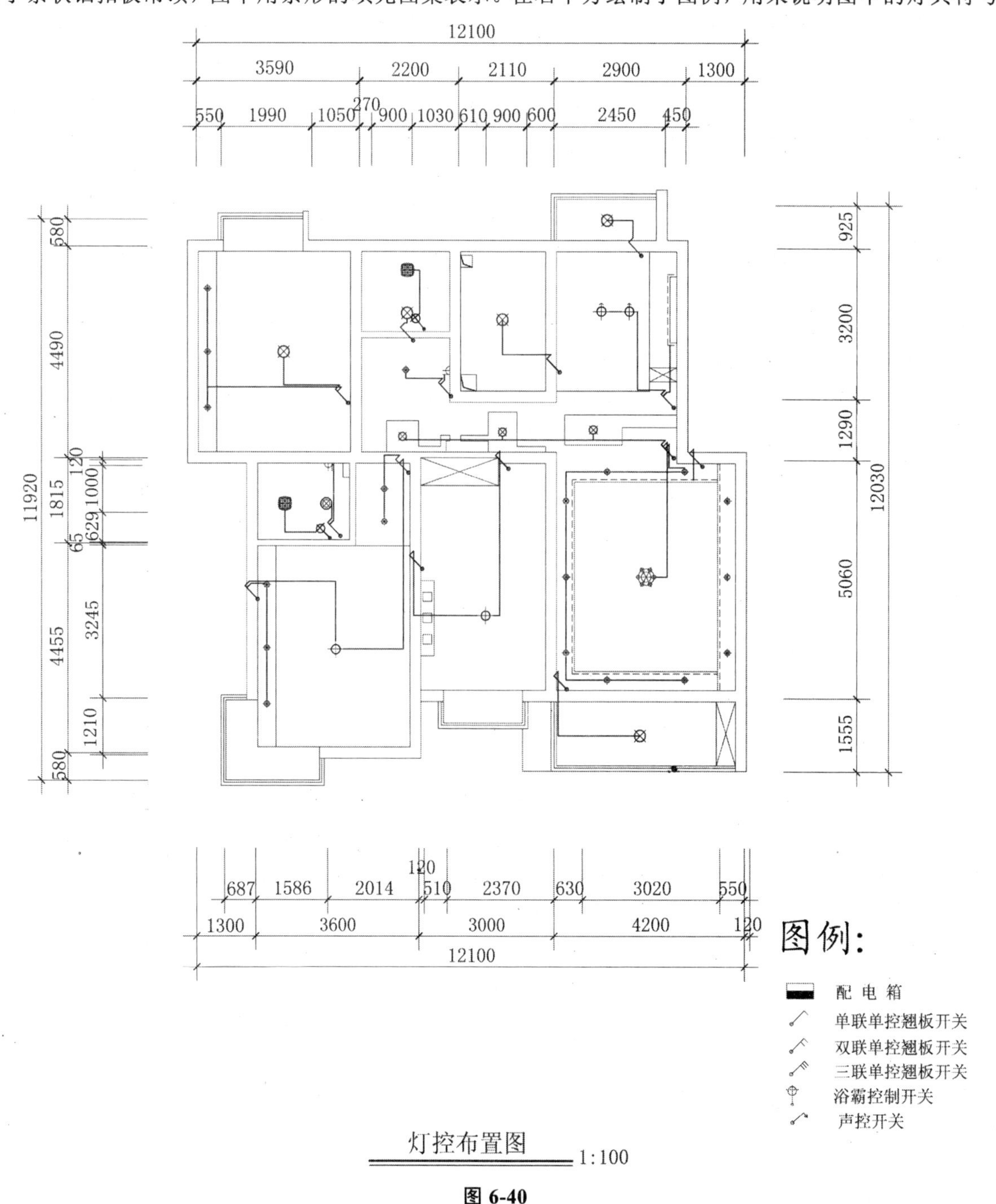

图 6-40

图 6-40 为灯控布置图，它是吊顶布置图的延伸和必要补充，主要绘制了灯控关系，其表达方式就是将灯具和开关用线连接起来。

6.2.3 顶面图的图线要求

（1）被剖到的主要建筑结构，如墙体、柱子等用粗实线表示。

（2）未被剖到的但可见的建筑结构的轮廓，用中实线表示。

（3）主要吊顶结构用中实线表示。

（4）灯具、喷淋头、烟感等设备的外轮廓用中实线表示，其装饰线用细实线表示。

（5）在灯控布置图中，为了强调灯控关系，可以把建筑结构线用细实线表示，灯控线用中实线表示。

（6）各种符号、尺寸线、引出线按照制图规范设置。

6.2.4 CAD 绘制顶面图

顶面图是在平面图的基础上绘制出来的，下文以某住宅的顶面图为例，介绍顶面图的绘图步骤。

（1）设置图层。按表 6-2 设置图层。

表 6-2　　顶面图图层设置

图层名	色号	线型	线宽（mm）	内容
吊顶造型	3 号（绿）	实线	0.50	表示出顶面图上的造型线
灯具 A	3 号（绿）	实线	0.50	表示出灯具、顶面设备的外轮廓
灯具 B	5 号（蓝色）	实线	0.25	表示出灯具、顶面设备的结构线和装饰线
灯带	6 号（洋红）	（ACAD_IS002W100）虚线	0.25	表示出隐形关带

（2）复制图形。执行 cp 命令，复制建筑原始平面图的图形，在新复制的图形上进行修改。普通的门、窗在顶面布置图上不需要画出，于是就必须将门洞或窗洞重新恢复为墙体线。如图 6-41（a）、(b）所示，执行 1 命令，将墙体封闭。飘窗和阳台落地窗，沿用平面图的画法。固定到顶的储物柜，在顶面图上应该表示出来。

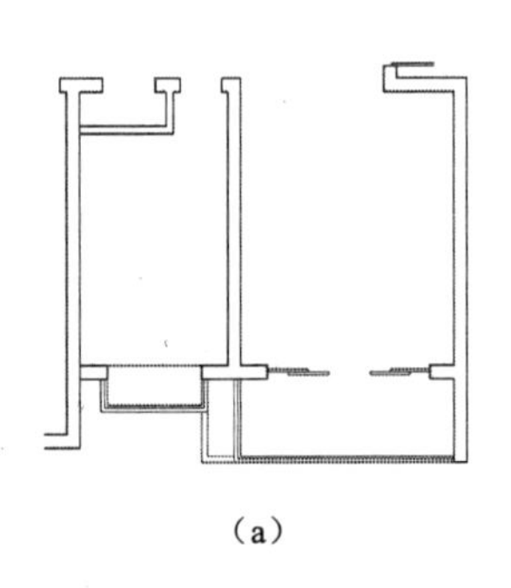
（a）

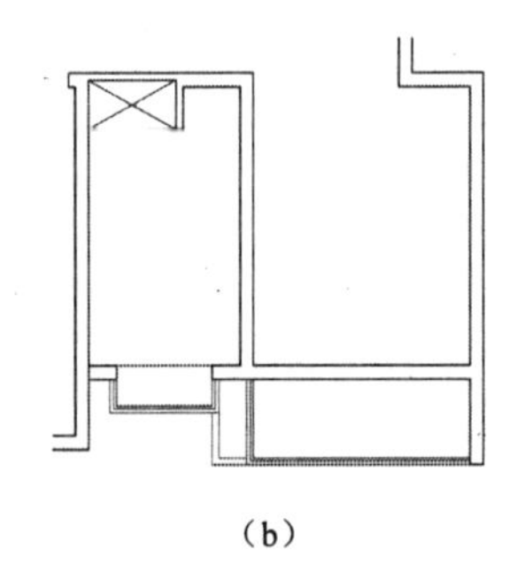
（b）

图 6-41

（3）绘制客厅吊顶。现在的住宅因为层高有限，大多采用局部吊顶的设计方法。最为常用的设计是在房间的四周吊一圈吊顶，以丰富空间的层次，本例中客厅吊顶也沿用此方法。

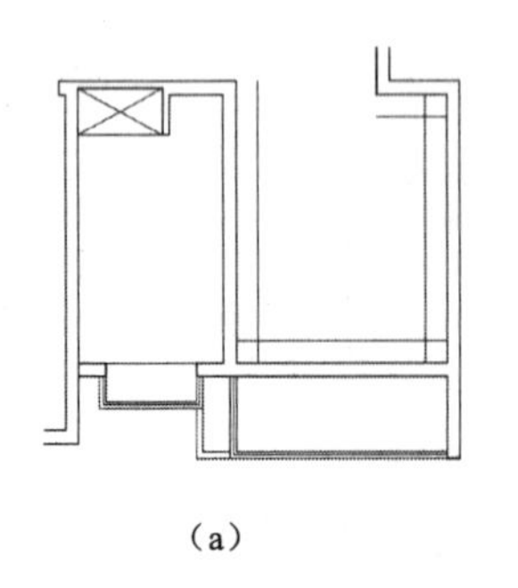
（a）

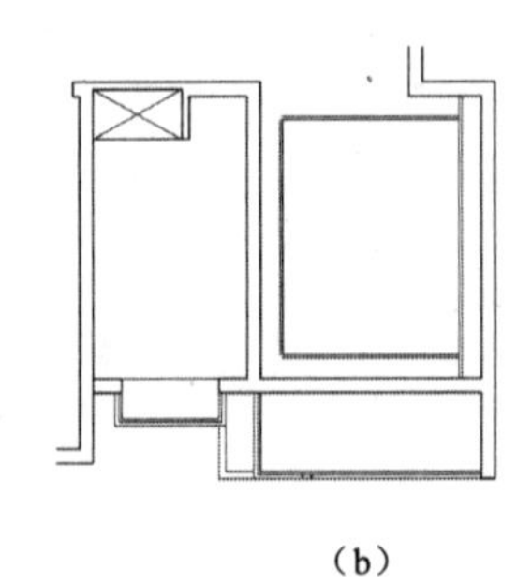
（b）

图 6-42

执行 o 命令，偏移墙体 350。执行 f 命令，设置倒角半径为 0，执行倒角。再执行 tr 进行修剪整理，如图 6-42（a）、（b）所示，以下是 CAD 的绘图过程中的命令提示。

前设置：删除源=否　图层=源　OFFSETGAPTYPE=0

指定偏移距离或［通过（T）/删除（E）/图层（L）］<通过>：　400

选择要偏移的对象，或［退出（E）/放弃（U）］<退出>：

指定要偏移的那一侧上的点，或［退出（E）/多个（M）/放弃（U）］<退出>：

选择要偏移的对象，或［退出（E）/放弃（U）］<退出>：

指定要偏移的那一侧上的点，或［退出（E）/多个（M）/放弃（U）］<退出>：

选择要偏移的对象，或［退出（E）/放弃（U）］<退出>：

指定要偏移的那一侧上的点，或［退出（E）/多个（M）/放弃（U）］<退出>：

选择要偏移的对象，或［退出（E）/放弃（U）］<退出>：

指定要偏移的那一侧上的点，或［退出（E）/多个（M）/放弃（U）］<退出>：

选择要偏移的对象，或［退出（E）/放弃（U）］<退出>：

命令：f

命令：　FILLET

当前设置：模式=修剪，半径=0.0000

选择第一个对象或［放弃（U）/多段线（P）/半径（R）/修剪（T）/多个（M）］：

选择第二个对象，或按住 Shift 键选择要应用角点的对象：

命令：　FILLET

当前设置：模式=修剪，半径=0.0000

选择第一个对象或［放弃（U）/多段线（P）/半径（R）/修剪（T）/多个（M）］：

选择第二个对象，或按住 Shift 键选择要应用角点的对象：

命令：*取消*

命令：tr

TRIM

当前设置：投影=UCS，边=无

选择剪切边...

选择对象或 <全部选择>：　找到 1 个

选择对象：

选择要修剪的对象，或按住 Shift 键选择要延伸的对象，或

［栏选（F）/窗交（C）/投影（P）/边（E）/删除（R）/放弃（U）］：

选择要修剪的对象，或按住 Shift 键选择要延伸的对象，或

［栏选（F）/窗交（C）/投影（P）/边（E）/删除（R）/放弃（U）］：

选择要修剪的对象，或按住 Shift 键选择要延伸的对象，或

［栏选（F）/窗交（C）/投影（P）/边（E）/删除（R）/放弃（U）］：

在暗藏灯带的部位画上虚线，将虚线的线型比例设置为 20，用以表示灯带。将吊灯花灯，吸顶灯，筒灯，插入到相应的位置。吊灯或吸顶灯若想插入到房间的中央，可作对角线，然后将插入点捕捉到对角线的中点，如图 6-43（a）、（b）所示。

（4）绘制主要的灯具符号图块。执行 c 命令，绘制半径为 100 的圆，再执行 o 命令，选取圆，向外偏移 70，得出两个同心圆，如图 6-44（a）所示。执行 l 命令，过圆心绘制垂直线，长度 230，再执行 c 命令，以 A 点为圆心，半径为 40，绘制圆，如图 6-44（b）所示。

执行 ar 命令，弹出对话框如图 6-45 所示，选择“环形阵列”选项，单击“选择对象”按钮，选取圆与直线，再点击，捕捉同心圆的中心点，“项目总数”设为“6”，其他选项默认，最后单击“确定”按钮，则阵列完成如图 6-44（c）所示。

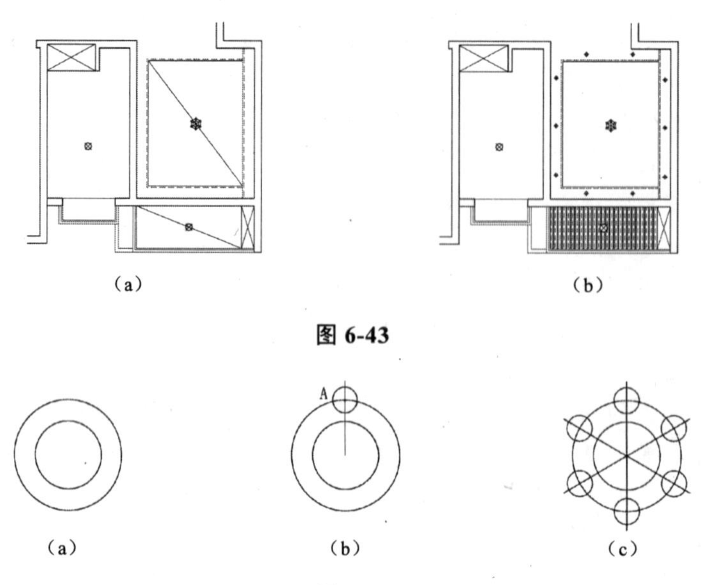

图 6-43

图 6-44

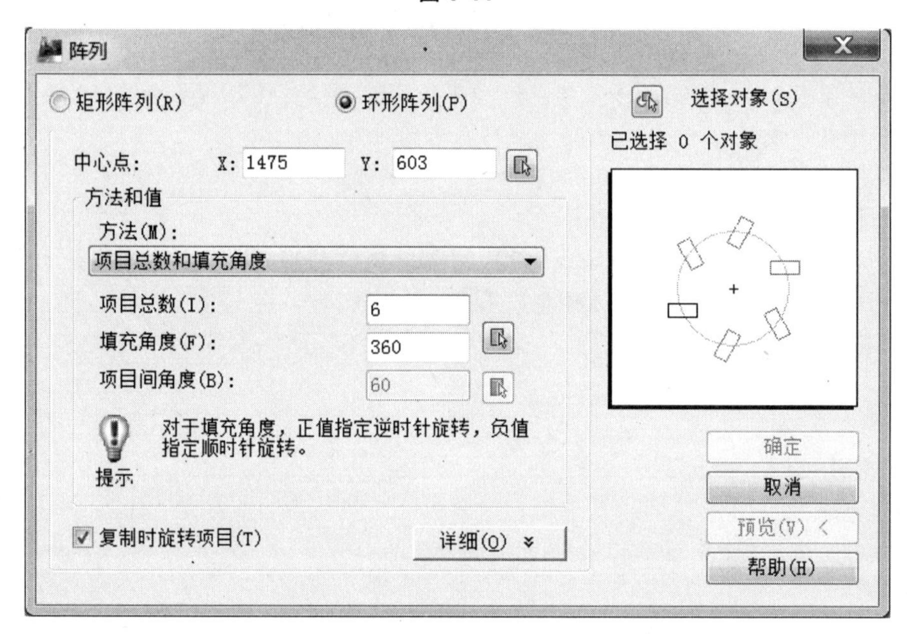

图 6-45

普通筒灯的绘图方法和花灯的绘图方法大致相同。执行 c 命令，绘制一个半径为 60 的圆，过圆心绘制竖直的直线，长度为 90，再绘制 45° 直线，长度为 60，执行 ar 命令，选择“环形阵列”选取这两条直线，中心点设为圆心，“项目总数”设为“4”，其他选项默认，最后单击“确定”按钮，则阵列完成如图 6-46（c）所示。

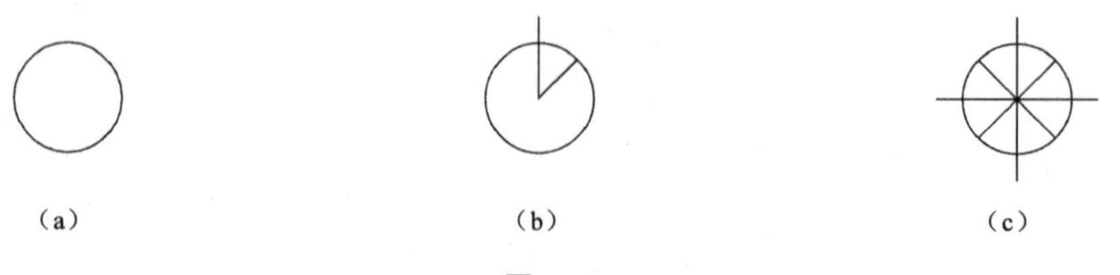

图 6-46

其他灯具的绘图方法相似，在这里就不一一列举了。需要指出的是，灯具的表示符号，在室内设计制图尚未有统一的国家标准，灯具的表示符号可根据实际情况，设计习惯，设计团队的要求，自行调整，表 6-3 列举了本案中所使用的灯具符号。

表 6-3　　　　　　　　　　常 用 灯 具 符 号

序　号	图　例	说　明	序　号	图　例	说　明
1		花灯	6		灯带
2		吸顶灯	7		壁灯
3		防水防尘灯	8		镜前灯
4		射灯	9		暗装带排风浴霸
5		节能筒灯	10		双头斗胆灯

（5）厨房、卫生间、吊顶的绘制。厨房、卫生间常用的吊顶材料为铝扣板，分为条状和块状铝扣板，浴室或卫生间常用条状杉木板。在 CAD 绘图中，用图案填充来表示各种材质。先执行 i 命令，将“吸顶灯”、“浴霸”等图块插入到指定位置，也可以用 cp 命令，拷贝图块，如图 6-47 所示。

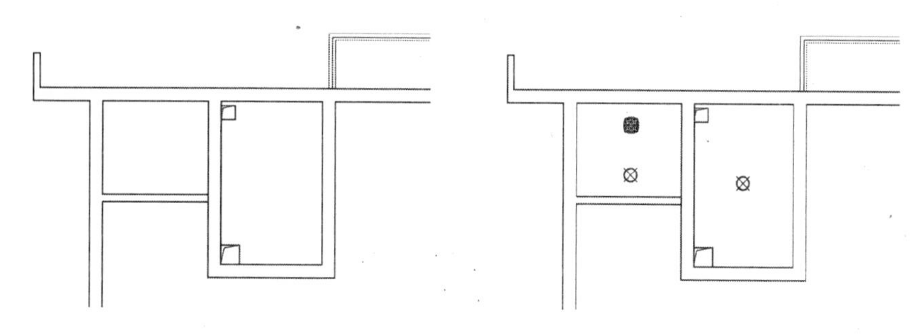

图 6-47

本例子中卫生间采用的是条状铝扣板，我们采用图案填充来表示。执行 h 命令，在对话框中的图案样例一栏选择 BRASS，比例输入 35，其他沿用默认值，点击卫生间顶面的区域，执行填充。这里指出，在填充之前，先将标高等符号，或需要写到填充区域的说明文字，绘制好，再执行填充，如图 6-48（a）所示。

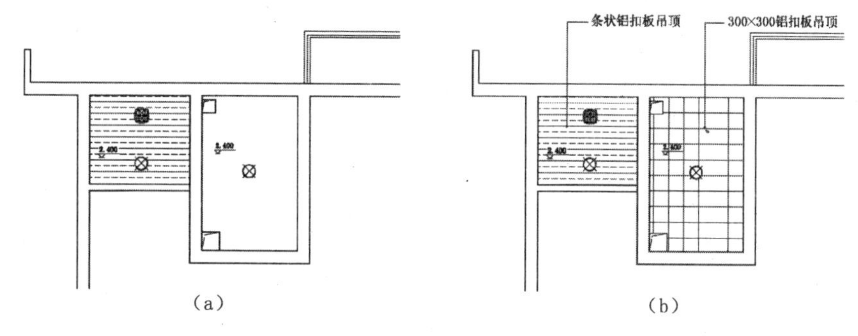

图 6-48

本例中厨房吊顶采用 300×300 铝扣板吊顶，在绘图中，执行 o 命令，输入偏移动距离为 300，在厨房吊顶区域内绘制出 300×300 的网格线，以此表示块装铝扣板吊顶，网格线的分布要反映出实际施工中扣板安装的要求，如图 6-48（b）所示。

（6）以上文所述的方法和步骤，完成顶面图全图，如图 6-39 所示。

6.3 立面图与剖立面图

室内立面装修图主要用来表示室内四周竖直立面的装修、装饰做法，一般包括房间的四个立面、剖面等，当用剖立面图去表现室内立面时，由于顶棚部分也被剖切到，所以它也可同时作为表达顶棚装修用的剖面图。立面图和剖立面图是设计方案向细部发展的重要图样，它和平面图、顶面图组合起来，就将空间的六个面的结构和造型表达清楚。在圆形的空间里除了绘制普通立面外，还要绘制展开立面。

6.3.1 立面图与剖立面图的概念

立面图是平行于室内各方向垂直界面的正投影图，立面图不考虑因剖视所形成的空间距离叠合和围合断面体内容的表达。剖立面图是指在室内设计中，平行于其内空间立面方向，假想是用一个垂直于轴线的平面，将房屋剖开，所得到的正投影图。剖立面图是建筑剖面图和立面图的结合。在实际的设计与工程中，由于剖立面图包含的信息较多，一般使用剖立面图。

图 6-49 为客厅剖立面图，图中绘制了楼板、梁体、墙体、吊顶的剖视图，并绘制了壁龛、墙面装饰、电视、低柜、柜式空调等造型，并标示出具体的装修尺寸使用的材料。地面由于铺设地砖应抬高 5cm，但在剖立面图上可以省略，在详图上需要表示出来。

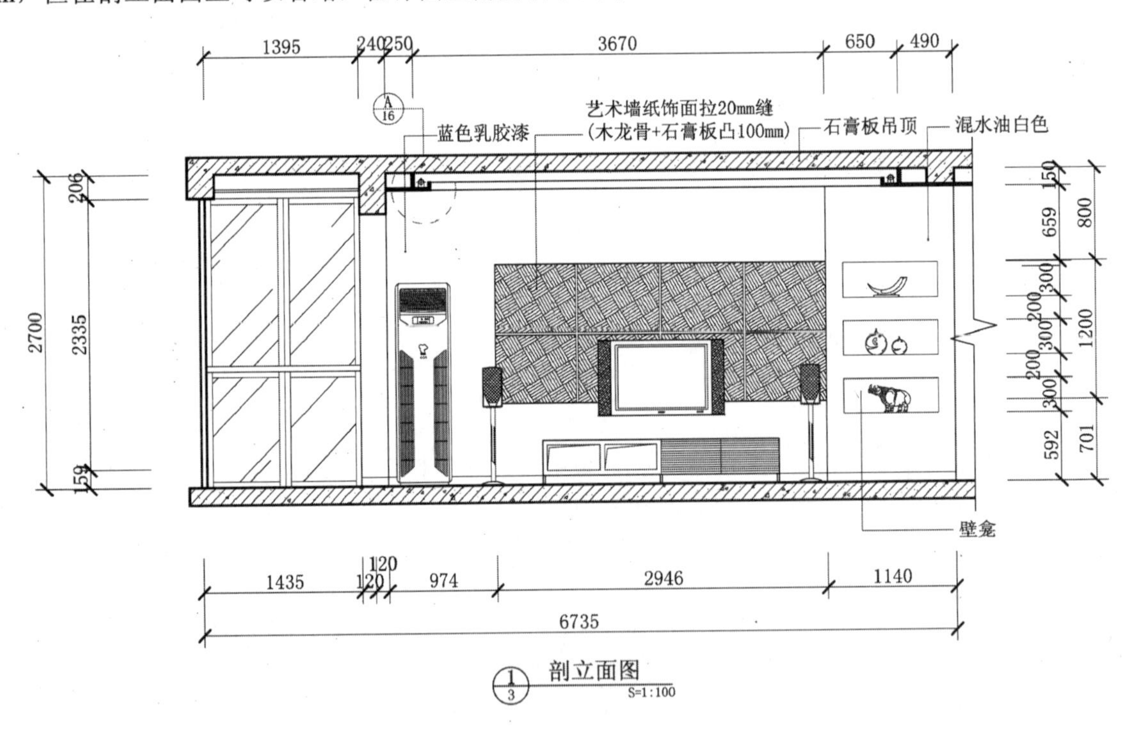

图 6-49 客厅剖立面图

图 6-50 为立面图，其绘制了墙面的装饰内容，并标明了详细尺寸。楼板、梁体、墙体、吊顶的剖面则省略不画。

6.3.2 立面图与剖立面图的绘图内容

6.3.2.1 立面图的绘图内容

（1）表达出墙面的结构和造型，以及墙体和顶面、地面的关系。

（2）在立面图中应表明立面的宽度和高度。

（3）表明需要放大的局部和剖面的符号等。

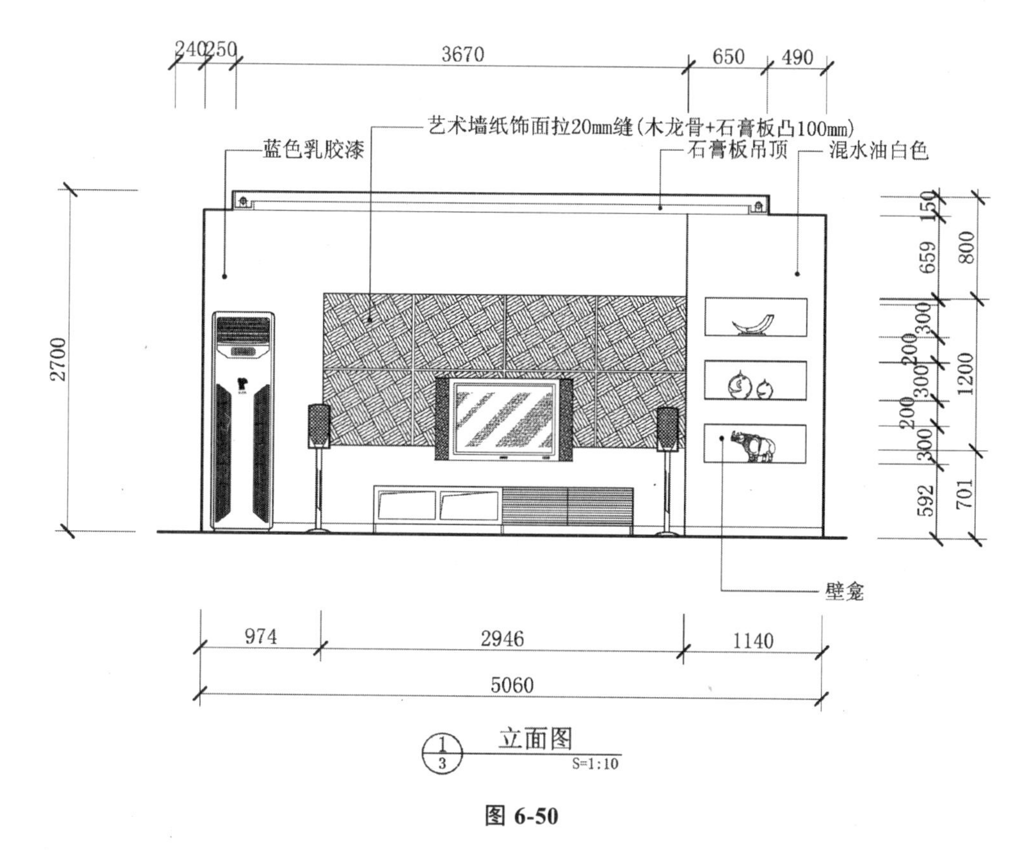

图 6-50

（4）表明立面上的装饰物体或装饰造型的名称、内容、大小、工艺等。

（5）若没有单独的陈设立面图，则在本图上表示出活动家具和各陈设品的立面造型。

（6）表达出各家具、灯具及其陈设品摆放的位置和定位尺寸。

（7）表达出该立面的立面图号及图名。

6.3.2.2 剖立面图的绘图内容

（1）表达出被剖切后的建筑及其装修的断面形式（墙体、门洞、窗洞、抬高地坪、装修内包空间、吊顶背后的内包空间等），断面的绘制深度由所绘的比例大小而定。

（2）表达出在投视方向未被剖切到的可见装修内容和固定家具、灯具造型及其他。

（3）剖立面的标高符号与平面图的一样，只是在所需要标注的地方作一引线。

（4）表达出详图索引号、大样索引号。

（5）表达出装修材料索引编号及说明。

（6）表达出该剖面的轴线编号、轴线尺寸。

（7）若没有单独的陈设剖立面，则在本图上表示出活动家具、灯具和各陈设品的立面造型，并表示出家具、灯具、艺术品等编号。

（8）表达出该剖立面的剖立面图号及标题。

图 6-51～图 6-54 是这套住宅的客厅、卧室的其他几个剖立面，请读者自行阅读。

6.3.3 立面图与剖立面图的图线要求

（1）在剖立面图中，被剖到的主要建筑结构如墙体、梁体、楼板等都用粗实线表示。

（2）在剖立面图中，未被剖到的但又可见的建筑结构用中实线表示。

（3）在立面图中，墙体的外轮廓线用粗实线表示。

（4）在剖立面图或立面图中，家具的外轮廓线用中实线表示，内轮廓线和装饰线用细实线表示。

（5）在立面图中，地面图线宽可以加粗到 1.4b。

（6）各类符号、尺寸线、文字引出线按制图规范设置。

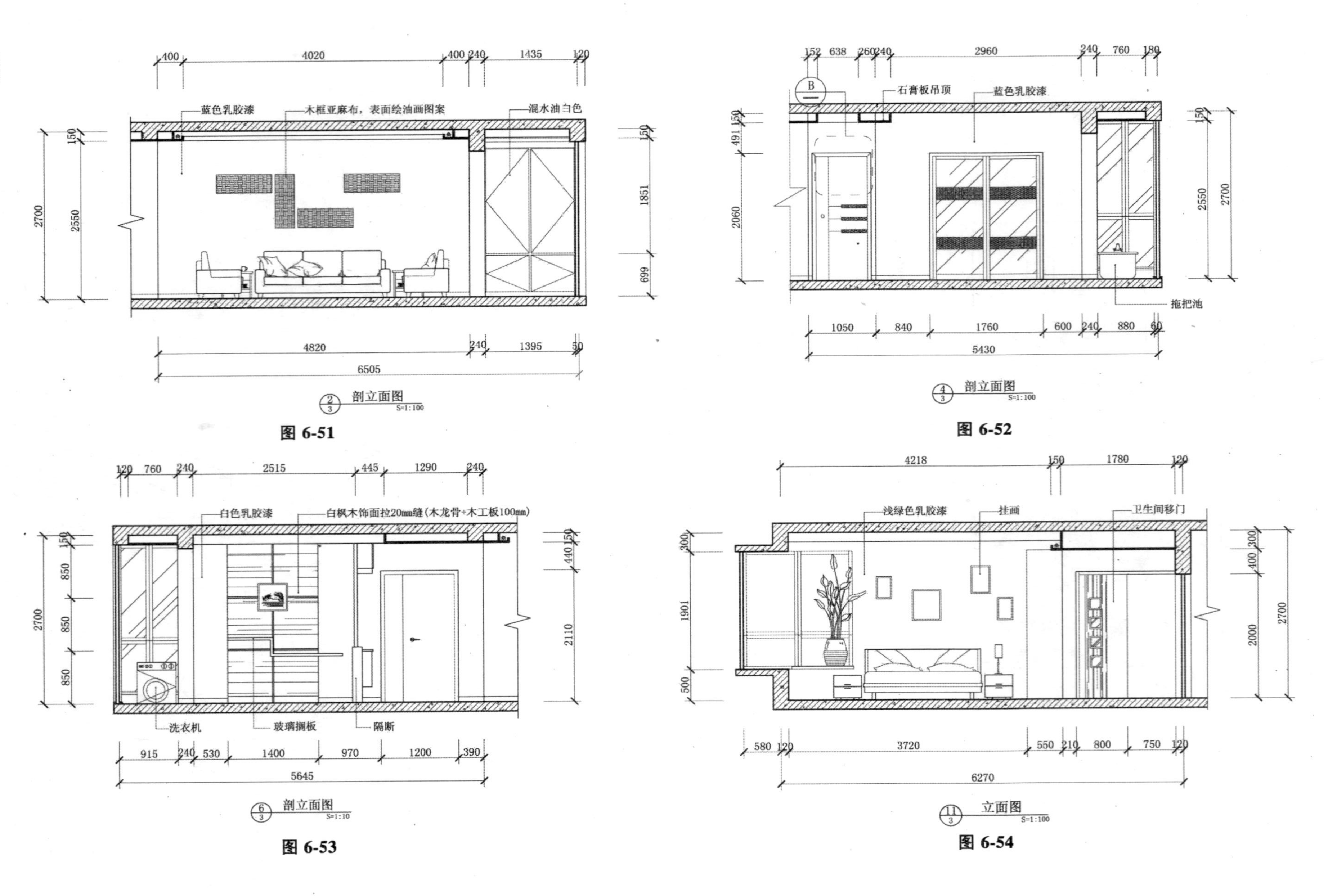

图 6-51

图 6-52

图 6-53

图 6-54

6.3.4 CAD 绘制剖立面图

下面以某住宅客厅的立面和卫生间立面为例，介绍 CAD 绘制剖立面图的步骤。

6.3.4.1 客厅立面

（1）图层设置。按表 6-4 设置图层。

表 6-4　　图层设置

图层名	色号	线型	线宽（mm）	内容
立面剖面线	2 号（黄色）	实线	1.00	表示出剖到的建筑立面结构线
立面结构线	4 号（青色）	实线	0.50	表示出未被剖到的但可见的建筑立面结构线
立面家具 A	3 号（绿色）	实线	0.50	表示出家具的外轮廓
立面家具 B	5 号（蓝色）	实线	0.25	表示出家具的结构线和装饰线
立面陈设 A	3 号（绿色）	实线	0.50	表示出陈设、花卉、设备的外轮廓
立面陈设 B	5 号（蓝色）	实线	0.25	表示出陈设、花卉、设备的结构线和装饰线
尺寸	3 号（绿色）	实线	0.25	表示尺寸
标高	5 号（蓝色）	实线	0.25	表示标高符号和文字
文字	5 号（蓝色）	实线	0.25	表示出说明文字

（2）绘制建筑剖面。执行 cp 命令，拷贝平面图作为绘制立面图的参照。旋转平面图，将所要绘制的立面的墙线朝下放置，如图 6-55（a）所示。执行 l 命令，捕捉平面图上的关键点，同时向下画垂线，再执行 l 命令，绘制水平直线，作为地面线。执行 o 命令，输入偏移值为 2700 ，选取水平直线，向上偏移，得出立面的高度，如图 6-55（b）所示。

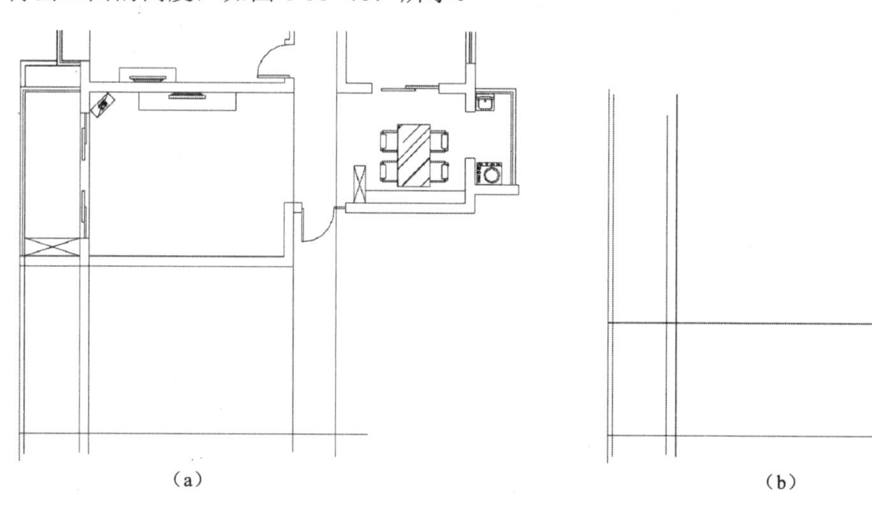

（a）　　　　（b）

图 6-55

执行 tr 命令，将立面图修剪、整理好，如图 6-56（a）所示。接下来，进一步绘制建筑结构。执行 o 命令，输入偏移值为 150，选取上、下两根水平线，分别向上下两侧偏移复制，得出楼板的厚度。再次执行 o 命令，绘制出梁体的高度和厚度，如图 6-56（b）所示。

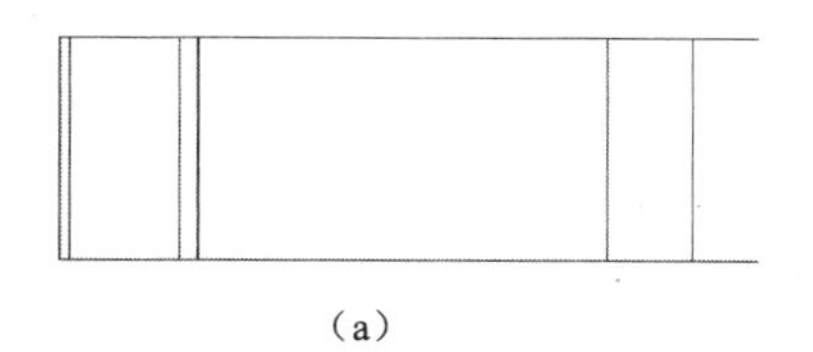

（a）

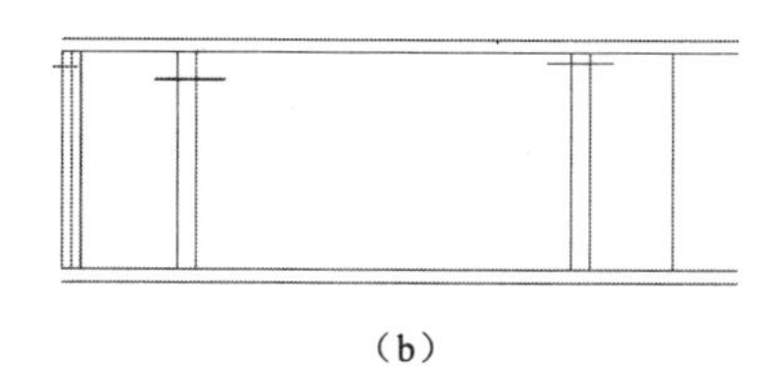

（b）

图 6-56

执行 tr 命令，将梁体线、楼板线，修剪整理，缺失的线补齐，如图 6-57（a）所示。绘制门、窗的剖面，门、窗的厚度可设为 50，如图 6-57（b）所示。

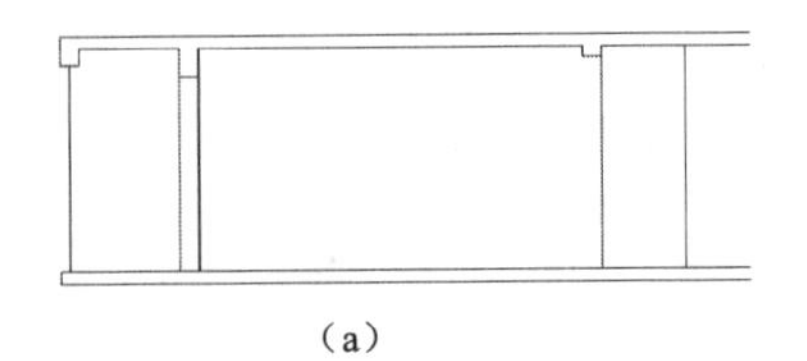
(a)

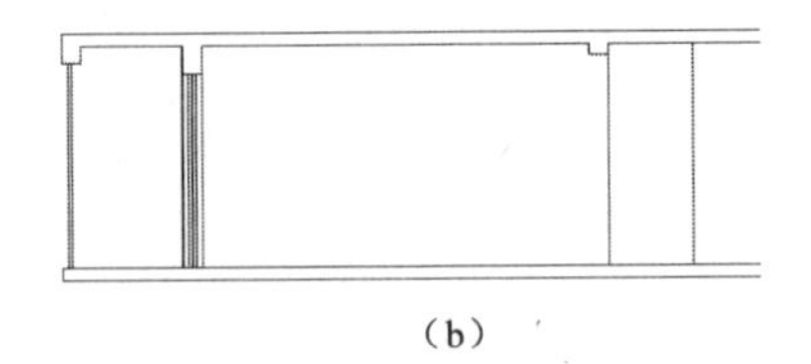
(b)

图 6-57

（3）绘制阳台落地铝框窗。执行 o 命令，输入偏移距离 1000，选取地面线向上偏移。得出窗子的分割线，执行 tr 命令，剪除超出窗子边界的线段，再以窗子分割线中点为捕捉点，绘制垂线，如图 6-58（a）所示。执行 o 命令，输入偏移值为 50，绘制出窗框的厚度，再执行 tr 进行修剪整理，如图 6-58（b）所示。给窗子玻璃绘制斜线，表示玻璃的质感。执行 h 命令，填充样式选择“AR-RROOF”，比例为 30，角度为 45°，执行填充完成如图 6-58（c）所示。

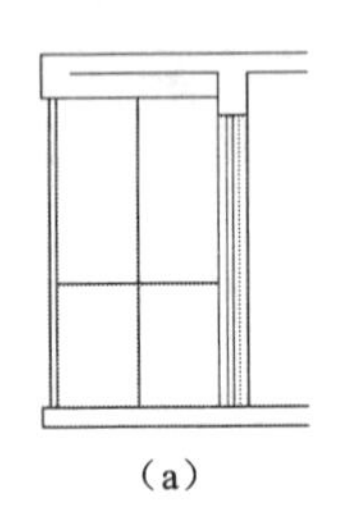
(a)

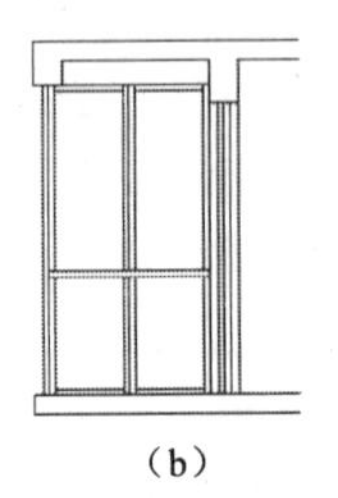
(b)

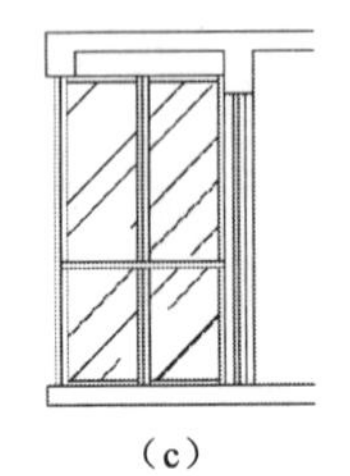
(c)

图 6-58

（4）绘制吊顶剖面。先确定出吊顶的高度，本例的吊顶位置是贴着梁底，执行 l 命令，在阳台或客厅的梁底位置引出水平直线，确定出吊顶的高度，并依据客厅吊顶的基本结构，绘制出客厅的吊顶的基本线，如图 6-59 所示。

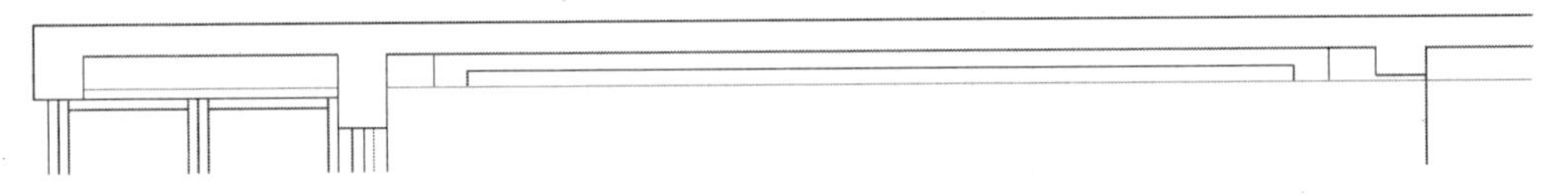

图 6-59

绘制出吊顶的厚度。本例中采用的吊顶材料为石膏板，厚度为 10mm，在 CAD 中为 10 个单位。吊顶内部的结构可以省略，在后面的结点大样图中再绘制出来。执行 o 命令，输入偏移距离为 10，选取吊顶的单线，向吊顶内侧的方向偏移，绘制出厚度来，如图 6-60 所示。

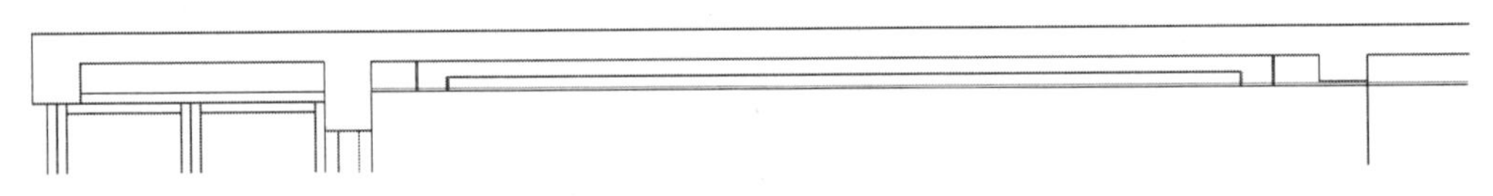

图 6-60

执行 tr 命令，将交叉线修剪整理好，如图 6-61 所示。

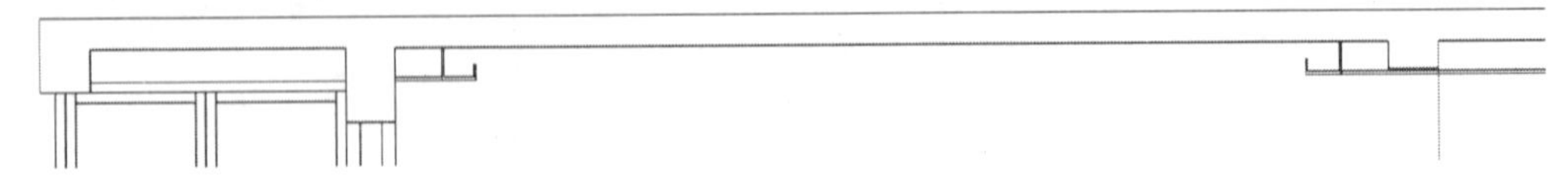

图 6-61

执行 l 命令，绘制出可见的吊顶轮廓线，并将隐藏灯带的图块插入到图中的位置，如图 6-62 所示。

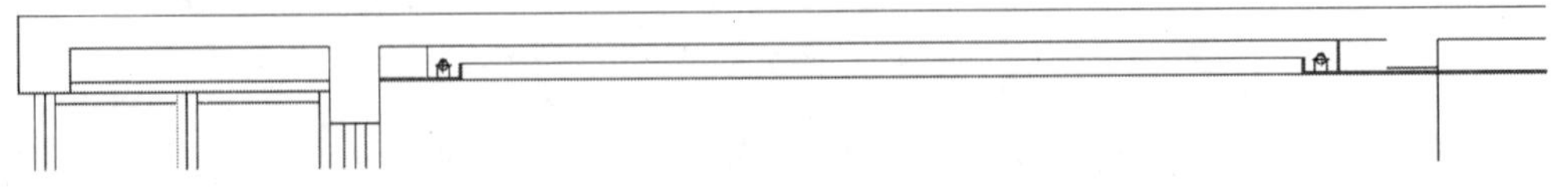

图 6-62

（5）绘制客厅背景墙结构。执行 o 命令，输入偏移距离为 1140，选取客厅右墙线，向左偏移复制，重复执行 o 命令，输入 970，选取客厅左墙线，向右偏移，同样的命令，选取地面线向上连续偏移 700、1200。所谓连续偏移就是指后一次偏移的选取对象为前一次偏移生成地物体，如图 6-63 所示。

执行 tr 命令，修剪整理，如图 6-64 所示。

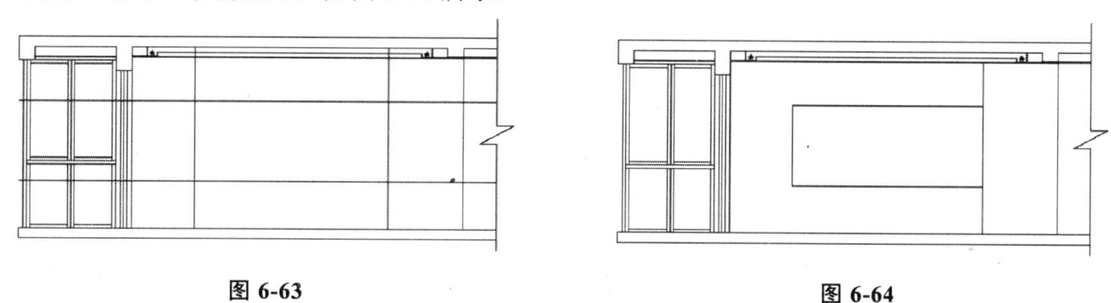

图 6-63　　图 6-64

（6）进一步细化背景墙的结构，把背景墙分割成八个部分。这一步有两个常见的方法，一种方法是用 divide 命令，将水平线段分为四分，然后再上下分。本例中是使用另一种方法，即先捕捉水平线的中点，执行 l 命令，分为左右两个部分，在左右两边再作对角线，然后捕捉交线的中点作垂线，这样就把矩形分为 4 个部分，再捕捉竖直边的中点作水平线，完成分割，如图 6-65（a）所示。因设计需要，每个小方块之间空缝 40mm，绘图中执行 o 命令，输入偏移值为 20，选取分割的线段向两侧偏移复制，再执行 tr 命令，将分割线中的交叉部分剪除，并删除原来的分割线，如图 6-65（b）所示。

（7）绘制壁龛。执行 o 命令，选取地面线，向上连续偏移，偏移距离分别为 590、300、200、300、200、300，得出 6 条水平直线。重复执行 o 命令，选取右边的竖直墙线向左边连续偏移，其距离分别为 150、840，得出 2 条垂直线，如图 6-66 所示。

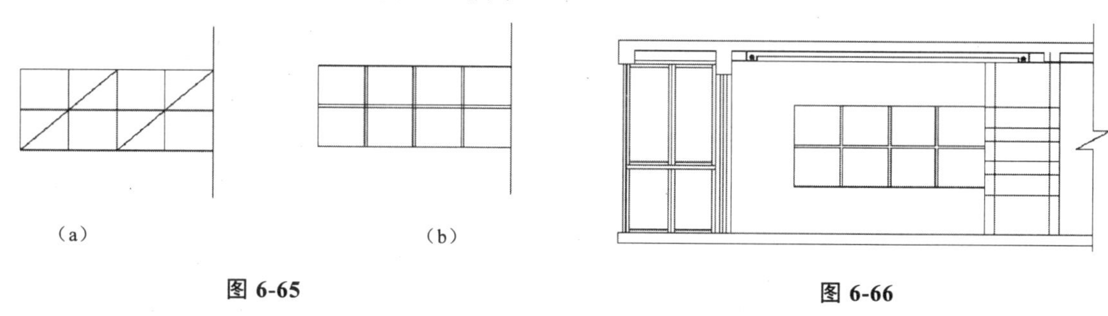

图 6-65　　图 6-66

执行 tr 命令，将交叉线修剪，整理如图 6-67 所示。

（8）插入图块。执行 i 命令，将立面图块插入到指定位置，整理如图 6-68 所示。本例子中涉及的图块有空调立面、电视机立面、电视柜立面、音箱立面和各种装饰品立面，这些图块的绘制将在后面的章节中介绍。

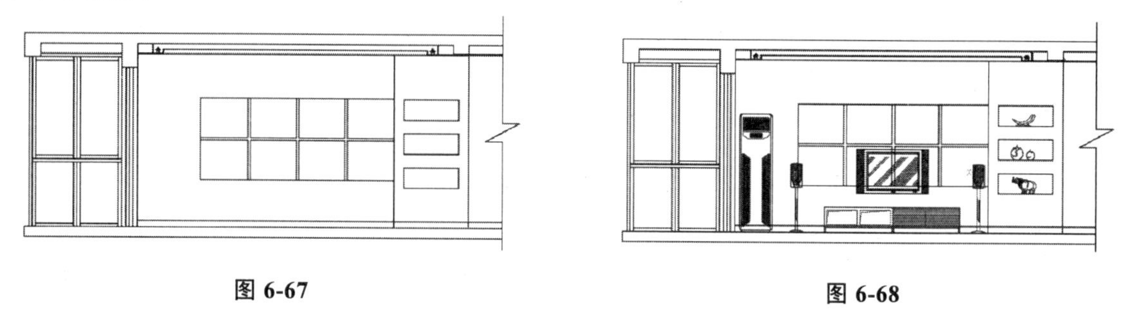

图 6-67　　图 6-68

执行 tr 命令，将被图块挡住的立面结构线剪除，如图 6-69 所示。

（9）填充图案。执行 h 命令，图案样式选择“JIS_LC_8”，比例为 5，点击楼板的区域，执行填充。再次执行 h 命令，图案样式选择“AR-CONC”，比例为 1.5 再次点击楼板的区域，执行填充，这样用这两种图案重叠来表示楼板的材质。再次执行 h 命令，图案样式选择“AR-PARQ1”，比例为 0.5，角度为 30°，点击背景墙区域，执行填充，如图 6-70 所示。

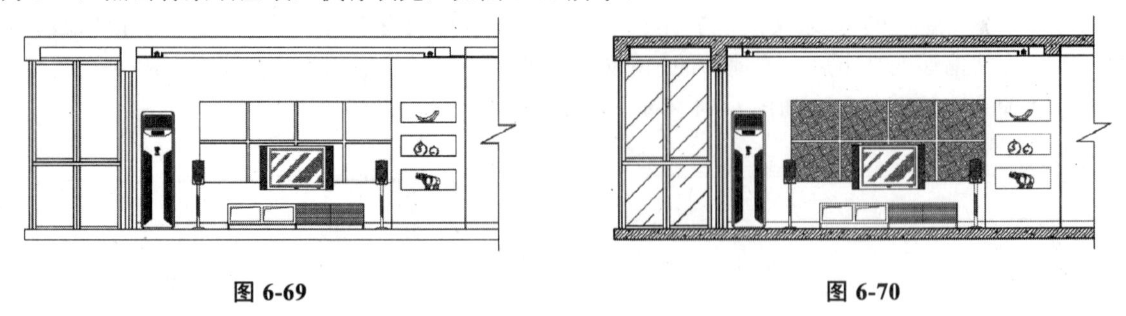

图 6-69　　　　图 6-70

（10）完成全图。在剖立面图上标注尺寸、文字和图名，如图 6-49 所示。

6.3.4.2　卫生间立面

卫生间立面图的绘图方法和前面讲的客厅立面图的绘图方法基本相似，由于卫生间结构紧凑，功能杂多，所以绘图要相当细致，下面以卫生间［图 6-71（b）］立面图介绍绘图步骤。

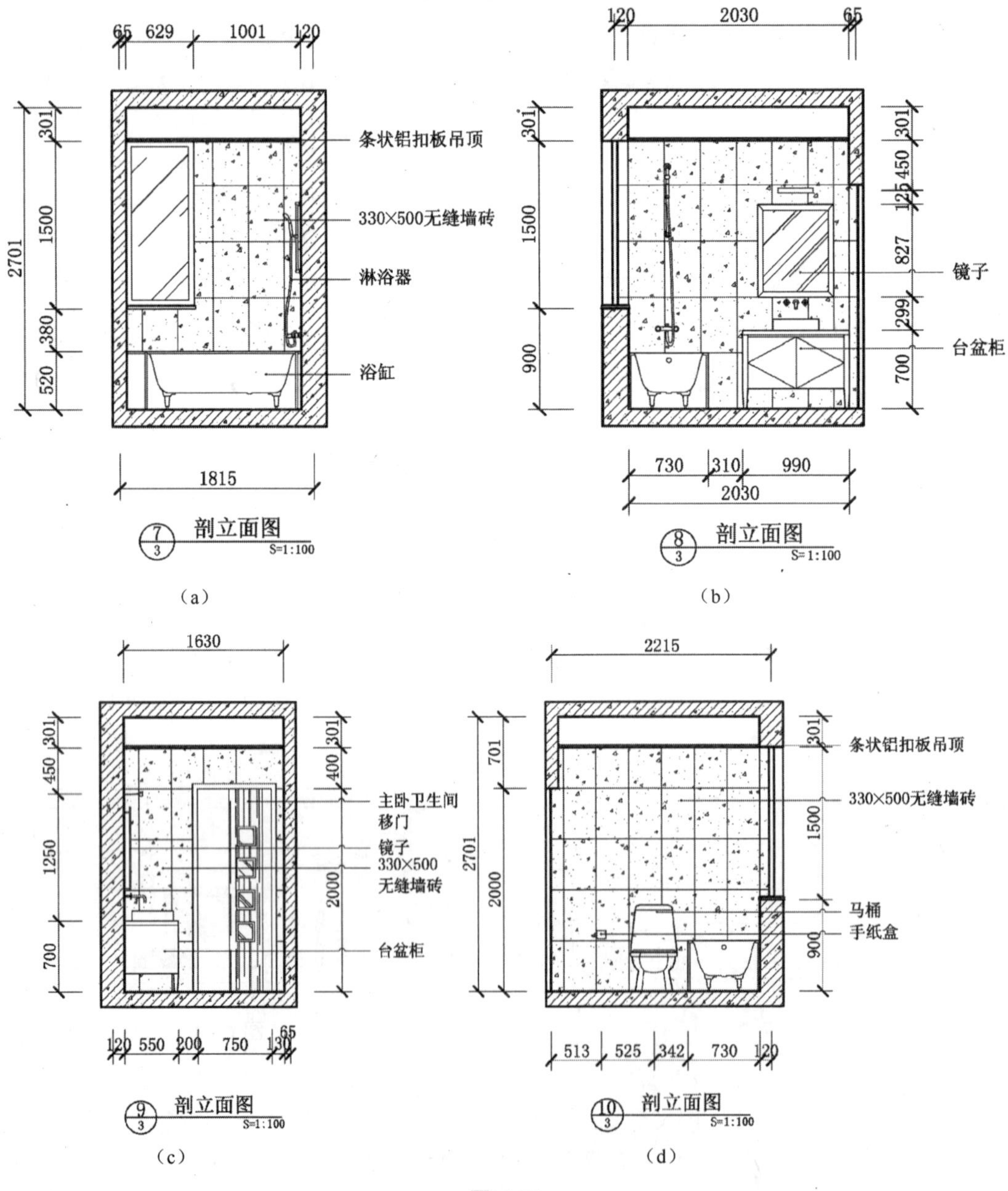

图 6-71

（1）绘制立面轮廓。执行 cp 命令，复制卧室卫生间平面图作为绘制立面图的参照。旋转平面图，将所要绘制的立面的墙线朝下放置。执行 1 命令，捕捉平面图上的关键点，同时下依垂线，再执行 1 命令，绘制水平直线，作为地面线，如图 6-72 所示。

执行 o 命令，输入偏移值为 2700，选取水平直线，向上偏移，得出立面的高度，如图 6-73（a）所示。再执行 o 命令，输入偏移值 150，偏移出楼板的厚度，如图 6-73（b）所示。

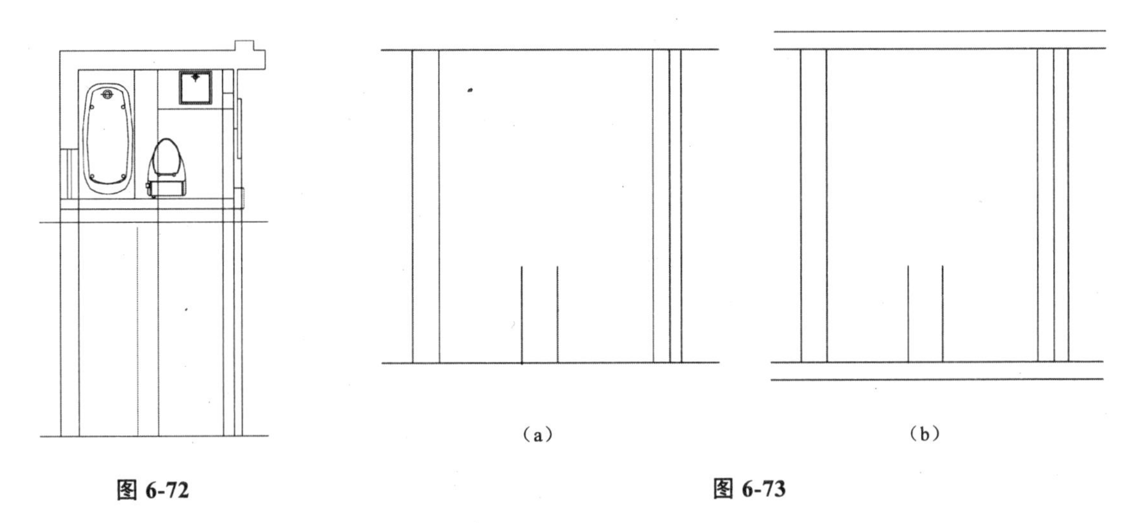

(a)　　(b)

图 6-72　　图 6-73

执行 o 命令，选取地面线，连续向上偏移，偏移值为 750、1650，得出窗台的高度和窗子的高度。在执行 o 命令，输入偏移值 2000，偏移出门的高度，如图 6-74（a）所示。执行 tr 命令，将窗子和门多余的线剪除。再绘制出窗台的厚度为 30，绘制出窗子的厚度为 20，绘制出门的厚度为 50，绘制出吊顶，吊顶的高度为 2400，厚度为 20，如图 6-74（b）所示。

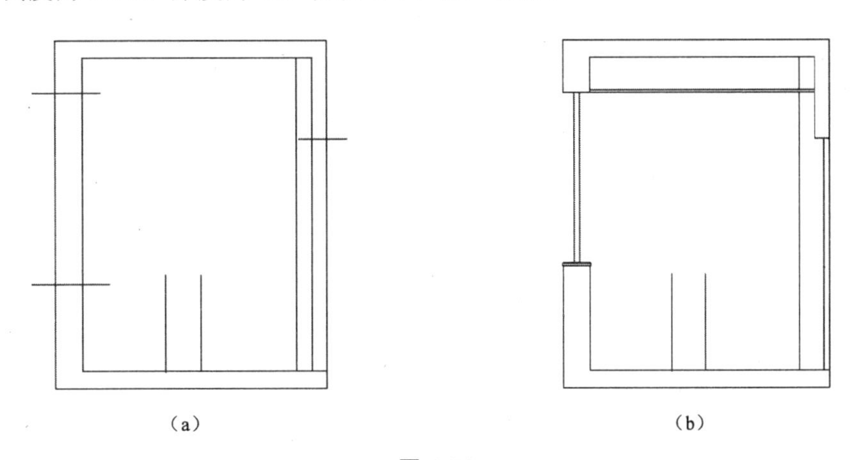

(a)　　(b)

图 6-74

（2）绘制瓷砖。本例中所用为 330×500 的无缝墙砖，以左墙线和地面线为瓷砖铺设起点。执行 o 命令，输入偏移值为 330，选取左墙线连续偏移，再输入偏移值为 500，选取地面线，向上连续偏移，直到网格布满立面区域，执行 tr 命令，将超出墙面边界的线剪除，如图 6-75（a）所示。执行 i 命令，将已绘制好的图块，包括台盆立面、浴缸立面、花洒等图块插入到立面图中的适当位置，如图 6-75（b）所示。

（3）整理图形。执行 tr 命令，剪除被图块遮挡的图线，如图 6-76（a）所示。执行 h 命令，图案样式选择“JIS_LC_8”，比例为 5，点击楼板的区域，执行填充。再次执行 h 命令，图案样式选择“AR-CONC”，比例为 1.5 再次点击楼板的区域，执行填充，这样用这两种图案重叠来表示楼板的材质。再次执行 h 命令，图案样式选择“AR-CONC”，比例为 1.5，点击瓷砖区域，可以连续点击，再执行填充，如图 6-76（b）所示。

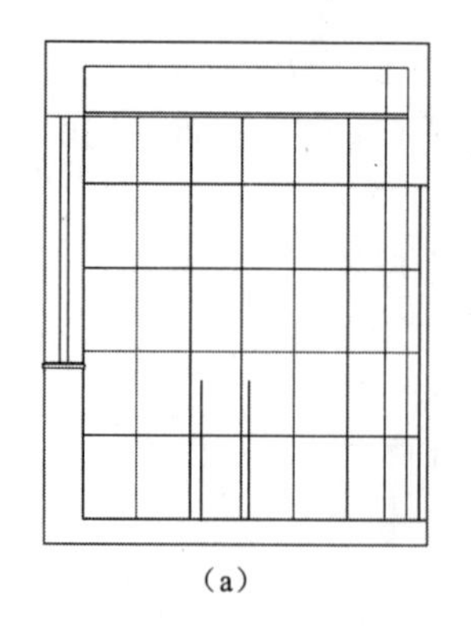

（a）

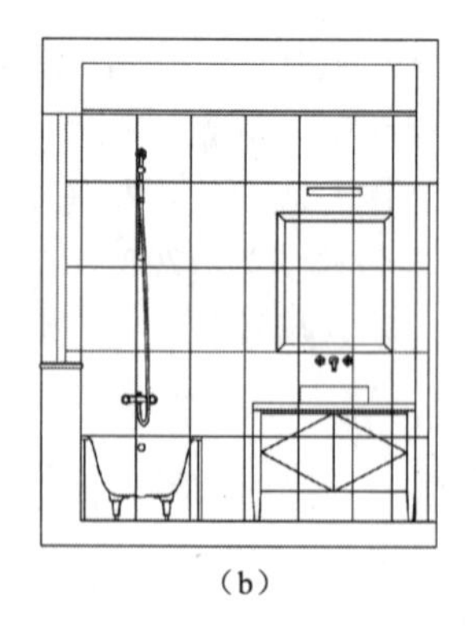

（b）

图 6-75

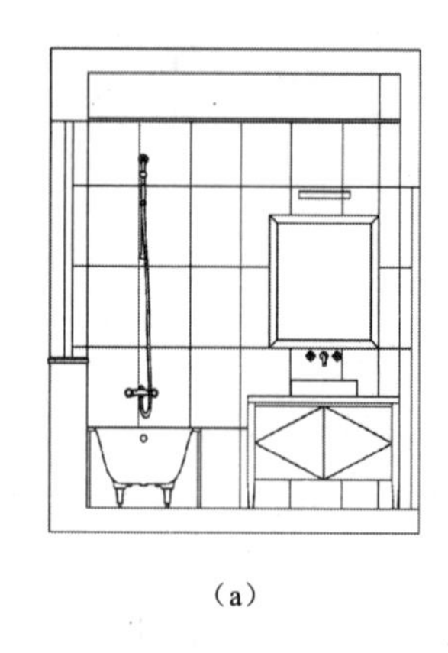

（a）

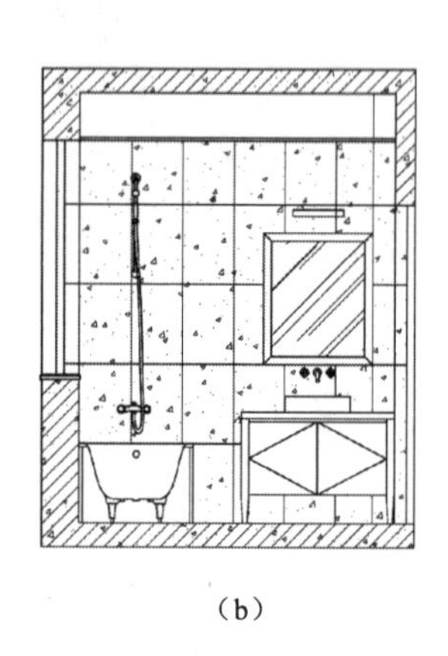

（b）

图 6-76

（4）完成全图。在剖立面图上标注尺寸、文字和图名，完成全图，如图 6-76（b）所示。

6.3.4.3 立面图块的绘制

（1）低柜图块绘图步骤。执行 rec 命令，绘制 X 方向长度为 2100，Y 方向长度为 300 的矩形。可以用相对坐标的方法绘制，如图 6-77（a）所示。执行 rec 命令，绘制 X 方向长度为 20，Y 方向长度为 80 的矩形，执行 cp 命令，复制 2 个矩形，打开 F3 点捕捉功能，按图 6-77（b）所示的位置放置好。执行 X 命令，将 2100×300 的矩形分解为几段，再执行 divide 命令，将矩形的一个长边 4 等份。命令如下：

命令：divide

选择要定数等分的对象：

输入线段数目或 [块（B）]：4

捕捉每个分点，执行 l 命令，引垂线，如图 6-77（c）所示。

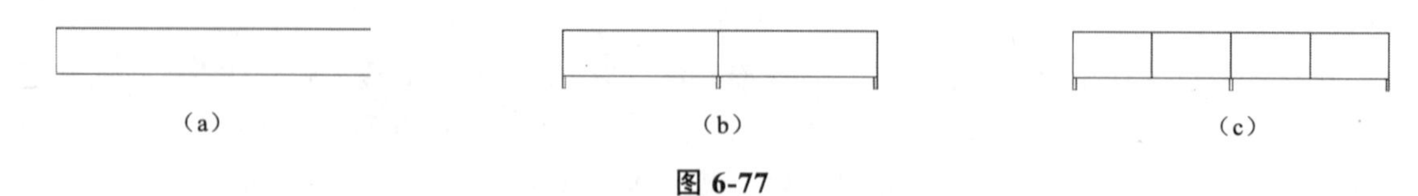

（a） （b） （c）

图 6-77

执行 o 命令，选择 2100×300 矩形的线，向内侧平移复制 40 个单位，选择竖直分割线，向两侧平移 20 个单位，执行 tr 命令，整理如图 6-78（b）所示。执行 h 命令，选择 line 图案，比例为 8，其他参数默认，填充右边的两个矩形，并绘制“洞口”的符号，如图 6-78（c）所示，最后定义图块。

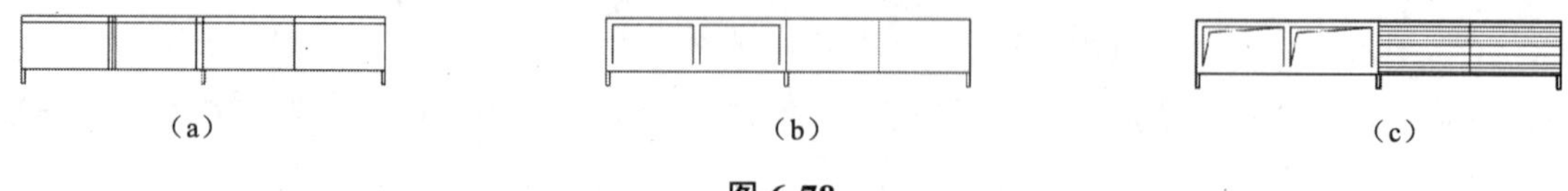

（a） （b） （c）

图 6-78

（2）平板电视的绘图步骤与之相类似，这里只作图示，如图 6-79 所示，不再作文字说明。

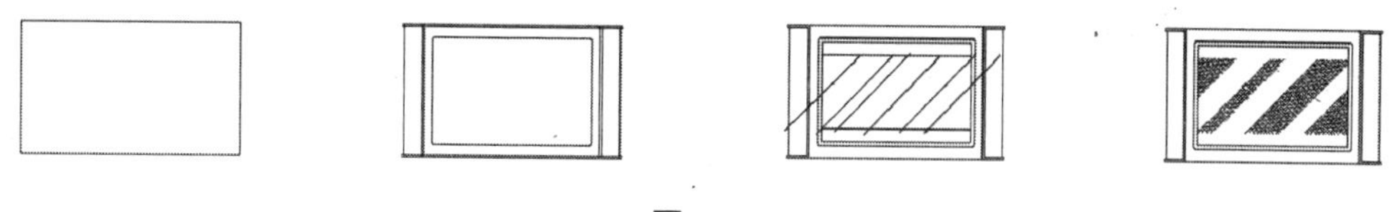

图 6-79

6.3.4.4 常用的立面图块图例

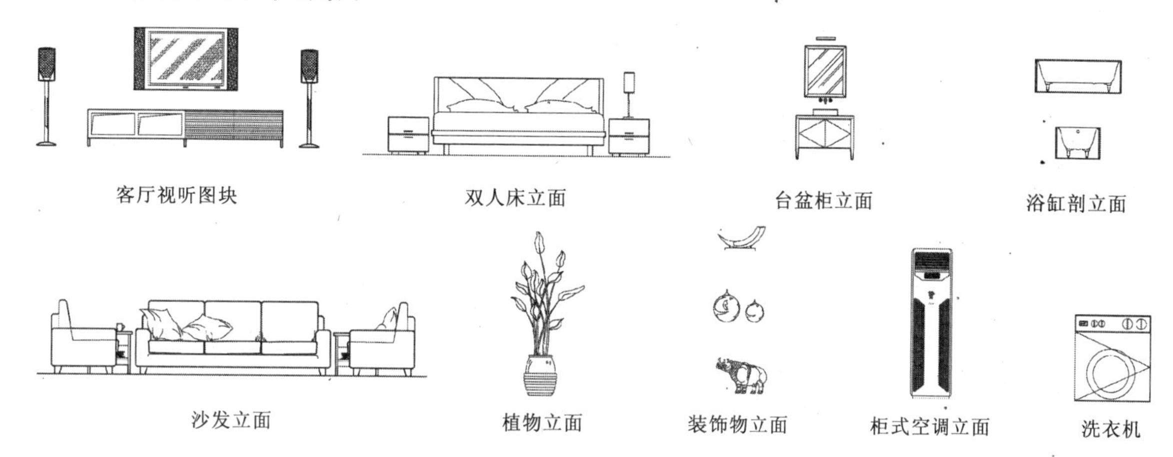

6.4 室 内 设 计 详 图

室内设计详图是指某些构件细部装修做法的局部放大图、剖面图或断面图等。在室内设计中，虽然许多构件的做法在标准图册中有所定型，但由于装修材料、工艺做法不断推陈出新，以及业主的个人爱好和设计师的创新，所以构件节点详图在整套装修施工图中往往占有相当的分量。

6.4.1 详图的概念

当构件的细部装修方法较为复杂，光靠视图无法表达清楚时，就必须绘制放大比例的剖面图和断面图加以表示，这种图叫剖面详图。当图形细部复杂，无法在原图中表示清楚时，将其引出并用放大比例的方法绘制出的图形称大样图。剖面详图和大样图统称为详图。

6.4.2 详图的内容

6.4.2.1 大样图的内容

（1）注明详细尺寸。

（2）注明所需的大样图索引号。

（3）注明具体的材料编号及说明。

（4）注明详图号比例，比例有：1∶1、1∶2、1∶4、1∶5、1∶10。

6.4.2.2 剖面详图的内容

（1）详细表达出被切截面从结构体至面饰层的施工构造连接方法及相互关系。

（2）表达出紧固件、连接件的具体图形与实际比例尺度（如膨胀螺栓等）。

（3）表达出详细的面饰层造型与材料编号及说明。

（4）表示出各断面构造内的材料图例、编号、说明及工艺要求。

（5）表达出详细的施工尺寸。

（6）注明有关施工所需要的要求。

（7）表达出墙体粉刷线及墙体材质图例。

（8）注明节点详图号及比例，比例有：1∶1、1∶2、1∶4、1∶5。

6.4.3 详图的线型设置

（1）在大样图中，外轮廓线用粗实线表示，结构线用中实线表示，装饰线用细实线表示。

（2）在剖面详图中，被剖到的结构线用粗实线表示。

（3）在剖面详图中，未被剖到的但又可见的结构线用中实线表示。

（4）在剖面详图中，装饰线用细实线表示。

（5）各类符号、尺寸线、文字引出线按制图规范设置。

6.4.4 详图案例说明

6.4.4.1 门的大样和剖面详图

门的设计是室内设计中的重要内容。门的详图，一般包括门立面的大样图、门的剖面详图和门套线条大样图。由于图纸的幅面限制，所以必须将门单独绘制大样图，以反映其造型及装修方法。图6-80为门立面大样图，其详细表达了门的造型、装修尺寸和材料工艺。图右上方为门套剖面详图，详细介绍了门套的材料与工艺。图右下方为门套线条的大样图。门套线条是重要的装修部件，所以单独列出，并用轴测图的方式表达。，

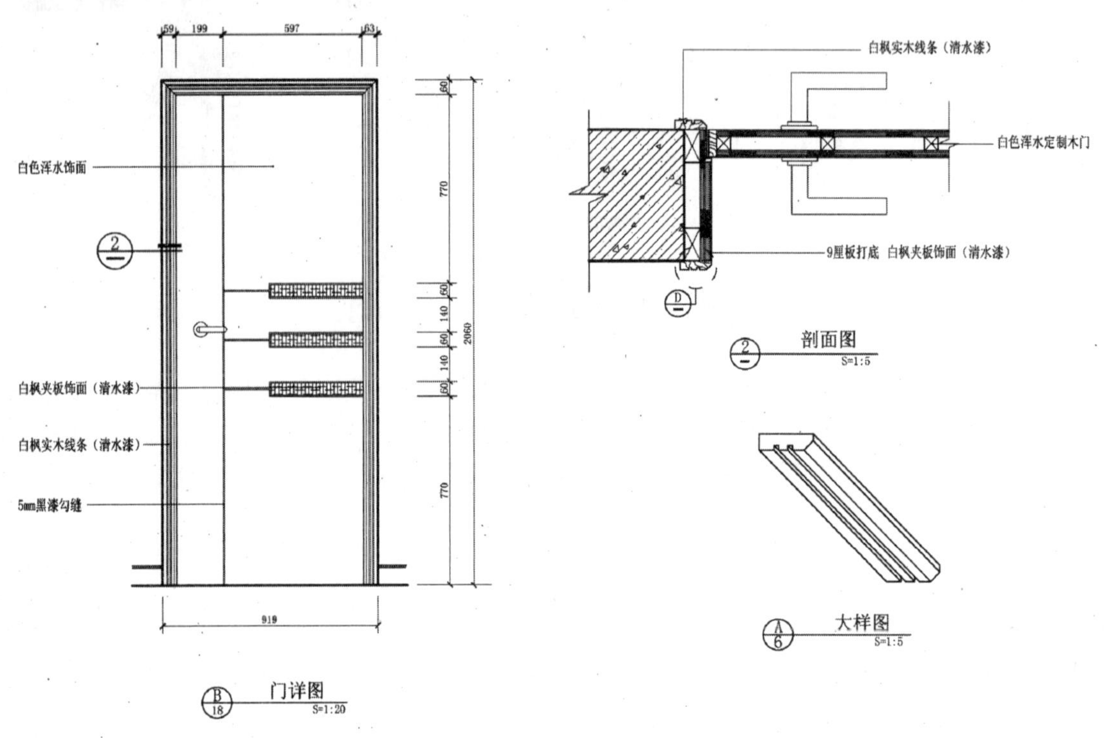

图 6-80

6.4.4.2 吊顶的剖面详图

吊顶是室内设计中较为复杂的施工部分，图6-81表达了吊顶内部的龙骨结构，及灯槽的施工方法，也表达出了龙骨与顶面面式层的连接方法和相互关系。

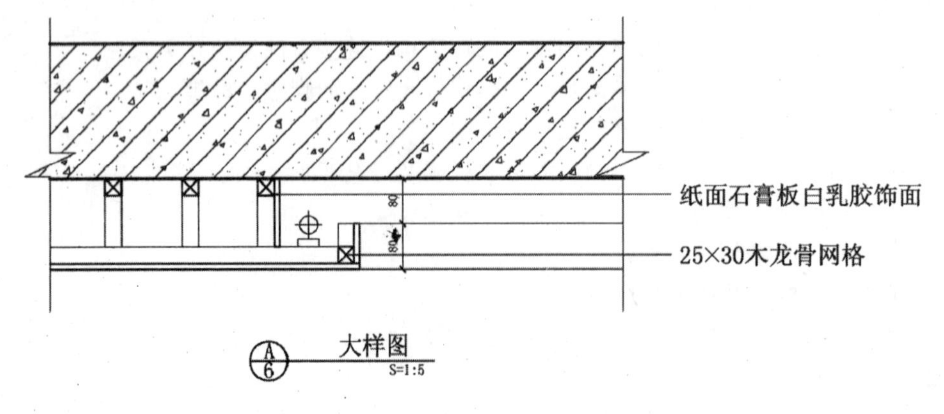

图 6-81

6.4.4.3 家具的详图

图 6-82 为衣柜剖面详图，着重绘制出了衣柜的内部结构，图 6-82（a）反映出了抽屉的制作方法，图 6-82（b）反映了隔板的制作方法，其胶合板的拼装结构表示清晰。

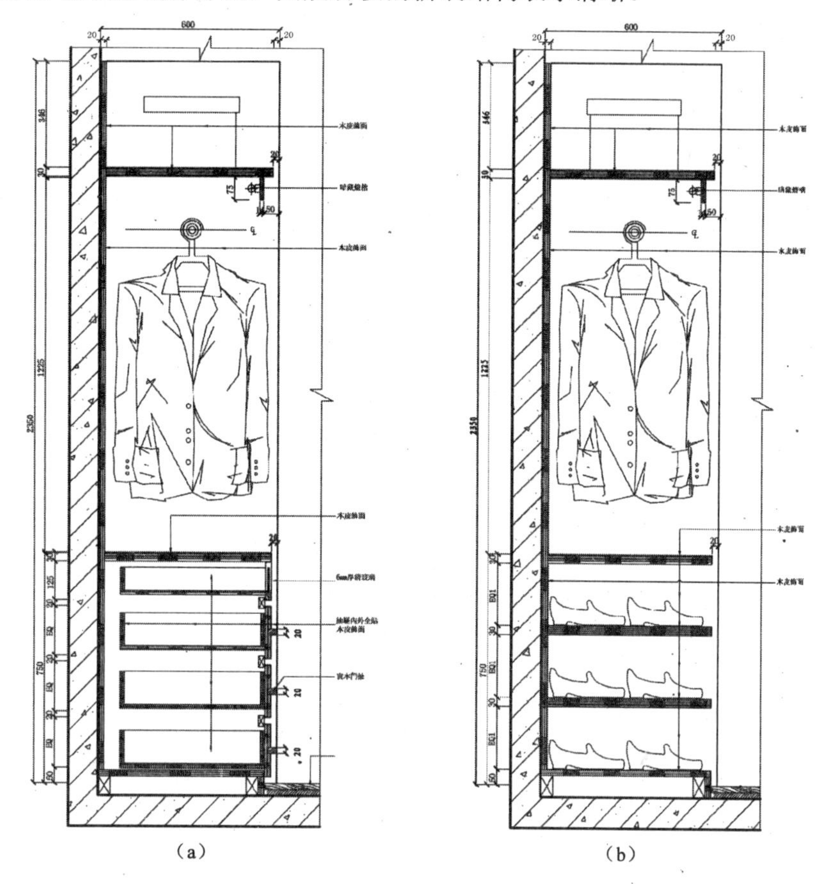

图 6-82

6.4.5 材料剖面的绘图方法

剖面详图中各种材料剖面画法是重要的绘图内容，其主要方法是在断面填充图案。下面列举几种材料的绘图方法。

（1）胶合板：胶合板一般分为三夹板、五厘板、九厘板、十二厘板、细木工板等。三夹板绘制一层，五厘板绘制两层，九厘板绘制三层，十二厘板绘制四层，然后以斜线填充并镜面复制，外轮廓线用中粗线表示，内部分层线用细实线表示。图 6-83（a）为九厘板的画法，图 6-83（b）为细木工板的画法。

（2）木方：实木方有两种画法。在木方较小的时候，可用斜线图案填充。当木方较大时，可用 spl 命令，绘制出样条曲线，模仿木纹的形态，来表示木方，如图 6-83（c）所示。

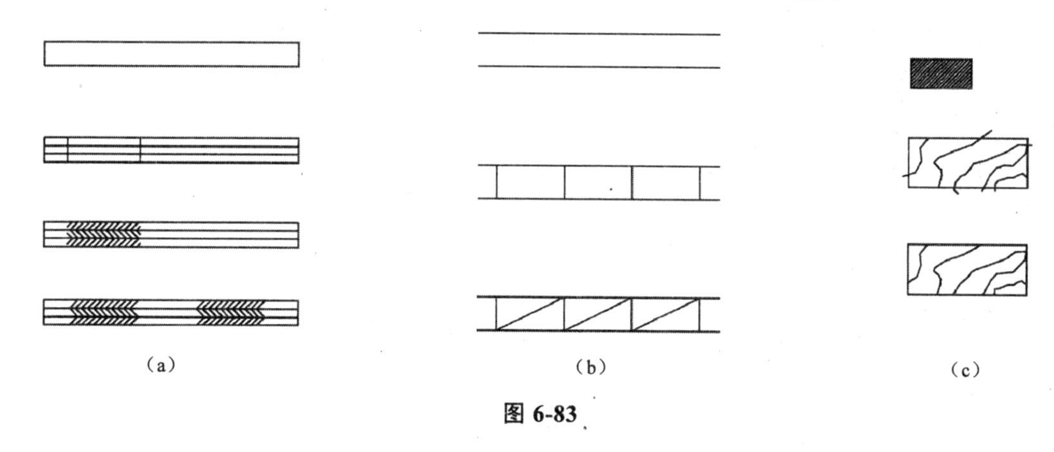

图 6-83

表 6-5 中为常用的材质图案。

表 6-5 常 用 材 质 图 案

材　质	材 质 图 案	材　质	材 质 图 案
三夹板		五厘板	
九厘板		细木工板	
木龙骨		实木	
玻璃		自然土壤	
夯实土壤		砂、灰土	
砂砾石、碎砖三合土		普通砖	
毛石		混凝土	
钢筋混凝土		多孔材料	
泡沫塑料材料		纤维材料	
石膏板		金属	
塑料		防水	

6.5 习 题

（1）任课老师准备一套完整的住宅设计图纸，派发给学生用 CAD 软件抄绘（上机操作）。

（2）任课老师准备一套毛坯住宅的建筑图纸，由学生自行设计并用 CAD 绘制出全套图纸（上机操作）。

参 考 文 献

［1］ 中华人民共和国建设部. 房屋建筑制图统一标准（GB/TS0001—2001）［S］. 北京：中国计划出版社，2002.

［2］ 孙世青，王俠副. 建筑装饰制图与阴影透视［M］. 北京：科学出版社，2005.

［3］ 贾锋. 制图基础［M］. 南京：江苏美术出版社，2006.

［4］ 刘甦. 室内装饰工程制图［M］. 北京：中国轻工业出版社，2001.

［5］ 倪祥明，胡仁喜，夏文秀. AutoCAD 2008 中文版标准教程［M］. 北京：科学出版社，2007.

［6］ 张景春，温云芳，李娇，龙舟君. AutoCAD 2012 中文版基础教程［M］. 北京：中国青年出版社，2011.